Johannes Thomae

Elementare Theorie der analytischen Functionen einer complexen Veränderlichen

Johannes Thomae

Elementare Theorie der analytischen Functionen einer complexen Veränderlichen

ISBN/EAN: 9783743657243

Hergestellt in Europa, USA, Kanada, Australien, Japan

Cover: Foto ©berggeist007 / pixelio.de

Weitere Bücher finden Sie auf **www.hansebooks.com**

Elementare Theorie

der

analytischen Functionen

einer complexen Veränderlichen

von

J. Thomae,
Professor in Jena.

Mit in den Text eingedruckten Holzschnitten.

Halle a/S.
Verlag von L. Nebert.
1880.

Vorwort.

So alt der Gedanke ist, die Functionentheorie elementar, ich meine ohne Anwendung der Infinitesimalrechnung, nur auf ihre Darstellung durch Potenzreihen zu gründen, so viele Vorzüge diese Methode besitzt, wegen der absoluten Strenge, die sie gestattet, so ist trotzdem meines Wissens eine consequente Durchführung eines solchen Planes noch von keinem Autor unternommen. Wohl findet man in Compendien der algebraischen Analysis zuweilen einige Kapitel diesem Gedanken gewidmet, allein eine zu einseitige Auffassung oder die Verfolgung noch anderer Ziele neben dem einen, hindert, dass derselbe zur vollen Herrschaft gelangt. Anders mag es sich mit Vorlesungen verhalten, in welchen vielleicht mancher Lehrer der Mathematik demselben mit mehr oder weniger Energie gefolgt ist. Der letzte Umstand darf jedoch, wie ich glaube, einer Publication nicht hinderlich in den Weg treten, welche wie die vorliegende, versucht, die Functionenlehre überall elementar und völlig streng zu behandeln. Zwar macht er es unmöglich, die erste Urheberschaft wichtiger Sätze jedesmal festzustellen und anzuerkennen, da eben veröffentlichtes nicht vorliegt, allein für den wissenschaftlichen Fortschritt ist dies ganz nebensächlich. Was jedoch die grundlegenden Principien einer solchen Behandlungsweise anbetrifft, so sind dieselben in einer Abhandlung des Herrn Weierstrass über analytische Facultäten enthalten.

Der Inhalt des vorliegenden Werkchens wird am besten aus dem beigegebenen ausführlichen Inhaltsverzeichnisse erkannt, und nur über den Umfang desselben füge ich hinzu, dass unschwer die angewandte Methode sich auf eine noch grössere Reihe von Functionen als geschehen hätte ausdehnen lassen, namentlich auf die durch die hypergeometrische Reihe dargestellten. Allein eine gewisse Beschränkung schien mir für's erste nothwendig.

Die in den ersten Paragraphen enthaltene Algebra der gebrochenen und negativen Zahlen bitte ich den Leser nicht als eine erschöpfende und vollständige Theorie dieser Formen ansehen zu wollen, sie wird in manchem Elementarbuche besser zu finden sein. Es mussten diese Betrachtungen hier nur Platz finden, um den formalen Standpunct zu kennzeichnen, auf welchen ich mich hier stelle. Die Schwierigkeiten beginnen nach meiner Ansicht erst bei den irrationalen Zahlen.

Jena, im Mai 1880.

J. Thomae.

Inhaltsverzeichniss.

Zahlentheorie. Seite 1—15.

Unendliche Folgen, Reihen und Produkte. Seite 15—25.

Functionen einer und zweier Veränderlichen. Begriff der Stetigkeit. Seite 26—33.

Die ganzen Functionen, und der binomische Lehrsatz für ganze Potenzen. Seite 34—39.

Die Potenzreihen. Seite 39—48.

Die Exponentialfunction und die trigonometrischen Reihen. Seite 48—62.

Der Logarithmus und die logarithmischen Reihen. Seite 62—76.

Die allgemeine Potenz. Seite 76—85.

Weiteres über ganze und rationale Functionen. Unendliche Produkte. Seite 85—99.

Algebraische Functionen, Reihenumkehrung, cyklometrische Functionen. Seite 99—112.

Die Ordnungen, Ordnungsmasszahlen und Convergenzkriterien. Seite 112—117.

Die Thetafunctionen. Seite 117—123.

Elliptische Functionen. Seite 123—129.

Noch einige functionentheoretische Sätze. Seite 129—132.

Corrigenda. § 2. 5. Zeile v. u. lies $l.n$ statt $l.m$. Seite 5 Z. 15 v. o. lies $(-m):n$ st. $(-n):m$. S. 17 Z. 1 lies der Zahlen st. die Zahlen, Z. 1 und 2 v. u. und S. 18 Z. 1 v. o. lies $(-1)^n$ st. $(-1)^{n+1}$. S. 22 Z. 3 lies 3.4 st. 4.5. § 29. Z. 16 v. o. lies a'_{n+1}, a'_{n+2} st. a'_1, a'_2. S. 25 Z. 9 v. o. lies $\frac{x}{3}$ st. $\frac{x}{2}$. § 33. Z. 9 v. u. hinter dem Komma vertausche f und x. S. 27 Z. 3 v. u. lies $f(x_0)$ st. $f(x)$. S. 30 Z. 20 lies $x_1+\delta_2$ st. $x_1+\delta_1$. S. 32 Z. 6 v. o. lies x_2 st. x_1. § 44 ist viermal $f(x)-M$ st. $f(x)$ zu lesen. § 47 Z. 2 v. u. lies z und t st. ζ, Z. 1 v. u. t st. ζ. S. 39 Z. 2 v. o. lies $k$ten st. $h$ten. § 62 Z. 4 lies vorausgesetzt st. vorgesetzt. S. 45 Z. 1 v. o. lies ϱ st. R_a. S. 48 Z. 10 v. o. lies $1-(1-\varepsilon)^n$ st. $(1-\varepsilon)^n-1$. § 74 Z. 3 v. u. fehlt dreimal das Zeichen $\sqrt{\ }$ (Quadratwurzel). § 75 letzte Z. lies $\cos\frac{1}{2}\pi = 0$, $\cos(-\frac{1}{2}\pi) = 0$, $\sin\frac{1}{2}\pi = 1$. § 76 Z. 4 v. u. lies -1 st. 1. § 78 Z. 3 lies $\frac{1}{2}\pi$ st. $\frac{1}{4}\pi$. § 83 Z. 16 lies $\sin 2\varepsilon > \varepsilon$ st. $\sin 2\varepsilon < \varepsilon$, Z. 25 lies $\varrho+\varrho'$ st. $\varrho\varrho'$, Z. 29 lies $(x+\zeta)x+(y+\eta)\eta$ st. —. S. 57 Z. 5 v. u. lies 2π st. π, Z. 4 v. u. lies ϑ st. φ. § 87 Z. 5 v. o. lies $\sin yi$ st. $\sin y$. S. 63 Z. 1 v. u. ergänze „Ufer" hinter (negativen). § 98 Z. 13 v. o. lies a_n st. a_{n-2}. S. 81 Z. 2 v. o. lies n st. ν. § 111 Z. 9 v. u. lies N st. n. S. 85 Z. 9 v. o. lies g st. q. S. 86 Z. 1 v. u. ergänze da hinter und. § 119 Z. 2 lies das erste Mal $P(z)$ st. $P(z_1)$, Z. 3 lies z_1 st. z_2.

Zahlentheorie.

§ 1. Normative zur Bildung des Zahlbegriffs. Die gesammte reine Mathematik beschäftigt sich mit Beziehungen zwischen Zahlen. Es kann daher nicht befremden, dass in einem elementaren Lehrbuche über analytische Functionen, deren Betrachtung einen Zweig der reinen Mathematik bildet, zuerst auf den Zahlbegriff eingegangen wird, oder dass dasselbe mit einer Zahlentheorie beginnt. Dabei beansprucht dies Wort freilich eine etwas andere als die gebräuchliche Bedeutung. Sonst nämlich pflegt man unter Zahlentheorie die Untersuchung specieller, namentlich durch Discontinuität charakterisirter Zahlen, z. B. der ganzen Zahlen, zu verstehen, und wir werden hier aus diesem Theile der Zahlentheorie, den wir „(engere) Zahlentheorie“ der Kürze halber nennen wollen, da und dort einige elementare Sätze vorauszusetzen genöthigt sein. So z. B. den Satz, dass sich eine ganze Zahl nur auf eine Weise in Primfactoren zerlegen lässt, und dass von zwei ganzen Zahlen nur dann die eine durch die andere theilbar ist, wenn ihre Primfactoren sämmtlich in der ersten enthalten sind. — Die Zahlentheorie aber, die wir hier voraufschicken, hat es mit Constituirung und Begrenzung des allgemeinen Zahlbegriffs überhaupt zu thun. Hierzu müssen wir der Natur der Sache gemäss auf die elementaren Rechnungsregeln einigermassen eingehen, ohne dass es nöthig sein wird, die in der niedern Arithmetik vorzutragenden Lehrsätze über diese Regeln vollständig zu entwickeln. Vielmehr wird es ausreichen, wenn wir nur an die zur Zahlenbildung nothwendigen Hauptsätze erinnern.

Der Begriff der Zahlen von der Allgemeinheit, wie wir ihn hier brauchen, ist nicht unmittelbar gegeben und entsteht nicht mit einem Male, sondern wird aus dem der ganzen Zahlen durch successive Erweiterungen, die durch gewisse Forderungen herbeigeführt werden, gewonnen. Wir nehmen an, dass man zählen könne, d. h. dass man im Stande sei, von der Eigenthümlichkeit der Individuen einer Objectenmenge zu abstrahiren und verschiedenen Mengen solcher Objecte successive verschiedene Namen beizulegen. Jedes Individuum der Menge heisst Einheit, und das geforderte Aufgeben aller Sondereigenthümlichkeiten der Individuen bewirkt, dass man jede Einheit durch jede andere ersetzen kann. Die Einheiten sind einander gleich.

Stellt man sich eine Menge von Individuen oder Einheiten im Raume vor, und zählt man sie successive, wozu Zeit erforderlich ist, so bleibt bei aller Abstraction als unterscheidendes Merkmal der Einheiten noch ihre verschiedene Stellung im Raume und ihre verschiedene Aufeinanderfolge beim Zählen in der Zeit übrig. Die mathematische Abstraction fordert aber, eine Menge von Einheiten und also die zugehörende Zahl, den Namen der betreffenden Menge, als unveränderlich anzusehen, wenn die Einheiten unter sich entweder im Raume, oder bei der Aufeinanderfolge im Zählen, also in der Zeit, vertauscht werden.

Die Weiterbildung des Zahlbegriffes geschieht nun mittels der Verknüpfungs- oder Rechnungsregeln der eben gebildeten ganzen Zahlen. Gewisse elementare, man könnte sagen, intuitiv verständliche Regeln, mittels deren drei oder mehr der eben gebildeten ganzen Zahlen mit einander verknüpft werden, dienen dazu, das Zahlensystem zu erweitern, indem gefordert wird, dass die Aufgabe, nach den Elementarregeln aus zwei Zahlen eine dritte zu bilden, unter allen Umständen ausführbar sei. Wo dies mit den vorhandenen Zahlen nicht möglich ist, da werden neue Zeichen, die dann auch Zahlen heissen, eingeführt. Diese Zahlen sind als rein inhaltslose Schemen aufzufassen, obschon es gelingt, auch diese Zahlen mit realen Objecten so zu verknüpfen, dass manche erst aus dieser Verknüpfung die Existenzberechtigung der Zahlen herleiten möchten. In der reinen Mathematik aber wird die Existenzberechtigung neuer Zahlen einzig damit begründet, dass sich von ihnen die vom Rechnen mit ganzen Zahlen abstrahirten Verknüpfungsregeln widerspruchslos ausführen lassen. In wie weit dies durchführbar ist, lehrt die Arithmetik. Dabei ergiebt sich, dass mehr Zahlensysteme möglich als gebräuchlich sind, aber es ist ein erheblicher Unterschied zwischen diesen Systemen, der es uns erleichtert, die angemessenste Auswahl unter den möglichen Systemen zu treffen. Das gemeine Zahlensystem kennzeichnet sich nämlich als ein nothwendiges, während die übrigen eben nur mögliche sind, vielleicht als überflüssige bezeichnet werden können. Doch darauf wollen wir später zurückkommen.

§ 2. Die Grundregeln des Rechnens mit ganzen Zahlen. Die Gleichsetzung zweier Zahlen $n = m$ bedeutet entweder etwas triviales, nämlich es bedeutet $n = n$ die Zahl n ist die Zahl n, oder n und m sind in irgend einer Beziehung verschieden, und diese Zahlen gelangen erst durch Abstraction von dieser Verschiedenheit zur Gleichheit. Letzteres geschieht namentlich dann, wenn man zwei verschiedene Mengen von Einheiten hat, die man zählt, oder wenn man dieselbe Menge in verschiedener Art zählt. Zählt man verschiedene Mengen, so heissen oder sind die zu ihnen gehörenden Zahlen gleich, wenn sich zu jeder Einheit der einen Menge je eine Einheit der andern Menge zuordnen lässt, und umgekehrt. Lässt sich jeder Einheit der Menge m eine Einheit der Menge n zuordnen, aber nicht umgekehrt, so heisst n grösser als m, m kleiner als n, in Zeichen $n > m$ oder $m < n$.

Zählt man die Einheiten einer Menge n in Gruppen, von denen die eine l, die andere m Einheiten enthält, so ist die Menge der Einheiten, die in beiden Gruppen enthalten sind, eben n. Dies drückt man mit Anwendung des Pluszeichens (+) so aus:

$$l + m = n.$$

Das Gleichheitszeichen ist hier nicht ganz trivial, denn es besteht wirklich eine Verschiedenheit in den Einheitsmengen, die einander gleich gesetzt sind. Diese Verschiedenheit besteht aber nur in der Art der Zählung, und das Gleichheitszeichen sagt, dass die Gesammtmenge von der Anordnung beim Zählen unabhängig sein soll. Aus dieser Unabhängigkeit von der Anordnung folgt auch die Gleichheit

$$l + m = m + l.$$

Hat man mehr als zwei Gruppen, $l, m, n, o, p, \ldots$, die zusammen die Menge s ausmachen, so ist

$$s = l + m + n + o + p + \ldots,$$

und man kann in dieser Summe die Posten l, m, n, o, p, ... beliebig vertauschen, ohne den Werth der Summe (d. h. die Zahl, welche denselben misst) zu ändern.

Eine besondere Bezeichnung, das Malzeichen, hat man dann eingeführt, wenn die Gruppen je dieselbe Zahl von Einheiten enthalten. Hat man n Gruppen zu je m Einheiten, so ist

$$s = m \,.\, n$$

gelesen, s gleich m mal n, und es heisst m der Multiplicator und n der Multiplicandus. Weil nun die Gruppen unter einander gleich sind, so lassen sich die Einheiten jeder Gruppe den Einheiten jeder andern eindeutig zuordnen, oder es lassen sich n Einheiten, je eine aus jeder Gruppe, einander zuordnen, zu einer Gruppe vereinigen. Solcher Gruppen erhält man m, weil jede Gruppe m Einheiten enthält. Schreibt man also $n . m$, macht n zum Multiplicator und m zum Multiplicandus, so zählt man dieselbe

Menge s von Einheiten nur in anderer Anordnung. Da aber die Anzahl von der Anordnung unabhängig ist, so folgt

$$m.n = n.m.$$

Zerfallen die Gruppen wieder in einander gleiche Untergruppen, so erkennt man leicht, dass in dem Product

$$s = l.m.n.o.p\ldots$$

die Factoren l, m, n, o, p, ... mit einander beliebig vertauscht werden können, ohne dass sich der Werth des Productes ändert.

Die Multiplication ganzer Zahlen ist nur eine wiederholte Addition und kann daher nicht als eine neue Rechnungsart angesehen werden. Später aber, bei Ausdehnung des Zahlensystems charakterisirt sie sich wirklich als eine selbständige Verknüpfungsweise, die von der Addition wesentlich verschieden ist, wie wir bald sehen werden.

Bestehen die l unter einander gleichen Gruppen einer Einheitsmenge je aus zwei Gruppen m und n, so ergiebt sich sogleich

$$l(m+n) = l.m + l.n = l.n + l.m\,,$$

und hieraus

$$(l+m)(n+p) = l.m + l.p + m.n + m.p.$$

Das Malzeichen (.), wofür auch zuweilen $\times$ geschrieben wird, pflegt vor Klammern allgemein als überflüssig fort gelassen zu werden. Wenn keine Missdeutung zu fürchten ist, so lässt man oft auch den Punct fort, wo keine Klammern stehen, und schreibt $3ab$ für $3.a.b$, sowie man auch drei ab liest statt drei mal a mal b.

§ 3. Die umgekehrten Rechnungsarten. Fragt man nach der Zahl x, die mit m zu einer Summe vereinigt n liefert so heisst dieselbe, falls eine solche existirt, die Differenz n weniger m, und n der Minuendus m der Subtrahendus, und man schreibt

$$x = n - m.$$

Es is demnach

$$x + m = n,\quad m + (n-m) = n.$$

Hieraus fliessen leicht die Grundeigenschaften der Differenz

$$(n+p)-(m+p) = n-m,\ (n-p)-(m-p) = n-m,\ m-(n-p) = (m+p)-n,\ m+(n-p) = (m+n)-p$$

$$(n-m)p = n.p - m.p.$$

Existirt die Differenz x, so giebt es nur eine Zahl x, die die Aufgabe löst, $x+m=n$. Denn wäre y eine zweite Zahl, also

$$x + m = y + m,$$

so liessen sich die m Einheiten, die auf der einen Seite dieser Gleichung stehen, m Einheiten der andern Seite zuordnen, und es müssen sich demnach auch die x Einheiten der linken Seite den y noch übrigen Einheiten der rechten Seite eindeutig zu ordnen lassen, also es muss $x = y$ sein. Die Subtraktion ist wie die Addition eine eindeutige Operation, aber nur ausführbar, so lange der Minuend grösser als der Subtrahend ist.

Fragt man nach derjenigen Zahl x die mit m multiplicirt n liefert. so heisst dieselbe der Quotient n durch m, und man schreibt

$$x = \frac{n}{m} = n:m,$$

so dass also

$$\left(\frac{n}{m}\right)m = (n:m)\,m = n$$

ist. Dass man nicht jede Zahl n in m Gruppen mit gleicher Anzahl (x) Einheiten anordnen könne, erkennt man an den einfachsten Beispielen, demnach ist die Aufgabe der Division nur eine ausnahmsweise, nämlich nur dann lösbare, wenn der Dividend (n) als eine Menge von Einheiten gedacht, in so viele unter einander gleiche Gruppen zerlegt werden kann als der Divisor (m) angiebt. Wenn die

Aufgabe aber lösbar ist, so giebt es nur eine Lösung, die Operation der Division ist eindeutig. Aus $x.m = y.m$ folgt nämlich $x = y$. Denn ist m die Anzahl der Einheiten einer Gruppe, so ist $x.m < y.m$ wenn $x < y$ ist. Es sei $y = x + u$, so wäre $y.m = (x+u)m = x.m + u.m = x.m$. Die letzte Gleichung ist aber unmöglich, so lange u und m ganze Zahlen sind. Die Division ist wie die Multiplication eindeutig, wenn sie ausführbar ist.

Man erweist aus der Definition eines Quotienten leicht die Fundamentalgleichungen

$$\frac{n.p}{m.p} = \frac{n}{m}, \quad \frac{n:p}{m:p} = \frac{n}{m}, \quad \frac{n}{m}.p = \frac{n.p}{m} = \frac{p}{m}.n.$$

Jede Zahl bleibt ungeändert, wenn man sie durch Eins dividirt, es ist also $m:1 = m$.

Häufig wird für Quotient der Name Bruch gebraucht, und für Dividend Zähler, für Divisor Nenner gesagt.

§ 4. Schöpfung der Null, der negativen und der gebrochenen Zahlen. Wir geben nun der Differenz $n-m$ und dem Quotienten $n:m$ auch dann noch den Namen einer Zahl, wenn diese Operationen zu keinem Resultate führen, so dass man diese Zahlen als imaginäre oder ideale bezeichnen könnte, wenn nicht diese Namen schon eine bestimmte Bedeutung in der Mathematik besässen und wenn nicht diese Zahlen doch in so nahen Beziehungen zu Anschauungsbegriffen ständen, dass man sie gerade deswegen reelle Zahlen nennt. — Von diesen neu eingeführten Zahlen verlangen wir, dass sie den in den Paragraphen 2 und 3 für ganze Zahlen aufgefundenen Verknüpfungsregeln Folge leisten sollen, und wir werden sie nur dann als brauchbare Gebilde zulassen, wenn die Verknüpfungsregeln auf die neuen Zahlen angewandt nicht zu logischen Widersprüchen führen, gleichviel, ob sich für diese Zahlen in der realen Welt ein Spiegelbild vorfindet, oder nicht. (So ganz ohne Einfluss auf die Bedeutung der Zahlen ist es freilich nicht, ob sich etwas ihnen analoges im Realen vorfindet oder nicht. Denn im ersten Falle werden die Zahlen Gelegenheit zu nützlicher Verwendung finden können, während sie im letzeren Falle nur das Interesse einer vielleicht geistreichen logischen Spielerei bieten würden.)

Hiernach führen wir für die Differenz $m-m$ das Zeichen 0 ein, für $n-m$ das Zeichen $-(m-n)$, wenn $m > n$ ist. Ist $m-n = l$, so haben wir also eine Zahl (im Grunde nur ein Zeichen, das wir Zahl nennen) $-l$ geschaffen, welche die Eigenschaft hat, dass $-l + l = l + (-l) = l + (n-m) = l-(m-n) = l-l = 0$ ist. Aus der Gleichung

$$l + x = 0$$

folgt eindeutig

$$x = -l.$$

Erklärung. Die Addition der negativen Zahl $(-l)$ ist der Subtraktion der Zahl l gleich. Also ist $n + (-m) = n-m$. Es heissen l und $-l$ entgegengesetzte Zahlen, l heisst auch der absolute Betrag von $-l$ und im Gegensatz zu der negativen Zahl, eine positive Zahl. Besteht eine Summe aus positiven und negativen Zahlen, so versteht man darunter die Differenz deren Minuend die Summe der positiven, deren Subtrahend die Summe der absoluten Beträge der negativen Zahlen ist. Hieraus folgt von selbst, dass die Posten einer Summe von positiven und negativen Zahlen unter einander vertauscht werden können, ohne dass die Summe sich ändert.

Die Differenz $n-(-m)$ ist gleich $n+m$. Denn ist $n-(-m) = x$, so ist $n = x + (-m) = x-m$, $x = n + m$. Die Addition und Subtraktion sind auch für negative Zahlen eindeutige Operationen und die Subtraktion einer negativen Zahl kann durch Addition einer positiven, die Addition einer negativen Zahl durch Subtraktion einer positiven ersetzt werden. Durch Addition oder Subtraktion der Null wird eine Zahl nicht geändert.

Ist die Differenz zweier Zahlen $m-n$ positiv so heisst $m > n$, negativ, so heisst $m < n$ gleichviel ob m und n positive, oder ob sie negative, oder ob sie entgegengesetzte Zahlen sind.

Die Multiplication negativer Zahlen ergiebt sich aus der Permanenz der in den Paragraphen 2 und 3 enthaltenen Regeln in folgender Weise.

$$(m + (-m))n = m.n + (-m).n = (m-m)n = m.n - m.n = 0,$$

$$(-m).n + m.n = 0, \quad (-m).n = -m.n.$$

Also ist das Produkt einer positiven in eine negative Zahl, eine negative Zahl. Ferner ist

$$(m+(-m)).(-n) = -m.n+(-m).(-n) = (m-m).(-n) = m.(-n)-m.(-n) = 0,$$

$$(-m).(-n)-m.n = 0, \quad (-m).(-n) = m.n.$$

Also ist das Produkt zweier negativen Zahlen eine positive Zahl.

Das Produkt einer positiven oder negativen Zahl in Null ist Null.

Aendert sich in einem Produkte der eine Faktor, so ändert sich das Produkt, ausgenommen wenn der andere Faktor Null ist.

Die Multiplication einer beliebigen Zahl mit einer negativen Zahl oder mit der Null ist eine eindeutige Operation.

Die Beweise dieser einfachen Sätze sind aus der elementare Arithmetik bekannt.

Die Division mit einer negativen Zahl kann allemal dann ausgeführt werden, wenn sie mit der ihr entgegengesetzten Zahl oder dem absoluten Betrage der Zahl ausgeführt werden kann. Es folgt nämlich aus der Definition von $x = m:n$ als die Zahl, welche mit n multiplicirt m liefert, die Richtigkeit der Regeln

$$m:(-n) = (-n):m = -(n:m),$$

und

$$(-m):(-n) = m:n.$$

Wenn die Division nicht ausführbar ist, so erweitern wir das Zahlensystem dadurch, dass wir das Zeichen $n:m$, wenn n und m positive oder negative oder entgegengesetzte ganze Zahlen sind, also neue Zahlen einführen. Um diese neuen Zahlen der Grösse nach unter einander und mit den ganzen Zahlen zu vergleichen, bringen wir sie auf gleiche Benennung, d. h. wir multipliciren den Zähler und Nenner des einen Bruches (als Nenner einer ganzen Zahl kann die Eins angesehen werden) mit dem Nenner des zweiten Bruches und Zähler und Nenner des zweiten Bruches mit dem Nenner des ersten, wodurch beide ungeändert bleiben. Alsdann vergleichen wir die Zähler. Sind $\frac{m}{n}$ und $\frac{m'}{n'}$ die zu vergleichenden Brüche, in denen alle oder einige der Zahlen m, n, m', n' negativ sein können, so vergleicht man statt ihrer die ihnen gleichen Brüche $\frac{m.n'}{n.n'}$, $\frac{m'.n}{n'.n}$. Ist $m.n' > m'.n$, so ist $\frac{m}{n} > \frac{m'}{n'}$. Auf die Rechnungsregeln mit Brüchen weiter einzugehen ist nicht nöthig, es geschieht dies mit genügender Strenge in den Lehrbüchern der Arithmethik, nur dass dort die formale, ideale Natur der Brüche wohl nicht überall betont wird.

Da sich das Produkt $x.n = m$ stets ändert, wenn sich x ändert, $n = 0$ ausgenommen, so ist die Zahl $x = m:n$ eindeutig bestimmt, die Division ist eine eindeutige Operation, ausgenommen wenn n Null ist. Ist in diesem letzten Falle m auch gleich Null, so kann x beliebig gewählt werden, und es bedeutet demnach $0:0$ keine bestimmte Zahl. Ist aber m von Null verschieden, so könnte man den Quotienten $m:0$ vielleicht als eine bestimmte Zahl gelten lassen, da ja eine reale Bedeutung eines solchen Zeichens nicht vorausgesetzt wird. Allein das Rechnen mit diesem Zeichen fügt sich nicht widerspruchslos den aus der Theorie der ganzen Zahlen abstrahirten und für die übrigen Zahlen giltigen Gesetzen. Während nämlich allgemein

$$\frac{m}{n}.p = m.\frac{p}{n}$$

ist, (worin p auch ein Bruch sein kann), und $m:0$ diejenige Zahl ist, die mit 0 (dem Nenner) multiplicirt m giebt, so muss

$$\frac{m}{0}.0 = m = m.\frac{0}{0}$$

sein. Der letzte Ausdruck ist aber, weil $0:0$ unbestimmt ist, keine bestimmte Zahl, oder kann jede Zahl sein. Es wäre demnach die bestimmte Zahl m jeder beliebigen Zahl gleich. Daraus ergiebt sich, dass die Division mit der Null überhaupt nicht zuzulassen ist und dass $m:0$ keine Zahl bedeuten kann.

Das Zeichen ∞, gelesen „unendlich" ist keine Zahl, hat aber in der Mathematik eine bestimmte conventionelle Bedeutung, indem es die Forderung in sich schliesst, für eine in einer Operation vorkommende Zahl grössere und grössere Werthe einzusetzen. Zuweilen drückt unendlich eine Art Negation aus. Z. B. in dem Satze, es giebt unendlich viele Primzahlen, bedeutet es dasselbe, als „unter den Primzahlen giebt es keine letzte oder grösste".

§ 5. Die irrationalen oder transcendenten Zahlen. Die Multiplication mit ganzen Zahlen war nur eine abkürzende Bezeichnung für eine specielle Art wiederholter Addition, und würde demnach, wenn man nur mit ganzen positiven Zahlen rechnete nicht als eine neue Operation anzusehen sein. Als Addition lässt sie sich jedoch nicht mehr erklären für die allgemeinen negativen und gebrochenen Zahlen, noch weniger für die später einzuführenden complexen Zahlen. Deshalb ist sie wirklich eine neue Rechnungsart. Die beiden Operationen

Addition und Multiplication

und die ihnen entgegengesetzten

Subtraktion und Division

bilden die vier Grundrechnungsarten (Species) ausser denen die gesammte Mathematik bis jetzt keine weiter besitzt, weil sie durch keine Aufgabe veranlasst worden ist, neue einzuführen. Wenn schon es richtig ist, dass die Auflösung der höhern Gleichungen zu der Erfindung der sogenannten irrationalen und imaginären Zahlen geführt hat, so ist doch diese Art der Einführung jener Zahlen keine nothwendige, namentlich keine erschöpfende, und man braucht nicht das Auflösen der höheren Gleichungen als neue Rechnungsart anzusehen. Allerdings leistet uns die Aufgabe der Auflösung höherer Gleichungen bei der Zahlenbildung einen vorzüglichen Dienst, indem sie uns zur Einführung der gebräuchlichen complexen Zahlen zwingt, während andere wohl mögliche und auch von Mathematikern untersuchte den Zahlen verwandte Gebilde keine neuen analytischen Aufgaben lösen, und daher wohl eingeführt werden können, aber nicht eingeführt zu werden brauchen.

Es giebt Aufgaben, und unter ihnen so elementare, wie das Auffinden einer Zahl x, welche mit sich selbst multiplicirt 2 giebt*), die mit den gewöhnlichen bislang betrachteten Zahlen nicht gelöst werden können, während man leicht eine Reihe von Zahlen findet, von denen jede der Lösung des Problems näher und näher kommt. Bilden wir z. B. die Reihe von Zahlen

$$x_1 = 1;\ x_2 = 1{,}4;\ x_3 = 1{,}41;\ x_4 = 1{,}414;\ x_5 = 1{,}4142;\ x_6 = 1{,}41421;\ x_7 = 1{,}414213;\ ..$$

die man nach der Regel der Wurzelausziehung bildet, so findet man, dass durch keine der Zahlen x_1, x_2, x_3, .. die Gleichung $x . x - 2 = 0$ befriedigt wird, dass aber die linke Seite dieser Gleichung einen absolut genommen kleinern und kleinern Werth erlangt, und zwar einen beliebig kleinen, wenn man in der Zahlenfolge x_1, x_2, x_3, .. für x Zahlen x_n, x_{n+1}, .. wählt, deren Index (n, $n+1$, ..) grösser und grösser wird. Das nicht vorhandene, also ideale Resultat dieses Processes in der Folge x_1, x_2, x_3, .. weiter und weiter vorwärts zu gehen, wird mit $\sqrt{2}$ bezeichnet, und unter die Zahlen aufgenommen. Zur Aufnahme solcher idealer Gebilde unter die Zahlen wird man berechtigt sein, sobald man eine Definition für die Grösse solcher Zahlen findet, welche auch auf die schon vorhandenen Zahlen anwendbar ist, so dass jede solche neue Zahl einen bestimmten Platz unter oder zwischen den schon vorhandenen Zahlen einnimmt, und sobald man zeigen kann, dass die für die schon eingeführten Zahlen giltigen Rechnungsregeln sich widerspruchslos auf die neuen Zahlen ausdehnen lassen.

Wir sagen a gehöre zur Folge

$$(a_1,\ a_2,\ a_3,\ ..\ a_n,\ ..)$$

wenn a das ideale Resultat des Processes ist, aus der Folge immer spätere und spätere Zahlen zu nehmen,

---

*) Dies weist man mit Hilfe elementarer Sätze aus der (engern) Zahlentheorie leicht nach. Wäre $x = \sqrt{2} = p : q$, und $p : q$ auf die kleinste Benennung gebracht, so müsste $2 = pp : qq$ sein, also p durch q theilbar sein. Dass aber $\sqrt{2}$ keine ganze Zahl ist, ist evident.

gleichviel, ob eine solche Zahl a unter den gemeinen Zahlen vorhanden ist oder nicht. Sind die Zahlen a_n, a_{n+1}, .. von einem bestimmten n ab alle einander gleich, so ist a_n selbst die zur Folge gehörende Zahl.

Gehört a' in gleicher Weise zur Folge (a'_1, a'_2, a'_3, ..), so ist $a > a'$, wenn die Differenzen

$$a_1 - a'_1,\ a_2 - a'_2,\ ..\ a_n - a'_n,\ ..$$

von einer bestimmten ab immer, d. h. so weit man sie auch bilden mag, grösser als eine angebbare positive Zahl sind. Werden aber die Differenzen von einer bestimmten ab, absolut genommen kleiner und kleiner, kleiner als jede noch so klein vorgegebene absolute Zahl, so ist $a = a'$.

Um a mit der gewöhnlichen Zahl b zu vergleichen braucht man nur b durch die Folge

$$(b,\ b,\ b,\ ..,\ b,\ ..)$$

zu definiren, und es ist $a > b$, bez. $a = b$, wenn die Differenzen

$$a_1 - b,\ a_2 - b,\ a_3 - b,\ ..\ a_n - b,\ ..$$

von einer bestimmten ab über einer positiven Zahl c bleiben, oder zu Null herabsinken, d. h. beliebig klein werden.

Giebt es eine Zahl b von der Beschaffenheit, dass die Differenzen

$$a_1 - b,\ a_2 - b\ ...\ a_n - b,\ ..$$

weder dem absoluten Betrage nach von einer bestimmten ab kleiner als jede noch so klein vorgegebene Zahl werden, noch auch von einer bestimmten ab dasselbe Vorzeichen behalten, so würde die Zahl a, wenn wir eine solche zur Folge (a_1, a_2, .., a_n, ..) gehören lassen wollten, weder grösser noch kleiner noch gleich b sein, sie würde deshalb keinen bestimmten Platz in Bezug auf die gemeine Zahlenreihe einnehmen, und demnach werden wir zur Folge (a_1, a_2, .., a_n, ..) überhaupt keine Zahl gehören lassen können. Eine solche Folge hat keine Bedeutung für die Bildung der Zahlen.

Damit a einen bestimmten Platz innerhalb der Zahlenreihe einnehme, ist nothwendig und hinreichend, dass man, was auch m für eine positive ganze Zahl sein mag, n so gross annehmen könne, dass

$$a_{n+m} - a_n$$

beliebig klein wird, d. h. kleiner als jede noch so klein vorgegebene absolute Zahl σ.

In der That giebt es alsdann keine Zahl b, weder eine gewöhnliche, noch eine durch eine Folge derselben Art definirte Zahl, die nicht entweder bestimmt grösser oder kleiner oder gleich a wäre. — Die Zahl b sei definirt durch die Folge (b_1, b_2, .., b_n ..) worin die Zahlen b_1, b_2, .. alle oder von einer bestimmten ab alle einander gleich sein können, worin aber $b_{n+m} - b_n$ dem absoluten Betrage nach für jedes positive m dadurch beliebig klein gemacht werden kann, dass n gross genug genommen wird. Alsdann bleiben die Differenzen $a_n - b_n$ von einer bestimmten ab entweder stets über einer bestimmten positiven Zahl c oder unter einer bestimmten Zahl $-c$ oder werden beliebig klein.

Ist nämlich $a_m - b_m = \delta_m$, so kann der absolute Betrag von $\delta_{n+m} - \delta_n = (a_{n+m} - a_n) - (b_{n+m} - b_n)$ dadurch beliebig klein gemacht werden, dass man n gross genug nimmt. Nun können drei Fälle eintreten. Entweder ist δ_1, δ_2, δ_3, .. eine Folge, deren Elemente sich der Null immer mehr näheren, dann ist $a = b$. Oder δ_n bleibt positiv immer über einer Zahl c, dann ist $b < a$, oder bleibt für wachsende n immer unter einer negativen Zahl $-c$, dann ist $b > a$.

Der Fall endlich, dass die Differenzen δ_1, δ_2, .. δ_n, .. von einer bestimmten ab weder beliebig klein, noch fortwährend grösser als eine bestimme Zahl wären, dass also zur Folge δ_1, δ_2, .. keine bestimmte Zahl gehöre, kann nicht eintreten. Angenommen es liesse sich einerseits die ganze positive Zahl m immer wieder so bestimmen, dass δ_{n+m} grösser als die bestimmte absolute Zahl c wäre, wie gross auch m sein mag, und es liessen sich für m andererseits immer wieder Werthe m' finden, für welche $\delta_{n+m'}$ negativ oder auch nur kleiner als $\frac{1}{2}c$ wäre, so würde die Differenz $\delta_{n+m} - \delta_{n+m'}$ immer wieder grösser als $\frac{1}{2}c$ werden, wie gross auch n sein mag. Dies ist nicht möglich, weil

$$\delta_{n+m} - \delta_{n+m'} = (a_{n+m} - a_{n+m'}) - (b_{n+m} - b_{n+m'})$$

durch Annahme hinlänglich grosser n beliebig klein gemacht werden kann.

Nennen wir eine Folge a_1, a_2, .. a_n .. eine reguläre, wenn $a_{n+m} - a_n$ beliebig klein gemacht werden kann durch Annahme hinlänglich grosser n, so ist hiernach die Einordnung der durch reguläre Folgen definirten Zahlen in die gemeinen Zahlen der Grösse nach eine völlig bestimmte, sowie sie auch unter sich in ihren Grössenverhältnissen genau bestimmt sind. Von dieser Seite her steht also der Einführung dieser Zahlen, welche, wenn sie unter den gemeinen nicht vorhanden sind, irrationale oder transcendente Zahlen heissen, nichts entgegen. — Die Bezeichnung transcendente Zahlen wird vielleicht passender nur für eine bestimmte Gattung unter den irrationalen Zahlen gebraucht, weshalb wir hier nur das Wort „irrationale Zahlen" anwenden wollen.

Die Summe oder Differenz zweier durch reguläre Folgen definirten Zahlen a und b ist die zur regulären Folge $a_1 \pm b_1,\ a_2 \pm b_2, \ldots, a_n \pm b_n, \ldots$ gehörende Zahl. Dabei kann $a_n = a_{n+1} = a_{n+2} = \ldots$, oder auch $b_n = b_{n+1} = b_{n+2} = \ldots$ von einem bestimmten n ab sein. Die Summe oder Differenz zweier solchen Zahlen ist eindeutig bestimmt.

Das Produkt $a.b$ ist die zur regulären Folge $a_1.b_1,\ a_2.b_2, \ldots, a_n.b_n, \ldots$ gehörende Zahl, deren Bestimmtheit evident ist. Es kann nur verschwinden, wenn einer der Factoren verschwindet.

Der Quotient $a:b$ ist die zur Folge

$$\frac{a_1}{b_1},\ \frac{a_2}{b_2},\ \ldots\ \frac{a_n}{b_n},\ \ldots$$

gehörende Zahl. Diese Folge ist eine reguläre, sobald b von Null verschieden ist, weil dann

$$a_{n+m}:b_{n+m} - a_n:b_n = (a_{n+m}b_n - a_nb_{n+m}):b_n.b_{n+m} = \{(a_{n+m}-a_n)\,b_n + a_n(b_n - b_{n+m})\}:b_n.b_{n+m}$$

offenbar beliebig klein gemacht werden kann. Ist aber b der Null gleich, so dass $b_1, b_2, \ldots b_n, \ldots$ absolut genommen kleiner und kleiner werdende Zahlen sind, so kann, wenn a auch Null ist, zur Folge $\frac{a_1}{b_1}, \frac{a_2}{b_2}, \ldots \frac{n}{b_n}, \ldots$ gelegentlich eine bestimmte Zahl gehören. Man darf diese Zahl aber nicht als den Quotienten $0:0$ ansehen. Denn dass das Resultat unbestimmt ist, erkennt man sogleich, wenn man für die reguläre Folge $(b_1, b_2, \ldots)$ die in diesem Falle ihr gleichen Folgen

$$\left(b_1,\ \frac{1}{2}b_2,\ \frac{1}{3}b_3, \ldots \frac{1}{n}b_n, \ldots\right),\ \left(b_1,\ \frac{1}{2.2}b_2,\ \frac{1}{3.3}b_3, \ldots \frac{1}{n.n}b_n, \ldots\right), \ldots$$

setzt, so dass also wie früher die Division mit der Null in jedem Falle untersagt ist.

Für Anwendungen erweist sich oft der Satz als bequem: Zwei Zahlen a und b sind gleich, wenn sie aus gleichvielen Ganzen, gleichvielen Zehnteln, gleichvielen Hundertsteln etc. bestehen. Dieser Satz ist richtig, denn schreibt man von den Zahlen erst die Ganzen, dann die Ganzen und Zehntel, dann die Ganzen, Zehntel und Hundertstel etc. hin, so erhält man zwei Zahlenfolgen, die reguläre sind, die zu a und b gehören, und deren Terme einander gleich sind.

Zwei Zahlen, von denen man nachweisen kann, dass sie sich um weniger als jede noch so kleine Zahl unterscheiden, sind einander gleich. Die beiden Zahlen a und b mögen zu der Folge $(a_1, a_2, \ldots a_n, \ldots)$, $(b_1, b_2, \ldots b_n, \ldots)$ gehören. Dann ist $a-b$ die zur Folge $a_1-b_1,\ a_2-b_2, \ldots a_n-b_n, \ldots$ gehörende Zahl. Setzen wir $a_n - b_n$ gleich σ_n, so muss $\sigma_1, \sigma_2, \ldots \sigma_n, \ldots$ eine Folge sein, deren Terme beliebig klein werden. Denn blieben sie über einer Zahl σ, so würde sich a von b um mehr als σ unterscheiden, was gegen die Voraussetzung ist. Zur Folge $\sigma_1, \sigma_2, \ldots \sigma_n, \ldots$ gehört also die Null, oder es ist $a-b=0$, $a=b$. w. z. b. w.

Gehört a zur regulären Folge $a_1, a_2, \ldots a_n, \ldots$, so kann n so gross genommen werden, dass $a-a_n$ beliebig klein wird. Denn es ist $a-a_n$ die zur Folge

$$a_1-a_n,\ a_2-a_n, \ldots a_m-a_n, \ldots a_{n+m}-a_n, \ldots$$

gehörende Zahl. Diese Folge ist regulär, und durch Annahme eines hinlänglich grossen n kann man bewirken, dass vom n-ten Terme ab, alle ihre Terme kleiner als σ sind, wie klein auch σ vorgegeben wird. Also ist die zugehörige Zahl kleiner als σ.

Es drängt sich die Frage auf, ob man auf neue Zahlen treffen könne, wenn man eine reguläre Folge von **irrationalen** Zahlen bildet. Diese Frage ist zu verneinen. Die reguläre Folge sei $a_1, a_2, \ldots a_n, \ldots$ und $a_1, a_2, \ldots$ seien irrationale Zahlen. Die Decimalzahlen $a'_1, a'_2, a'_3, \ldots a'_n, \ldots$ mögen mit a_1,

$a_2, a_3, \ldots a_n, \ldots$ bez. die Ganzen, die Ganzen und Zehntel, die Ganzen, Zehntel und Hundertstel, u. s. w. gemein haben. Lässt man zur Folge der irrationalen Zahlen die Zahl a, zur andern Folge die Zahl a' gehören, so ist die Differenz $a-a'$ die Folge $a_1-a'_1, a_2-a'_2, a_3-a'_3, \ldots a_n-a'_n, \ldots$ deren Terme beliebig klein werden, und zu der daher die Zahl Null gehört, so dass $a-a'=0$, $a=a'$ ist.

Wir weisen noch nach, dass die Aufgabe $x.x=D$, $x=\sqrt{D}$ (Quadratwurzel aus D) wenn D eine beliebige positive, rationale (d. h. gewöhnliche Zahl, im Gegensatz zu den irrationalen Zahlen) oder auch irrationale Zahl ist, nun stets gelöst werden kann.

Es giebt eine ganze Zahl α von der Beschaffenheit, dass $\alpha.\alpha < D \leqq (\alpha+1)(\alpha+1)$ ist. Im Falle der Gleichheit ist $\sqrt{D}=\alpha+1$ gefunden. Im andern Falle giebt es eine ganze Zahl $\beta \leqq 9$ von der Beschaffenheit, dass $(\alpha,\beta).(\alpha,\beta) < D \leqq (\alpha,\beta').(\alpha,\beta')$ ist, wenn $\beta'=\beta+1$, und α,β; α,β' Decimalzahlen sind. Im Falle der Gleichheit ist $\alpha,\beta'=\sqrt{D}$, und die Aufgabe lösbar. Im andern Falle giebt es eine ganze Zahl $\gamma \leqq 9$ von der Beschaffenheit, dass $(\alpha,\beta\gamma).(\alpha,\beta\gamma) < D \leqq (\alpha,\beta\gamma').(\alpha,\beta\gamma')$ ist, wenn $\gamma'=\gamma+1$ ist u. s. w. Bilden wir nun die Folge

$$\alpha,\ \alpha,\beta,\ \alpha,\beta\gamma,\ \alpha,\beta\gamma\delta,\ \ldots,\ \alpha,\beta\gamma\delta\ldots\nu,\ \ldots,$$

so ist sie offenbar eine reguläre und es gehört eine gewisse Zahl d zu ihr. Diese Zahl ist gleich $\sqrt{D}$. Denn $d.d$ gehört zur Folge

$$\alpha.\alpha,\ (\alpha,\beta).(\alpha,\beta),\ \ldots\ (\alpha,\beta\gamma\delta\ldots\nu).(\alpha,\beta\gamma\delta\ldots\nu),\ \ldots,$$

deren Terme sich nach und nach beliebig wenig von D unterscheiden, und zu der also D gehört. Es ist mithin $d.d=D$.

Dass es nur eine positive Zahl x giebt, die mit sich selbst multiplicirt D liefert, ergiebt sich in folgender Weise. Wäre x' eine zweite solche Zahl, so müsste

$$x.x=x'.x',\quad x.x-x'.x'=(x-x')(x+x')=0$$

sein. Da nun $x+x'$ nicht Null ist, so muss $x-x'$ Null, $x=x'$ sein. Denn auch für irrationale, durch Folgen definirte Zahlen ergiebt die Definition des Produktes zweier Zahlen sofort den Satz, dass dasselbe nicht Null sein kann, wenn nicht ein Factor Null ist.

Ist aber x eine Lösung der Gleichung $xx=D$, so ist $-x$ eine zweite, so dass das Zeichen $\sqrt{D}$ zwei Werthe bedeutet, die durch nähere Bestimmung jedesmal zu fixiren sind.

§ 6. Die complexen Zahlen. Unter complexen Zahlen versteht man Ausdrücke die in der Form einer Summe von gewöhnlichen Zahlen erscheinen, deren einzelne Posten aber in sofern gewissermassen qualitativ von einander verschieden sind, als nur Zahlen gleicher Art miteinander der Grösse nach verglichen und zu einander addirt werden können. Die Regeln für die Addition und Subtraktion der Zahlen einer und derselben Qualität sind die gewöhnlichen. Die Zahlen verschiedener Qualität werden durch irgend eine Marke, am besten durch einen vorgesetzten Buchstaben von den gemeinen Zahlen unterschieden. Zunächst betrachten wir Zahlen mit zweierlei Bestandtheilen, also Summen die aus gemeinen Zahlen und Zahlen einer neuen Qualität bestehen. Letztere Zahlen unterscheiden wir von den gemeinen durch ein vorgesetztes j. Die Verknüpfungsregeln denen diese Zahlen folgen, sollen die nachstehenden sein.

Es ist

$$a=\alpha+j\beta=a'=\alpha'+j\beta'$$

dann und nur dann, wenn $\alpha=\alpha'$, $\beta=\beta'$ ist; anderfalls sind a und a' von einander verschieden. Daraus folgt, dass a nur dann Null sein kann, wenn α sowohl, als auch $j\beta$ Null ist. Es soll aber $j\beta$ Null dann und nur dann sein, wenn β Null ist. Ferner ist

$$a \pm a'=(\alpha \pm \alpha')+j(\beta \pm \beta').$$

Für ganze positive m folgt hieraus $m.j\alpha=j(\alpha.m)=j(m.\alpha)$. Dies Gesetz soll bestehen bleiben, wenn m eine beliebige gemeine Zahl ist. Schreibt man für $j1$ einfach nur j, so folgt hieraus

$$j\alpha=j.\alpha=\alpha.j,$$

wobei noch die Vertauschbarkeit der Factoren im Produkt vorausgesetzt ist. Ferner soll

$$(\alpha+j\beta)(\alpha'+j\beta')=(\alpha'+j\beta')(\alpha+j\beta)=\alpha.\alpha'+j\beta.j\beta'+j(\alpha.\beta'+\alpha'.\beta)$$
$$=\alpha.\alpha'+j.\beta.j.\beta'+j(\alpha.\beta'+\alpha'.\beta)=\alpha.\alpha'+j.j.\beta.\beta'+j(\alpha.\beta'+\alpha'.\beta)$$

sein, es soll also die Vertauschbarkeit der Factoren stattfinden und das Produkt zweier Zahlen soll wie das Produkt zweier Summen durch gliedweise Multiplication gefunden werden.

Endlich soll noch $j.j$ eine complexe Zahl von der Form $\sigma+j\tau$ sein, so dass das Produkt zweier complexen Zahlen eine complexe Zahl derselben Art wird. Ohne die Allgemeinheit zu beschränken lässt sich annehmen, dass τ (also $j\tau$) Null sei. Denn setzen wir $j'=p+j$, $j=j'-p$, so ist

$$j.j=j'.j'-2p.j'+p.p=\sigma+\tau j=\sigma-\tau p+\tau j',\quad j'.j'=-p.p+\sigma-\tau p+(2p+\tau).j'.$$

Nimmt man nun die Zahl $-\frac{1}{2}\tau$ für p, so ergiebt sich für $j'.j'$ eine gemeine Zahl. Das Gebiet der Zahlen $\alpha+\beta j'$ enthält alle Zahlen des Gebietes $\gamma+\delta j$ und umgekehrt, so dass in der That die Allgemeinheit nicht beschränkt wird, wenn $j.j=\sigma$ angenommen wird, während σ eine gemeine Zahl bedeutet. Dann ist aber

$$a.a'=(\alpha+j\beta)(\alpha'+j\beta')=\alpha.\alpha'+\sigma.\beta.\beta'+j(\alpha.\beta'+\alpha'.\beta).$$

Zuerst werde nun für σ die Null gewählt. Dann ist $j\beta.j\beta'=0$, und es giebt demnach unendlich viele Zahlen des Systems der Zahlen $\alpha+j\beta$ deren Produkt verschwindet, ohne dass ein Factor verschwindet. Die Division mit einer solchen Zahl, die mit einer andern das Produkt Null bilden kann, ist völlig unbestimmt, z. B. die Division mit j selbst. Denn verstehen wir unter dem Quotienten $a:j$ diejenige Zahl, die mit j multiplicirt a liefert, so ist

$$\frac{\alpha+j\beta}{j}=\frac{\alpha+j\beta+j\gamma.j\gamma'}{j}=\frac{\alpha+j\beta}{j}+\gamma.j\gamma'=\frac{\alpha+j\beta}{j}+j(\gamma.\gamma')$$

und $\gamma.\gamma'$ kann jede beliebige gemeine Zahl sein. Das Problem $x.x=0$ besitzt unter den gemeinen Zahlen schon eine Lösung, während hier noch unendlich viele willkürliche Lösungen hinzugefügt werden. Ein neues arithmetisches Problem indessen wird mit diesem Zahlensystem nicht gelöst, weshalb dasselbe den Stempel der Willkürlichkeit an sich trägt, und ihm die Nothwendigkeit mangelt. Demnach liegt kein Grund vor diese Gebilde als neue Zahlen in die Arithmetik einzuführen.

Ist aber σ von Null verschieden, etwa gleich $\pm\,\omega.\omega$ (die Zahl ω ist nach dem Frühern immer vorhanden), so kann man, ohne die Allgemeinheit zu beschränken, ω gleich Eins annehmen, weil man die Substitution $j=\omega j'$ machen kann, wonach $j'.j'=\pm 1$ ist.

Wäre nun $j.j=1$, so würde $j.j-1=(j-1)(j+1)=0$ sein, und es würde das Produkt zweier Zahlen, und in Folge davon das Produkt unendlich vieler anderer Zahlen — $(\alpha-j\alpha)(\beta+j\beta)=0$ — verschwinden, ohne dass ein Factor verschwindet. Ein schon anderweitig lösbares Problem $x.x=1$, würde in willkürlicher Weise nochmals gelöst ($x=\pm 1$, $x=\pm j$) während neue arithmetische Probleme nicht gelöst werden. Diese Zahlen sind ebenso willkürliche und ebenso wenig nothwendige als die vorhin besprochenen Zahlen, weshalb kein Grund vorliegt sie in die Arithmetik einzuführen.

Es darf jedoch nicht verschwiegen werden, dass die Einführung von dergleichen Zahlen in der Zahlentheorie im engern Sinne von erheblichen Nutzen sein kann. Ist D eine ganze positive Zahl, aber nicht das Quadrat einer solchen, so kann man $\alpha+\beta\sqrt{D}$ als ein Zahlensystem auffassen, wenn α und β nur positive oder negative rationale Zahlen sind. Alsdann findet sich $\sqrt{D}$ unter den Zahlen α, β nicht vor und es kann ein Produkt zweier Zahlen des Systems $(\alpha+\beta\sqrt{D})(\alpha'+\beta'\sqrt{D})$ nicht verschwinden, ohne dass ein Factor Null ist. Ein Factor $\alpha+\beta\sqrt{D}$ ist aber nur Null, wenn sowohl α als auch β Null ist, weil $\pm(\alpha:\beta)$ niemals $\sqrt{D}$ sein kann. In der (engern) Zahlentheorie werden solche Zahlensysteme in der That betrachtet und mit Erfolg auf die Theorie quadratischer Formen angewandt, aber sie gehören eben nur in die (engere) Zahlentheorie, nicht in die allgemeine Arithmetik.

Ist endlich $j.j=-1$, in welchem Falle i für j nach Gauss gesetzt wird, so zeichnen sich diese Zahlen vor den betrachteten sofort dadurch aus, dass eine bisher nicht lösbare analytische Aufgabe durch sie ihre Lösung findet, nämlich die Aufgabe

$$x.x = -1,$$

der $x = \pm i$ genügt. Ferner kann das Produkt

$$(\alpha + \beta i)(\alpha' + \beta' i)$$

nicht Null sein, ohne dass einer der Factoren Null ist. Denn da das Produkt gleich $\alpha.\alpha' - \beta.\beta' + i(\alpha.\beta' + \alpha'.\beta)$ ist, so ergiebt dasselbe nur Null, wenn $\alpha.\alpha' = \beta.\beta'$ und $\alpha.\beta' = -\alpha'.\beta$ ist. Durch Multiplication dieser beiden Gleichungen folgt $\alpha.\alpha.\alpha'.\beta' = -\beta.\beta.\alpha'.\beta'$, $\alpha.\alpha + \beta.\beta = 0$. Dies ist nur dann möglich, wenn α und β zugleich Null sind. Unsere Schlussweise bedarf dann nur geringer Modification, wenn α' oder β' Null wäre.

Diejenige stets vorhandene positive Zahl ϱ, die mit sich selbst multiplicirt $\alpha\alpha + \beta\beta$ liefert

$$\varrho = \sqrt{(\alpha\alpha + \beta\beta)} = \text{abs }(\alpha + \beta i)$$

wird der absolute Betrag von $\alpha + \beta i$ genannt. Der absolute Betrag jeder von Null verschiedenen Zahl ist von Null verschieden. Der reelle Bestandtheil von $\alpha + \beta i$ ist die Zahl α, der imaginäre βi. Die Zahl $\alpha - \beta i$ heisst der Zahl $\alpha + \beta i$ conjugirt. Die Summe conjugirter Zahlen ist reell, und das Produkt conjugirter Zahlen giebt den absoluten Betrag derselben, ist also positiv reell.

Die Division ist eine eindeutige Operation, und nur dann nicht ausführbar, wenn der Nenner Null ist. Setzt man

$$(\alpha + \beta i) : (\gamma + \delta i) = x + yi,$$

so ist

$$\alpha + \beta i = (x + yi)(\gamma + \delta i) = \gamma x - \delta y + i(x\delta + y\gamma)$$

$$\alpha = \gamma x - \delta y, \quad \beta = x\delta + y\gamma$$

$$x = \frac{\alpha\gamma + \beta\delta}{\gamma\gamma + \delta\delta}, \quad y = \frac{\beta\gamma - \alpha\delta}{\gamma\gamma + \delta\delta}.$$

§ 7. **Einige fundamentale Sätze der Rechnung mit complexen Zahlen.** Das Problem

$$x.x = a = \alpha + \beta i$$

ist stets (zwiefach) lösbar. Setzen wir $x = \sigma + \tau i$, so ist

$$\alpha + \beta i = \sigma\sigma - \tau\tau + 2\sigma\tau i, \quad \alpha = \sigma\sigma - \tau\tau, \quad \beta = 2\sigma\tau,$$

$$\alpha = \sigma\sigma - \frac{\beta\beta}{4\sigma\sigma}, \quad 4\sigma\sigma\sigma\sigma - 4\alpha\sigma\sigma - \beta\beta = (2\sigma\sigma - \alpha)(2\sigma\sigma - \alpha) - (\alpha\alpha + \beta\beta) = 0$$

$$2\sigma\sigma - \alpha = \sqrt{\alpha\alpha + \beta\beta},$$

und da $\sigma\sigma$ positiv ist, so ist die Wurzel positiv zu nehmen. Daraus folgt weiter

$$\sigma = \pm\sqrt{\tfrac{1}{2}(\alpha + \sqrt{(\alpha\alpha + \beta\beta)})}, \quad \tau = \beta : 2\sigma.$$

Die beiden Lösungen sind also durch das Vorzeichen verschieden, ihre Summe ist Null.

Leicht beweist man den Satz

$$\text{abs }(a) . \text{abs }(a') = \text{abs }(a . a').$$

Es sei $a = \alpha + \beta i$, $a' = \alpha' + \beta' i$, $aa' = \alpha\alpha' - \beta\beta' + i(\alpha\beta' + \alpha'\beta)$, so ist zu erweisen, dass

$$(\alpha\alpha + \beta\beta)(\alpha'\alpha' + \beta'\beta') = (\alpha\alpha' - \beta\beta')(\alpha\alpha' - \beta\beta') + (\alpha\beta' + \alpha'\beta)(\alpha\beta' + \alpha'\beta)$$

sei. Die gliedweise Ausführung der Multiplication zu beiden Seiten dieser Gleichung ergiebt die Richtigkeit des aufgestellten Satzes.

Sehr häufig macht man von dem Satze Gebrauch:

$$\text{abs }(a + a') \leqq \text{abs }(a) + \text{abs }(a').$$

Es ist zu erweisen, dass, die Wurzeln positiv genommen,

$$\sqrt{\{(\alpha + \alpha')(\alpha + \alpha') + (\beta + \beta')(\beta + \beta')\}} \leqq \sqrt{(\alpha\alpha + \beta\beta)} + \sqrt{(\alpha'\alpha' + \beta'\beta')}$$

sei. Dies findet statt, wenn

$$(\alpha + \alpha')(\alpha + \alpha') + (\beta + \beta')(\beta + \beta') \leqq \alpha\alpha + \beta\beta + \alpha'\alpha' + \beta'\beta' + 2\sqrt{(\alpha\alpha + \beta\beta)} . \sqrt{(\alpha'\alpha' + \beta'\beta')}$$

ist, oder wenn

$$\alpha\alpha' + \beta\beta' \leqq \sqrt{(\alpha\alpha + \beta\beta)} . \sqrt{(\alpha'\alpha' + \beta'\beta')}$$

ist. Nun besteht aber die Beziehung

$$\alpha\alpha\beta'\beta' + \beta\beta\alpha'\alpha' - 2\alpha\alpha'\beta\beta' = (\alpha\beta' - \alpha'\beta)(\alpha\beta' - \alpha'\beta) \geqq 0,$$

woraus folgt

$$\alpha\alpha\beta'\beta' + \alpha'\alpha'\beta\beta \geqq 2\alpha\alpha'\beta\beta',$$

$$\alpha\alpha\beta'\beta' + \alpha'\alpha'\beta\beta + \alpha\alpha\alpha'\alpha' + \beta\beta\beta'\beta' = (\alpha\alpha + \beta\beta)(\alpha\alpha + \beta\beta) \geqq (\alpha\alpha' + \beta\beta')(\alpha\alpha' + \beta\beta'),$$

und mithin ist

$$\alpha\alpha' + \beta\beta' \leqq \sqrt{(\alpha\alpha + \beta\beta)} \cdot \sqrt{(\alpha'\alpha' + \beta'\beta')},$$

wenn die Wurzeln positiv genommen werden, und somit ist der Satz erwiesen.

§ 8. Complexe Zahlen mit drei Einheiten. Wir sahen, dass Zahlen von zweierlei Qualität auf eine Summe zurückkamen, von der der eine Bestandtheil α, der reelle Bestandtheil, angiebt, wie viel mal die Zahl die Eins enthält, der andere Bestandtheil, βi angiebt, wie viel mal die Zahl eine specielle Zahl, $i = \sqrt{-1}$, die man imaginäre Einheit nennt, enthält. Wir können also die complexen Zahlen auch als Zahlen auffassen, die aus Multiplis zweier Einheiten zusammengesetzt sind. Der Gedanke liegt nahe, Zahlen zu schaffen, welche noch mehr Einheiten oder Qualitäten enthalten. Es genügt, Zahlen mit drei Einheiten zu untersuchen.

Die dritte Einheit neben 1 und i sei j. Dann können wir die neuen Zahlen in die Form setzen

$$a = \alpha + j\beta,$$

wenn α und β gemeine complexe Zahlen sind. Eine gleiche Schlussweise wie die im § 6 angewandte führt dazu, dass man ohne die Allgemeinheit zu beschränken für die Multiplication $j.j = \sigma$ annehmen kann, wenn σ eine complexe Zahl aus den Einheiten 1 und i ist. Es genügt aber weiter die beiden Fälle $j.j = 0$ und $j.j = 1$ zu betrachten, weil $j = \sqrt{\sigma}.j'$ gesetzt werden kann, und $\sqrt{\sigma}$ immer vorhanden ist. In keinem Falle wird durch diese Zahlen ein neues Problem gelöst, in jedem Falle werden schon vorhandenen Lösungen einiger einfachen Probleme willkürliche neue Lösungen hinzugefügt. Diese Zahlen sind keine nothwendigen und deshalb aus der Arithmetik auszuschliessen, während solche und ähnliche Zahlensysteme in der (engern) Zahlentheorie allerdings nützliche Verwendung finden. Gleiches gilt von Zahlen mit vier, fünf etc. Einheiten. Anders verhält es sich mit Zahlen, die unendlich viele Einheiten enthalten, auf solche Zahlen werden wir an anderer Stelle zurückkommen. Die Annahme einer nur endlichen Anzahl von Einheiten bewirkt, dass das Produkt zweier gleichen oder ungleichen Einheiten eine Zahl sein muss, die sich durch die vorhandenen Einheiten ausdrücken lässt.

Es sind von Mathematikern zahlenähnliche Gebilde construirt worden, welche mehr als zwei Einheiten enthalten. Die bekanntesten sind die Hamilton'schen Quaternionen, welche vier Einheiten enthalten. Diese Gebilde sind symbolische Bezeichnungen für geometrische oder mechanische Beziehungen, und sind zwar mögliche doch durchaus willkürliche nirgend nothwendige Erweiterungen des Zahlenbegriffes. Das vornehmste Gesetz der Produktbildung $a.b = b.a$ ist bei ihnen aufgehoben und es wird also das Produktzeichen da angewandt, wo es eine von der für gewöhnliche complexe Zahlen bestehenden grundverschiedene Bedeutung hat. Im sogenannten Logikkalkul gestaltet sich sogar schon die Addition völlig anders als für gemeine Zahlen, indem dort

$$a + a + \;..\; + a = a$$

ist. Ich bin der Meinung, dass Untersuchungen über solche Gebilde nicht in die Arithmetik aufzunehmen sind, dass sie andern Gebieten als der reinen Algebra angehören.

§ 9. Graphische Darstellung der complexen Zahlen. Nachdem wir zu den allgemeinen complexen Zahlen in rein formaler Weise gelangt sind, und wir uns dabei des Grössenbegriffes wie er sonst geläufig ist, ausser bei der Bildung der ganzen Zahlen gänzlich enthalten haben*) (denn die complexen Zahlen sind im gewöhnlichen Sinne keine Grössen, obschon dieser Name für sie ohne Schaden mit dem der Zahlen abwechselnd angewandt wird), so bedienen wir uns doch des Umstandes, dass manche Vorgänge und Thatsachen der Massgeometrie eine auffallende Uebereinstimmung mit

---

*) Wo der Begriff grösser oder kleiner vorkam, wurde er formal definirt.

Rechnungsoperationen zeigen, um das Zahlensystem mit Vorstellbarem zu verknüpfen oder, wie wir sagen, uns eine Abbildung desselben zu verschaffen. Das Haften unserer Vorstellung an einem solchen Bilde erleichtert uns zuweilen das formale Denken, und die geometrische Darstellung gewährt namentlich eine bequeme Terminologie für manche arithmetische Beziehungen. Der Gefahr, arithmetische Sätze durch geometrische Betrachtungen erweisen zu wollen, weil dies oft leicht erscheint, muss man allerdings sorgfältig aus dem Wege gehen, weil ein solcher Beweis nicht jedesmal arithmetisch bindend ist. Volle Strenge kann man derartigen Beweisen nur dann zugestehen, wenn man die den geometrischen zum Beweise dienenden Beziehungen entsprechenden analytischen Relationen für den ganzen Gang des Beweises fortlaufend angeben kann.

Auf einer geraden Linie, sie liege horizontal vor uns, nehmen wir einen festen Punct an und schreiben an seine Stelle die Zahl Null, wir denken uns die Stelle, den Punct als Träger der Zahl Null. Sodann nehmen wir eine bestimmte Strecke, die Einheit des Masses, und tragen sie von Null aus in der Richtung von links nach rechts ab. An ihren Endpunct setzen wir die Eins, denken diesen Punct als Träger der Zahl Eins. Tragen wir dieselbe Strecke wiederholt in derselben Richtung ab, so erhalten wir die Träger der Zahlen 2, 3, . ., tragen wir aber die Strecke wiederholt von Null ausgehend von rechts nach links ab, so erhalten wir die Träger der Zahlen -1, -2, -3, . . . Theilen wir dann nach den Regeln der messenden Geometrie die Strecken zwischen zwei aufeinanderfolgenden ganzen Zahlen, von $\pm a$ bis $\pm a+1$ in n gleiche Theile, so nehmen wir den $m$ten Theilpunkt zum Träger der Zahl $\pm a+\frac{m}{n}$. Die zu $m:n$ gehörende Strecke hat wie die Zahl $m:n$ die Eigenschaft, dass ihr n-faches die Strecke m bez. die Zahl m ist. Die Zahl $m:n$ pflegt die Masszahl der Strecke von 0 bis zum Träger von $m:n$ genannt zu werden. Die Träger der irrationalen Zahlen sind durch gleiche Grenzprocesse zu finden als die Zahlen selbst, zuweilen lassen sie sich genau construiren, z. B. $\sqrt{2}$ als Diagonale eines Quadrates mit der Seite Eins. Ist $\alpha > \beta$, nach den im § 5 für Grössenvergleichungen gegebenen Regeln, so ist die Strecke $\overline{0\alpha}$ (von Null bis α) grösser als die Strecke $\overline{0\beta}$, $\overline{0\beta}$ bildet einen Theil von $\overline{0\alpha}$, wenn α und β beide positiv sind. Sind sie beide negativ, so ist $\overline{0\alpha} < \overline{0\beta}$ wenn $\alpha > \beta$ ist. Sind α und β von entgegengesetzten Zeichen, etwa α positiv und β negativ, so folgt aus der nun selbstverständlichen Gleichung $\alpha > \beta$ nichts über das Grössenverhältniss der Strecken, sondern nur das, dass sie verschieden gerichtet sind. Diese Abbildung der reellen Zahlen ist offenbar eine solche, dass jeder reellen Zahl ein bestimmter Punct, und umgekehrt jedem Puncte eine bestimmte Zahl entspricht. Denn wird ein Punct beliebig gewählt, so wird man eine Folge anderer Puncte, die Träger rationaler Zahlen sind, so bestimmen können, dass diese demselben beliebig nahekommen. Dadurch erhält man eine diesem Puncte entsprechende reguläre Zahlenfolge, und somit eine dem Puncte entsprechende Zahl.

Nun zieht man weiter eine Gerade, welche die erste Gerade im Puncte Null schneidet, und zwar nimmt man (am einfachsten und somit am besten) diese Gerade senkrecht zur ersten an. Den Puncten dieser Geraden lässt man die mit i multiplicirten, also rein imaginären Zahlen gerade so entsprechen, wie die reellen Zahlen den Puncten der ersten Geraden, indem man sich beim Abtragen der Strecken desselben Massstabes, derselben Einheit bedient. Es ist üblich, die positiv imaginären Zahlen oberhalb der reellen Geraden oder der reellen **Achse** aufgetragen zu denken und eine Drehung durch welche die reelle positive Achse sich der positiv imaginären Achse nähert, die also der des Zeigers einer Uhr entgegengesetzt ist, eine **positive Drehung** zu nennen. Von einem Puncte der Ebene der beiden Achsen, fällt man Lothe auf sie. Ist die Entfernung von der imaginären Achse α (positiv oder negativ je nach dem der Punct mit der positv reellen Achse auf derselben Seite der imaginären Achse liegt oder nicht) und ist das Mass der Entfernung von der reellen Achse β (positiv oder negativ, je nach der Lage zur reellen Achse), so ist der Punct Träger der complexen Zahl $\alpha+\beta i$. So entspricht jedem Puncte der Ebene eine und nur eine Zahl, jeder Zahl ein und nur ein Punct der Ebene.

Die Entfernung des Trägers einer Zahl vom Puncte Null (natürlich gemessen durch den Massstab, der zur Bestimmung der Lage des Trägers selbst diente) ist gleich dem absoluten Betrage der

Zahl, wie der Pythagoreische Lehrsatz zeigt. Ist von einer Zahl der absolute Betrag gegeben, so müsste man zur völligen Bestimmung der Zahl noch den Winkel kennen, den der Radiusvector des Trägers der Zahl, der eben durch den absoluten Betrag gegeben ist, mit einer festen Richtung, etwa der positiv reellen Achse bildet. Durch diesen Winkel würde der Träger der Zahl geometrisch völlig bestimmt sein, und die Entfernung desselben von den Achsen, der reelle und der imaginäre Theil der Zahl, sind messbar. Diesen Winkel nennen wir den „Winkel der Zahl". Das arithmetische Verhältniss jedoch, welches zwischen diesem Winkel, (dessen Verhältniss zu den Zahlen, dessen Mass selbst noch festzustellen wäre) und dem absoluten Betrage einerseits und zwischen dem reellen und imaginären Bestandtheile andrerseits besteht, ist zu complicirt, als dass es hier schon erörtert werden könnte.

Der absolute Betrag der Differenz zweier Zahlen ist die Strecke zwischen den Trägern dieser Zahlen, der Winkel der zu dieser Differenz gehört (zu jeder Zahl gehört ein bestimmter Winkel) ist derselbe den die vom Träger des Subtrahendus zum Minuendus gerichtete Strecke mit der reellen Achse bildet. Sind $a' = \alpha' + \beta' i$, $a'' = \alpha'' + \beta'' i$ die Zahlen, und ist $a = \alpha + \beta i$ ihre Differenz $a'' - a'$, so sind die Dreiecke (a', a'', b) und $(0, a, \alpha)$ congruent, und demnach Strecke (a', a'') gleich Strecke $(0, a)$ und $\angle(a'a'', a'b) = \angle(0a, 0\alpha)$. Dabei ist $a'b$ parallel der Achse der reellen Zahlen. Aus dieser geometrischen Betrachtung fliesst die Richtigkeit des ausgesprochenen Satzes.

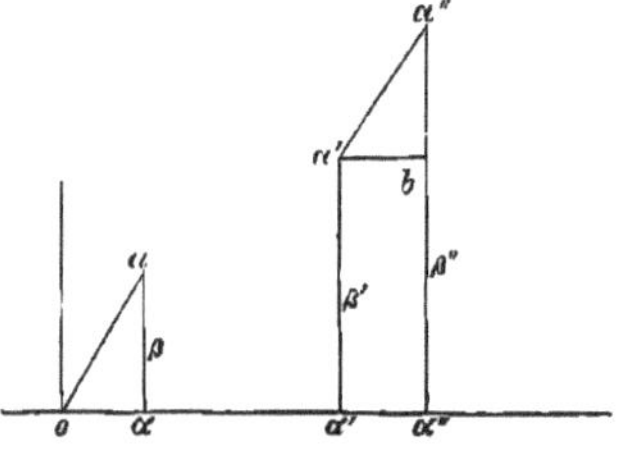

Alle Zahlen x, welche der Gleichung abs $(x - a) = \varrho$ genügen, liegen auf einem Kreise, dessen Radius ϱ, dessen Mittelpunct der Träger von a, oder kürzer gesprochen, dessen Mittelpunct a ist. Alle Zahlen, welche der Ungleichung abs $(x - a) < \varrho$ genügen, oder vielmehr ihre Träger, liegen im Innern desselben Kreises. Aus diesem Beispiele ersieht man schon, welchen Nutzen wir für die Terminologie aus der Abbildung ziehen können, wenn es sich um die Bestimmung von Zahlengebieten handelt, wir können nämlich obige Ungleichheit ersetzen durch die Redeweise: die Zahlen deren Träger im Innern eines Kreises liegen.

Addirt man zwei Zahlen $a' = \alpha' + \beta' i$ und $a'' = \alpha'' + \beta'' i$ zu einander, so erhält man den Träger der Summe a dadurch, dass man α'' an α', β'' an β' fügt, in der Richtung von links nach rechts bez. von unten nach oben, wenn α'', β'' positive Zahlen sind, in der entgegengesetzten, wenn sie negativ sind. Die Summe hat zum absoluten Betrage die Strecke zwischen 0 und $a = a' + a''$, a' die Strecke zwischen 0 und a', a'' die Strecke zwischen a' und a. Da nun nach einem Satze der Massgeometrie die Seite $0a$ kleiner, höchstens gleich ist der Summe der Seiten $0a'$, $a'a$, so folgt hieraus der schon einmal erwiesene Satz abs $(a' + a'') \leqq$ abs $(a') +$ abs (a''). Der Fall der Gleichheit tritt ein, wenn das Dreieck in eine Gerade ausartet, wenn a' und a'' denselben (nicht entgegengesetzte) Winkel haben.

Auf diese Darstellung complexer Zahlen durch Puncte einer Ebene gründen wir später die Theorie der conformen Abbildungen.

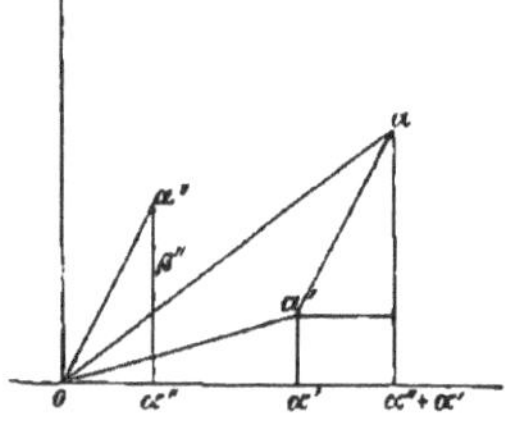

Es mag hier einige neuere Literatur über Zahlen und Zahlensysteme folgen.

Hankel, Theorie der complexen Zahlensysteme. Leipzig 1867.

Heine, Elemente der Functionenlehre. Crelle's Journal B. 74.

Kossak (nach Weierstrass), Die Elememente der Arithmetik. Programm. Berlin 1872.

Odstrčil, Kurze Anleitung zum Rechnen mit den Hamilton'schen Quaternionen. Halle 1879.
Schröder, Arithmetik und Algebra. Leipzig 1873

In den Lehrbüchern der algebraischen Analysis pflegen Betrachtungen über Zahlen enthalten zu sein. Die Hamilton'schen Quaternionen sind dem Wesen nach auch in Grassmann's Arbeiten enthalten.

Allgemeine Sätze über unendliche Zahlenfolgen, Reihen und Produkte.

§ 10. Eine Zahlenfolge, deren Terme niemals ab- oder niemals zunehmen, und endlich bleiben, ist eine reguläre Folge. Es sei $a_1, a_2, a_3, \ldots a_n, \ldots$ eine Folge deren Terme von einem bestimmten ab niemals abnehmen. Alsdann muss, wie klein auch σ vorgegeben werden mag, für jedes beliebige positve m eine bestimmte Zahl n vorhanden sein für welches die Differenz $a_{n+m} - a_n$ kleiner als σ wird. Denn im andern Falle hätte man $a_{n+m} = a_n + \sigma'$, $a_{n+m'} = a_{n+m} + \sigma''$, $a_{n+m''} = a_{n+m'} + \sigma'''$, $\ldots m < m' < m'' < \ldots$, $\sigma' > \sigma$, $\sigma'' > \sigma$, $\ldots$ und es wäre mithin

$$a_{n+r} > a_n + \mu\sigma,\ r = m^{(\mu)},$$

und es müsste also a_ν mit wachsendem ν grösser als jede Zahl werden, weil μ beliebig gross gemacht werden kann, die Terme würden über alle Grenzen wachsen, was gegen die Voraussetzung ist. Demnach gehört zu einer niemals abnehmenden Folge deren Terme endlich bleiben, eine bestimmte Zahl.

Die Richtigkeit des Satzes für niemals zunehmende Folgen leuchtet nun von selbst ein.

Soll die Zahl unter den Termen selbst vorkommen, so müssen diese von einem bestimmten ab alle einander gleich sein.

§ 11. Jede unendliche Folge endlicher Zahlen besitzt eine obere und untere Grenze. Dieser Satz besagt, wenn $a_1, a_2, \ldots a_n \ldots$ eine beliebige (also im Allgemeinen nicht reguläre) Folge endlicher Zahlen ist, so giebt es eine Zahl G von der Beschaffenheit, dass kein Term unter den Termen $a_1, a_2 \ldots$ vorhanden ist, der grösser als G wäre, dass aber andrerseits Terme vorhanden sind, die entweder G gleich sind, oder doch Terme die von G beliebig wenig verschieden sind. Im letztern Falle kommt die obere Grenze G der Folge nicht selbst als Zahl unter den Termen a vor. Ebenso giebt es eine untere Grenze g von der Beschaffenheit, dass keiner der Terme $a_1, a_2 \ldots$ unter g herabsinkt, wohl aber Terme vorhanden sind, die beliebig wenig von g verschieden, oder g gleich sind.

Beweis. Die Terme $a_1, a_2, a_3 \ldots a_n \ldots$ gehen dem absoluten Brage nach nicht über eine bestimmte Zahl M hinaus nach der Voraussetzung. Wir bilden eine neue Folge $a_1, b_2, b_3 \ldots b_n \ldots$ auf folgende Weise, b_2 sei unter den Termen $a_2, a_3, \ldots a_m$ der erste der grösser als a_1 ist. Giebt es keinen solchen Term, so ist a_1 die obere Grenze der Folge und sie wird von diesem Term wirklich erreicht. Giebt es einen solchen Term, etwa a_i so sei b_3 der erste Term etwa a_m der grösser als a_i ist, in der Folge der a, $b_4 = a_n$ sei der erste Term der grösser als a_m ist u. s. w. Bricht die Folge $a_1, b_2, b_3 \ldots$ einmal ab, d. h. giebt es unter den Termen $a_1, a_2 \ldots$ einen solchen, dass keiner grösser als dieser ist, so ist derselbe die obere Grenze der Folge, und sie wird wirklich erreicht. Bricht die Reihe der b nicht ab, so ist $a_1, b_2, b_3 \ldots$ eine niemals abnehmende Folge zu der nach dem vorigen Paragraphen eine bestimmte Zahl G gehört. Unter den Termen b, mithin auch unter den Termen a sind solche vorhanden, die sich von G beliebig wenig unterscheiden, weil $b_{n+m} - b_n$ dadurch beliebig klein gemacht werden kann (§ 10), dass n gross genug genommen wird.

Der Satz für die untere Grenze leuchtet nun von selbst ein.

Als Beispiel diene die Zahlenfolge

$$1-\frac{1}{2},\ -1+\frac{1}{3},\ 1-\frac{1}{4},\ -1+\frac{1}{5},\ ..\ 1-\frac{1}{2n},\ -1+\frac{1}{2n+1},\ ..$$

Die obere Grenze, die niemals erreicht wird, ist $+1$, die untere, die ebenfalls nicht erreicht wird ist -1.

Zusatz. Sind die Zahlen der Folge $a_1, a_2, .. a_n, ..$ sämmtlich voneinander verschieden und endlich, so giebt es mindestens eine Zahl m von der Beschaffenheit, dass unendlich viele Zahlen unter den Zahlen der Folge vorhanden sind, die sich von m beliebig wenig unterscheiden. Die Zahl m kann selbst unter den Zahlen a vorhanden sein, oder auch nicht, sie werde eine Grenzzahl der Folge genannt.

Ist die obere Grenze der Folge $a_1, a_2 ..$ die Zahl G, die untere g, und ist $h = \frac{1}{2}(G+g)$, so giebt es unter den Zahlen a unendlich viele, deren Werth entweder zwischen g und h fällt, oder unendlich viele deren Werth zwischen h und G fällt. Es seien g_1, G_1 die Zahlen, zwischen denen unendlich viele a liegen, so ist g_1 entweder g oder h und G_1 entweder h oder G. Ferner sei $h_1 = \frac{1}{2}(g_1 + G_1)$ (die Mitte des Intervalles von g_1 bis G_1), so liegen unendlich viele a der Folge entweder zwischen g_1, h_1, oder zwischen h_1, G_1. Es seien g_2, G_2 die Zahlen zwischen welchen unendlich viele a der Folge liegen. Theilt man dies Intervall wieder in zwei gleiche Theile, sucht den Theil, in dem unendlich viele Zahlen a liegen, theilt diesen wieder etc., so erhält man zwei Folgen

$$(g_1, g_2, g_3\ ..),\quad (G_1, G_2, G_3\ ..),$$

von denen die erste nie ab-, die zweite nie zunimmt, zu denen also bestimmte Zahlen und zwar dieselbe Zahl gehört, weil zur Folge der Differenzen G_1-g_1, G_2-g_2, .. offenbar die Null gehört. Diese Zahl ist die Zahl m. In der That liegt m zwischen g_n und G_n, welche Zahlen wenn man n gross genug nimmt, sich um weniger als die beliebig klein vorgegebene Zahl σ unterscheiden, und in das Innere dieses Intervalles fallen (nach der Construktion dieses Intervalles) unendlich viele Zahlen der Folge a.

Der Satz bleibt offenbar bestehen, wenn beliebig viele der Zahlen $a_1, a_2, ..$ eine endliche Anzahl von Malen in der Folge vorkommen.

§ 12. Complexe Folgen. Wenn in einer unendlichen Folge von complexen Termen $a_1, a_2, .. a_n, ..$ oder kurz zu reden, in einer complexen Folge der absolute Betrag von $a_{n+m}-a_n$ für jedes beliebige positive m dadurch beliebig klein gemacht werden kann, dass n gross genug genommen wird, so nähern sich die Terme mit wachsenden n unaufhörlich einer bestimmten complexen Zahl a. Die Folge ist eine reguläre complexe Folge und jene Zahl a gehört zu ihr.

Beweis. Es sei $a_1 = \alpha_1 + \beta_1 i$, $a_2 = \alpha_2 + \beta_2 i$, .. $a_n = \alpha_n + \beta_n i$, .., so ist

$$\text{abs}\,(a_{n+m}-a_n) = (\alpha_{n+m}-\alpha_n)(\alpha_{n+m}-\alpha_n) + (\beta_{n+m}-\beta_n)(\beta_{n+m}-\beta_n),$$

und dieser Ausdruck kann nur dann beliebig klein werden, wenn sowohl $\alpha_{n+m}-\alpha_n$ als auch $\beta_{n+m}-\beta_n$ beliebig klein werden. Unter dieser Bedingung bilden aber sowohl die Zahlen $\alpha_1, \alpha_2 .. \alpha_n, ..$ als auch die Zahlen $\beta_1, \beta_2 .. \beta_n, ..$ reguläre Folgen zu denen etwa die Zahlen α bez. β gehören. Die Zahl $a = \alpha + \beta i$ gehört zur Folge $a_1, a_2, .. a_n, ...$

Zusatz. Sind die absoluten Beträge der Zahlen der complexen Folge $a_1, a_2 .. a_n ..$ die alle voneinander verschieden sein mögen, endlich, so giebt es eine complexe Zahl m von der Beschaffenheit, dass unendlich viele Zahlen unter den Zahlen a enthalten sind, die sich dem absoluten Betrage nach beliebig wenig von m unterscheiden. Diese Zahl wird eine Grenzzahl der complexen Folge genannt.

Beim Beweise dieses Satzes wollen wir uns der graphischen Darstellung der Zahlen a als Hilfsmittel bedienen. Dadurch gewinnt der Ausdruck an Kürze, an Strenge aber geht deshalb nichts verloren, weil man in jedem Momente der Beweisführung für die geometrischen Verhältnisse, die entsprechenden algebraischen setzen kann, was eben nur den Ausdruck schwerfällig macht. — Es sei $a_n = \alpha_n + \beta_n i$. Die obere und untere Grenze der Folge α seien bez. G und g, der Folge β H und h.

Dann construiren wir in der Ebene die Zahlen a ein Rechteck, dessen Ecken die Träger der Zahlen $g+hi$, $G+hi$, $g+Hi$, $G+Hi$ sind. Die Mitte dieses Rechtecks ist Träger der Zahl $\frac{1}{2}(g+G)+\frac{1}{2}(h+H)i$. Legen wir durch diese Mitte parallel der reellen und imaginären Achse gerade Linien, so erhalten wir vier verschiedene Rechtecke, welche je $\frac{1}{4}$ des ganzen Rechtecks ausmachen. Da im grossen Rechtecke (R) unendlich viele Zahlen $a_1, a_2, \ldots a_n, \ldots$ liegen, so müssen wenigstens in einem der vier kleinern Recktecke, zu welchen wir den Rand jedesmal mitrechnen, unendlich viele von den Zahlen a liegen. Das Rechteck werde mit R_1 bezeichnet, die Zahlen, deren Träger seine Ecken sind, seien g_1+h_1i, g_1+H_1i, G_1+h_1i, G_1+H_1i. Das Rechteck R_1 zerlegen wir wiederum in vier gleiche Rechtecke, in wenigstens einem derselben müssen unendlich viele der Zahlen $a_1, a_2, \ldots a_n, \ldots$ liegen, etwa in R_2, dessen Ecken die Zahlen g_2+h_2i, g_2+H_2i, G_2+h_2i, G_2+H_2i tragen. So fahren wir fort. Zu der Folge $g_1, g_2, \ldots g_n, \ldots$ und zu $G_1, G_2, \ldots G_n, \ldots$ gehören dieselben Zahlen (vgl. § 11 Zusatz), etwa die Zahl μ, zu den Folgen $h_1, h_2, \ldots h_n, \ldots$ und $H_1, H_2, \ldots H_n, \ldots$ gehören auch gleiche Zahlen etwa ν, dann ist $m=\mu+\nu i$ die Grenzzahl der Folge a. Denn in der That liegt m im Innern des Rechtecks, dessen Ecken Träger der Zahlen g_n+h_ni, g_n+H_ni, G_n+h_ni, G_n+H_ni sind, und diese Zahlen unterscheiden sich dem absoluten Betrage nach voneinander um weniger als $\sqrt{(G_n-g_n)(G_n-g_n)+(H_n-h_n)(H_n-h_n)}$, also, da n beliebig gross gemacht werden kann, beliebig wenig.

Denken wir uns statt der Zahlen a die Puncte, deren Träger sie sind, und ebenso für m den zugehörigen Punct, so können wir den Satz auch so aussprechen. Sind in einem endlichen Gebiete unendlich viele verschiedene Puncte gegeben, so giebt es mindestens einen Punct, welcher Grenzpunct heisst; von der Beschaffenheit, dass unendlich viele der gegebenen Puncte von ihm um weniger entfernt sind, als jede noch so kleine vorgegebene Strecke.

Füllen die gegebenen Puncte eine Linie, oder ein kleines Ebenenstück continuirlich aus, so ist jeder Punct dieser Linie oder dieses Ebenenstückes ein Grenzpunct.

§ 13. Die Summe einer unendlichen Reihe. Unter dem Werthe oder der Summe einer unendlichen Reihe

$$a_1+a_2+a_3+\ldots+a_n+\ldots$$

versteht man diejenige Zahl, die zur Folge

$$s_1, s_2, s_3 \ldots s_n, \ldots$$

gehört, wenn

$$s_1=a_1,\ s_2=a_1+a_2,\ \ldots,\ s_n=a_1+a_2+\ldots+a_n,\ \ldots$$

ist. Damit die Reihe einen Werth oder eine Summe habe, dass sie convergire, muss die reelle oder complexe Folge $s_1, s_2, \ldots s_n, \ldots$ eine reguläre sein, es muss also

$$\text{abs}\,(s_{n+m}-s_n)$$

dadurch beliebig klein gemacht werden können, dass n gross genug genommen wird, welchen positiven Werth m auch haben mag. Ist s die zu $s_1, s_2 \ldots$ gehörende Zahl, so schreibt man zuweilen $s=\lim s_n$, $n=\infty$. Setzt man $m=1$ so zeigt sich, dass die Convergenzbedingung die Bedingung involvirt, dass die Terme a_n mit wachsenden n beliebig klein werden. Diese Bedingung ist jedoch keineswegs eine ausreichende.

Ein einfaches Beispiel für eine convergente Reihe, welches noch dazu für viele Convergenzuntersuchungen praktische Bedeutung hat, ist die Reihe,

$$a_1-a_2+a_3-a_4+\ldots+a_{2n-1}-a_{2n}+\ldots,$$

in der die Terme positiv reell sind, und von einem besimmten ab fortwährend abnehmen oder wenigstens niemals zunehmen und beliebig klein werden. In der That ist alsdann, wenn zur Abkürzung $(-1)^n=1$ für gerade n, gleich -1 für ungerade n gesetzt wird,

$$\begin{aligned} s_{n+m}-s_n &= (-1)^{n+1}\,(a_{n+1}-a_{n+2}+a_{n+3}-.+\ldots+(-1)^{m+1}\,a_{n+m}) \\ &= (-1)^{n+1}\,((a_{n+1}-a_{n+2})+(a_{n+3}-a_{n+4})+\ldots) \end{aligned}$$

$$= (-1)^{n+1}(a_{n+1} - (a_{n+2} - a_{n+3}) - (a_{n+4} - a_{n+5}) - \ldots)$$

dem absoluten Betrage nach grösser als $a_{n+1} - a_{n+2}$ aber kleiner als a_{n+1}, mithin beliebig klein, wenn man n gross genug nimmt.

Ein andres Beispiel ist die Reihe

$$\frac{1}{2} + \frac{1}{3.4} + \frac{1}{5.6} + \frac{1}{7.8} + \ldots \frac{1}{(2n-1)(2n)} + \ldots$$

Nennt man die Summe der ersten n Glieder s_n, die der convergenten Reihe

$$1 - \frac{1}{2} + \frac{1}{3} - \frac{1}{4} + \frac{1}{5} - \frac{1}{6} + \ldots + \frac{1}{2n-1} - \frac{1}{2n} + . - \ldots$$

t_n, so ist offenbar*) $s_n = t_{2n}$ und $\lim s_n = \lim t_{2n}$, $n = \infty$.

§ 14. Reihenvergleichung. Lassen sich die Terme einer Reihe $b_1, b_2, \ldots b_n, \ldots$ die sämmtlich positiv reell sind, den ebenfalls positven Termen einer convergenten Reihe

$$a_1 + a_2 + \ldots + a_n + \ldots$$

so zuordnen, dass von einem bestimmten an $b_m \leqq a_m$, $b_{m+1} \leqq a_{m+1}$, . . ist, so ist die Reihe

$$b_1 + b_2 + b_3 + \ldots + b_n + \ldots$$

ebenfalls convergent.

Es sei zum Beweise

$$t_n = b_1 + b_2 + \ldots + b_n, \quad s_n = a_1 + a_2 + \ldots + a_n,$$

so ist

$$t_{n+m} - t_n \leqq s_{n+m} - s_n,$$

was auch m für eine positive Zahl sein mag, wenn man n gross genug nimmt, und folglich wird die Differenz $t_{n+m} - t_n$ für wachsende n beliebig klein, womit die Bedingung der Convergenz erfüllt ist.

Um die Ausdrucksweise zu erleichtern wollen wir bis auf weitere Festsetzungen annehmen, dass n und m ganze positive Zahlen seien.

§ 15. Hilfsatz für Summenschätzung. Sind $h_1, h_2, \ldots h_m$ positive Grössen, und $H_1, H_2, \ldots H_m$ beliebige complexe Zahlen, deren absoluter Betrag kleiner oder gleich H ist, wie gross auch m sein mag, so ist

$$\text{abs}\,(h_1 H_1 + h_2 H_2 + \ldots + h_m H_m) \leqq (h_1 + h_2 + \ldots + h_m) . H.$$

Denn es ist

$$\begin{aligned}\text{abs}\,(h_1 H_1 + h_2 H_2 + \ldots h_m H_m) &\leqq \text{abs}\, h_1 H_1 + \text{als}\, h_2 H_2 + \ldots + \text{abs}\, h_m H_m \\ &\leqq h_1 H + h_2 H + \ldots + h_m H,\end{aligned}$$

womit der Satz erwiesen ist.

§ 16. Multiplicirt man die als positiv vorausgesetzten Terme einer convergenten Reihe

$$a_1 + a_2 + \ldots + a_n + \ldots$$

successive bez. mit den complexen Zahlen

$$M_1, M_2, M_3, \ldots M_n, \ldots,$$

deren absoluter Betrag über eine bestimmte Zahl M nicht hinausgeht, so bildet die Summe dieser Produkte

$$M_1 a_1 + M_2 a_2 + M_3 a_3 + \ldots + M_n a_n \ldots$$

wiederum eine convergente Reihe.

Ist nämlich

$$s_n = a_1 + a_2 + a_3 + \ldots + a_n, \quad t_n = M_1 a_1 + M_2 a_2 + M_3 a_3 + \ldots + M_n a_n,$$

so ist

---

*) Sind $a_1, a_2, \ldots a_n, \ldots$ und $b_1, b_2, \ldots b_n, \ldots$ reguläre, unendliche Folgen, so erkennt man leicht, dass zu ihnen dieselbe Zahl gehört, wenn die $b_1, b_2, \ldots b_n, \ldots$ Terme sind, die aus der Folge $a_1, a_2, \ldots$ herausgegriffen sind, wie viele davon auch fehlen mögen.

$$t_{n+m} - t_n = M_{n+1}a_{n+1} + M_{n+2}a_{n+2} + \,.\,.\, + M_{n+m}a_{n+m}$$

nach dem im vorigen Paragraphen gegebenen Hilfsatze dem absoluten Betrage nach kleiner als $M(s_{n+m} - s_n)$, wird also mit wachsendem n beliebig klein, was auch m sein mag. Damit ist erwiesen, dass $t_1, t_2, \,.\,.\, t_n, \,.\,.$ eine reguläre complexe Folge ist, und dass also die Reihe der Ma convergirt.

Von den Zahlen M können beliebig viele, selbst unendlich viele (z. B. alle mit geradem Index) Null sein, woraus der Satz entspringt. Ist $a_1 + a_2 + \,.\,.\, + a_n + \,.\,.$ eine convergente Reihe mit positiven Termen, so convergirt auch jede Reihe, $b_1 + b_2 + \,.\,.\, + b_n + \,.\,.$ deren Terme $b_1, b_2, \,.\,.$ sämmtlich unter den Termen $a_1, a_2, \,.\,.$ enthalten sind.

§ 17. Convergenz complexer Reihen. Eine Reihe mit complexen Termen

$$a_1 + a_2 + a_3 + \,.\,.\, + a_n + \,.\,.$$

ist gewiss convergent, wenn die aus den absoluten Beträgen gebildete Reihe

$$\text{abs}\, a_1 + \text{abs}\, a_2 + \,.\,.\, + \text{abs}\, a_n + \,.\,.$$

convergent ist. Folgt aus § 16. Der Satz darf nicht umgekehrt werden. Die Reihe $a_1 + a_2 + \,.\,.\, + a_n + \,.\,.$ kann convergiren, ohne dass die Reihe $\text{abs}\, a_1 + \text{abs}\, a_2 + \,.\,.$ convergirt.

Eine Reihe, welche dieser Bedingung genügt, heisst absolut convergent.

§ 18. Absolut convergente Reihen besitzen den Charakter von Summen. Vertauscht man in einer absolut convergenten Reihe die Terme, so ist sie in der neuen Anordnung wieder convergent und hat dieselbe Summe als vorher, so dass eine solche Reihe mit der Summe die Eigenschaft gemein hat, dass ihre Glieder vertauscht werden können, ohne dass ihr Werth sich ändert.

Eine solche Umordnung kann von zweierlei Art sein. Erstens kann jeder Term seinen Platz so geändert haben, dass er nur um eine endliche Zahl von Stellen vorgerückt oder zurückgegangen ist, oder zweitens es kann die Reihe in mehrere unendliche Reihen zerlegt worden sein, ja es kann die Anzahl dieser Reihen selbst wieder unendlich gross sein. In beiden Fällen gilt der ausgesprochene Satz.

Ist $s = a_1 + a_2 + a_3 + \,.\,.\, + a_n + \,.\,.$ die gegebene Reihe und $\sigma = \alpha_1 + \alpha_2 + \alpha_3 + \,.\,.\, + \alpha_n + \,.\,.$ eine Reihe von der Beschaffenheit, dass jeder Term der Reihe α unter den Termen der Reihe a vorkommt und umgekehrt, und ist

$$s_n = a_1 + a_2 + a_3 + \,.\,.\, + a_n, \quad \sigma_n = \alpha_1 + \alpha_2 + \,.\,.\, + \alpha_n,$$

so mag zunächst die Zahl ν so gross gemacht werden können, dass in der Summe σ_ν alle Terme der Summe s_n enthalten sind. Ferner sollen sämmtliche Terme der Summen $s_1, s_2, s_3, \,.\,.\, s_n, \,.\,.$ bez. in σ_α, $\sigma_\beta, \sigma_\gamma, \,.\,.\, \sigma_\nu, \,.\,.$ enthalten sein. Nun betrachten wir die drei Zahlenfolgen

$$\begin{array}{l} s_1,\ s_2,\ s_3,\ \,.\,.\ s_n,\ \,.\,. \\ \sigma_\alpha,\ \sigma_\beta,\ \sigma_\gamma,\ \,.\,.\ \sigma_\nu,\ \,.\,. \\ \sigma_1,\ \sigma_2,\ \sigma_3,\ \,.\,.\ \sigma_n,\ \,.\,. \end{array}$$

von denen die erste nach der Voraussetzung eine reguläre ist und zu einer Zahl s gehört. Die Terme der zweiten unterscheiden sich, wenn man n (also auch ν) gross genug nimmt, von den Termen der ersten beliebig wenig. Denn die Differenz $\sigma_\nu - s_n$ enthält nur eine endliche Summe von Termen aus der Reihe $a_{n+1}, a_{n+2}, \,.\,.\, a_{n+m}$, wo m eine bestimmte endliche Zahl nach der Voraussetzung ist. Der absolute Betrag der Differenz $\sigma_\nu - s_n$ ist mithin kleiner als $\text{abs}\, a_{n+1} + \text{abs}\, a_{n+2} + \,.\,.\, + \text{abs}\, a_{n+m}$ und kann daher durch Annahme eines hinlänglich grossen n beliebig klein gemacht werden. Daraus ergiebt sich von selbst, dass die zweite Folge ebenfalls eine reguläre ist, und zu derselben Zahl s gehört als die erste. Die dritte Folge nun ist ebenfalls eine reguläre. Denn ist $n \geqq \nu$ und $n + m \leqq \nu + \mu$, und gehören ν und $\nu + \mu$ der Reihe der Zahlen $\alpha, \beta, \gamma \,.\,.$ an, so ist die Summe der absoluten Beträge der Terme, welche in der Differenz $\sigma_{n+m} - \sigma_n$ enthalten sind kleiner oder gleich der Summe den absoluten Beträge der Terme, welche in der Differenz $\sigma_{\nu+\mu} - \sigma_\nu$ enthalten sind, und wird mithin mit wachsendem n beliebig klein. Dass aber zur Folge $\sigma_\alpha, \sigma_\beta, \,.\,.$ dieselbe Zahl gehört als zur Folge

$\sigma_1, \sigma_2, \ldots$ folgt daraus, dass die Differenz $\sigma_\nu - \sigma_n$ mit wachsendem n beliebig klein wird, wenn σ_ν der $n$te Term der Folge $\sigma_\alpha, \sigma_\beta \ldots$ ist. (Vergl. auch die Anmerkung auf Seite 18).

§ 19. **Zerlegung absolut convergenter Reihen in unendlich viele neue Reihen.** Die Schlussfolgerungen des vorigen Paragraphen werden hinfällig, und müssen durch neue ersetzt werden, wenn ν nicht so gross genommen werden kann, dass σ_ν alle Terme von s_n enthält, wie gross auch n sein mag. Ist die neue Reihe

$$\begin{aligned} b = & \; b_{11} + b_{12} + b_{13} + \ldots + b_{1n} + \ldots \\ & + b_{21} + b_{22} + b_{23} + \ldots + b_{2n} + \ldots \\ & + \ldots\ldots\ldots\ldots\ldots\ldots\ldots \\ & + b_{m1} + b_{m2} + b_{m3} + \ldots + b_{m,n} + \ldots \\ & + \ldots\ldots\ldots\ldots\ldots\ldots\ldots \end{aligned}$$

und kommt jeder in b enthaltene Term in der Reihe $a = a_1 + a_2 + \ldots + a_n + \ldots$ vor und ebenso umgekehrt jeder Term der Reihe a in der Reihe b, was z. B. geschieht, wenn $b_{11} = a_1$, $b_{12} = a_2$, $b_{21} = a_3$, $b_{13} = a_4$, $b_{22} = a_5$, $b_{31} = a_6$, $b_{14} = a_7, \ldots b_{1,n} = a_{\frac{1}{2}(n-1)n+1}$, $b_{2,n-2} = a_{\frac{1}{2}n(n-1)+2}, \ldots b_{m,n-m} = a_{\frac{1}{2}(n-1)n+m+1}, \ldots$ ist, so kann verlangt werden, dass die Reihe $b_{11} + b_{12} + \ldots + b_{1n} + \ldots$ zuerst für sich summirt werde, die Summe sei $(b)_1$, dass sodann die Reihe $b_{21} + b_{22} + \ldots$ für sich summirt werde, die Summe sei $(b)_2$ u. s. w. und dass dann die Summe $(b_1) + (b_2) + \ldots + (b)_m + \ldots$ gebildet werde. Es fragt sich nun, ob die Reihe b, die man ihrer Form wegen eine Doppelreihe, oder zweifach unendliche Reihe nennt, convergirt, und ob im Bejahungsfalle ihre Summe den Werth a hat. Dass die Reihen $(b)_1, (b)_2, \ldots (b)_m$ eine Summe haben ist einleuchtend, weil sie nur Terme einer absolut convergenten Reihe enthalten.

Bildet man die Summe der Doppelreihe in der Weise, dass man eine bestimmte Zahl von Gliedern summirt, etwa n-Glieder, ihre Summen mit σ_n bezeichnet, dann ein Glied mehr nimmt u. s. w., so dass in die Summe nach und nach alle Terme $b_{\nu,\mu}$ aufgenommen werden, deren beide Indices ν und μ bestimmte mit n über alle Grenzen wachsende Zahlen erreichen, so hat man den schon erledigten Fall einer Umordnung der Terme der Reihe a, bei welcher nur Terme mit endlichen Indices ihre Plätze vertauscht haben. Neues tritt eben erst ein, wenn man die Theilreihen für sich summirt, also gewissermassen unendlich viele Glieder herausnimmt, summirt, und dann die Summen der Theilsummen bildet.

Es sei $b_{m,1} + b_{m,2} + \ldots b_{m,n} = (b)_{m,n}$. Dann können wir m und n so gross annehmen, dass für jedes ν

$$(b)_{1,n+\nu} + (b)_{2,n+\nu} + (b)_{3,n+\nu} + \cdots + (b)_{m,n+\nu}$$

sich von a beliebig wenig unterscheidet, die Differenz sei absolut genommen etwa kleiner als $\frac{1}{2}\delta$. Dann können wir weiter ν so gross annehmen, dass sich $(b)_{1,n+\nu}, (b)_{2,n+\nu}, \ldots (b)_{m,n+\nu}$ bez. von $(b)_1, (b)_2, \ldots (b_m)$ absolut genommen um weniger als $\delta : 2m$ unterscheiden. Hiernach unterscheidet sich $(b)_1 + (b)_2 + \ldots (b)_m$ von a absolut genommen um weniger als δ, also beliebig wenig, und der Grenzwerth dieser Summe ist a für wachsende m.

Hieraus geht hervor, dass ein wesentlicher Unterschied zwischen einer gewöhnlichen (einfach unendlichen) und einer Doppelreihe (zweifach unendlichen Reihe) nicht vorhanden ist, dass vielmehr die eine Form ohne Weiteres in die andere Form umgewandelt werden kann. Gleiches gilt von den dreifach, vierfach und mehrfach unendlichen Reihen.

§ 20. **Bedingt convergente Reihen haben den Charakter einer Summe nicht.** Der Satz, dass der Werth einer Reihe ungeändert bleibt, wenn man ihre Terme umordnet, hat zur ausdrücklichen Voraussetzung, dass die Reihe der absolut genommenen Terme convergire. Bei anderen Reihen findet dies nicht statt. So ist z. B. offenbar

$$1 - 1 + \frac{1}{2} - \frac{1}{2} + \frac{1}{3} - \frac{1}{3} + \ldots \frac{1}{n} - \frac{1}{n} + \ldots = 0,$$

während die aus denselben Termen bestehende convergente Reihe

$$1+\frac{1}{2}-1+\frac{1}{3}+\frac{1}{4}-\frac{1}{2}+\frac{1}{5}+\frac{1}{6}-\frac{1}{3}+\,.\,.\,\frac{1}{2n-1}+\frac{1}{2n}-\frac{1}{n}+\,.\,.$$
$$=1-\frac{1}{2}+\frac{1}{3}-\frac{1}{4}+\frac{1}{5}-\frac{1}{6}+\,.\,.+\frac{1}{2n-1}-\frac{1}{2n}+\,.\,.$$

grösser als $\frac{1}{2}$ ist. Aehnliches gilt natürlich auch von den Doppelreihen.

Bildet man eine Reihe aus positiven und negativen reellen Termen, und bezeichnet man die positiven Terme mit $a_1, a_2, a_3, \ldots$ die negativen mit $-b_1, -b_2, -b_3, \ldots$ und wächst $a_1+a_2+\,.\,.+a_n\,.\,.$ und ebenso $b_1+b_2+\,.\,.+b_n\,.\,,$ mit wachsendem n über alle Grenzen, während $\lim a_n$ und $\lim b_n$ Null ist, so kann man aus den Termen a und den Termen $-b$ eine Reihe bilden, die sie sämmtlich enthält, und deren Summe eine beliebige Zahl C ist. Denn vereinigt man abwechselnd so lange positive Zahlen $a_1, a_2, \ldots$ zu einer Summe, bis ihr Werth grösser als C wird, und fügt dann so lange negative Glieder $-b_1, -b_2, \ldots$ hinzu bis der Werth kleiner als C wird, so wird die Abweichung von C nie mehr betragen, als der Werth des dem letzten Zeichenwechsel voraufgehenden Gliedes. Da nun sowohl die a als auch die b mit wachsendem Index beliebig klein werden, so werden auch die Abweichungen von C, wenn man nur hinreichend viele Terme a und b zur Reihe verwendet, beliebig klein werden, und die so gebildete unendliche Reihe wird gegen C convergiren. (Riemann.)

§ 21. Addition convergenter Reihen. Die Summe oder Differenz zweier convergenten Reihen $a=a_1+a_2+\,.\,.+a_n+\,.\,.$ und $b=b_1+b_2+\,.\,.+b_n+\,.\,.$ wird durch gliedweise Addition bez. Subtraktion gefunden, so dass

$$a\pm b=(a_1\pm b_1)+(a_2\pm b_2)+\,.\,.+(a_n\pm b_n)+\,.\,.$$

ist. Denn setzt man $s_n=a_1+a_2+\,.\,.+a_n$, $t_n=b_1+b_2+\,.\,.+b_n$, so gehört die Folge

$$s_1\pm t_1,\ s_2\pm t_2,\ \ldots\ s_n\pm t_n,$$

zur Zahl $a\pm b$, wenn $s_1, s_2, \ldots$ zu a, und $t_1, t_2, \ldots$ zu b gehört. (Vergl. § 5.)

§ 22. Multiplication einer convergenten Reihe. Eine convergente Reihe wird mit einer Zahl multiplicirt, wenn man ihre Glieder mit der Zahl multiplicirt,

$$b(a_1+a_2+\,.\,.+a_n+\,.\,.)=ba_1+ba_2+\,.\,.+ba_n+\,.\,.$$

Denn ist $a_1+a_2+\,.\,.+a_n=s_n$, so gehört zu

$$bs_1,\ bs_2,\ \ldots\ bs_n,\ \ldots$$

nach § 5 die Zahl $b\,.\,a$, wenn a zu $s_1, s_2, \ldots s_n, \ldots$ gehört.

§ 23. Multiplication absolut convergenter Reihen. Das Produkt absolut convergenter Reihen erhält man, indem man eine Reihe bildet, die die Produkte jedes Termes der einen Reihe mit jedem Terme der andern Reihe enthält. Ist das Produkt

$$a\,.\,b=(a_1+a_2+\,.\,.+a_n+\,.\,.)\,(b_1+b_2+\,.\,.+b_n+\,.\,.)$$

zu bilden, so ist dasselbe nach dem Satz des vorigen Paragraphen gleich

$$\begin{aligned}&a_1b\ +a_2b\ +\,.\,.+a_nb\ +\,.\,.\\=\;&a_1b_1+a_1b_2+\,.\,.+a_1b_m+\,.\,.\\+\;&a_2b_1+a_2b_2+\,.\,.+a_2b_m+\,.\,.\\&\ldots\ldots\ldots\ldots\ldots\ldots\\+\;&a_nb_1+a_nb_2+\,.\,.+a_nb_m+\,.\,.\\&\ldots\ldots\ldots\ldots\ldots\ldots\end{aligned}$$

Diese Reihe convergirt noch, wenn für a_nb_m der absolute Betrag gesetzt wird, also ist sie absolut convergent, und ihre Terme können beliebig angeordnet werden.

§ 24. Convergenzkriterium. Um schon hier ein praktisch brauchbares Kriterium für eine absolut convergente Reihe zu haben, beachten wir, dass die Reihe

$$\frac{1}{1.2}+\frac{1}{3.4}+\frac{1}{4.5}+\ldots\frac{1}{2n-1}\cdot\frac{1}{2n}+\ldots=1-\frac{1}{2}+\frac{1}{3}-\frac{1}{4}+\ldots+\frac{1}{2n-1}-\frac{1}{2n}+\ldots$$

convergirt. Da nun

$$\frac{1}{1.2}>\frac{1}{2.2},\quad \frac{1}{4.5}>\frac{1}{4.4},\quad \frac{1}{5.6}>\frac{1}{6.6},\quad \ldots\frac{1}{2n-1}\cdot\frac{1}{2n}>\frac{1}{2n.2n},\quad \ldots$$

ist, so convergirt auch die Reihe, $\frac{1}{2.2}+\frac{1}{4.4}+\frac{1}{6.6}+\ldots$ oder wenn man mit 4 multiplicirt, die Reihe

$$1+\frac{1}{2.2}+\frac{1}{3.3}+\frac{1}{4.4}+\ldots+\frac{1}{n.n}+\ldots$$

und hiernach convergirt (§ 17) die complexe Reihe

$$a_1+a_2+a_3+\ldots+a_n+\ldots$$

absolut, wenn die Grössen

$$a_1,\ a_2.2.2,\ a_3.3.3,\ \ldots\ a_n.n.n,\ \ldots$$

für jedes n ihrem absoluten Betrage nach unter einer (beliebig grossen) bestimmten Zahl bleiben.

Lassen sich die positiv reellen Terme einer Reihe $a_1+a_2+\ldots+a_n+\ldots$ so in Differenzen $a_n=b_{2n-1}-b_{2n}$ zerlegen, dass die Zahlen $b_1, b_2, \ldots b_n, \ldots$ von einer bestimmten ab fortwährend abnehmen oder wenigstens nicht zunehmen und beliebig klein werden, oder wie man auch sagt, gegen Null convergiren, so convergirt die Reihe der a.

Die sogenannte harmonische Reihe

$$1+\frac{1}{2}+\frac{1}{3}+\ldots+\frac{1}{n}+\ldots$$

ist divergent. Denn es ist

$$\frac{1}{3}+\frac{1}{4}>\frac{1}{2},\quad \frac{1}{5}+\frac{1}{6}+\frac{1}{7}+\frac{1}{8}>\frac{1}{2},\quad \frac{1}{9}+\frac{1}{10}+\ldots+\frac{1}{15}>\frac{1}{2},\quad \ldots$$

und also die Summe der Reihe grösser als $1+\frac{1}{2}+\frac{1}{2}+\ldots$, also grösser als jede noch so gross vorgegebene Zahl.

§ 25. Satz von du Bois-Reymond: Es giebt keine letzte absolut convergente Reihe. Dies will sagen, ist $a_1+a_2+\ldots+a_n+\ldots$ eine convergente Reihe mit positiven Termen, so giebt es stets eine andere convergente Reihe $b_1+b_2+b_3+\ldots+b_n+\ldots$ mit positiven Elementen, deren Terme von einem bestimmten ab sämmtlich grösser sind, als die Terme der Reihe a, und zwar so, dass $\lim b_n:a_n$ mit n über alle Grenzen wächst. Zum Beweise dieses Satzes setzen wir $a_1+a_2+a_3+\ldots+a_n\ldots=\alpha_1$, $a_2+a_3+a_4+\ldots+a_n+\ldots=\alpha_2$, $a_3+a_4+\ldots+a_n+\ldots=\alpha_4, \ldots$ so ist die Reihe

$$\alpha_1-\alpha_2+\alpha_2-\alpha_3+\alpha_3-\alpha_4+\alpha_4-\alpha_5+\ldots$$

convergent, weil ihre Terme zu Null herabsinken, ihre Zeichen wechseln und dem absoluten Betrage nach niemals zunehmen (§ 13). Dasselbe gilt, die Quadratwurzeln positiv vorausgesetzt, von der Reihe

$$\sqrt{\alpha_1}-\sqrt{\alpha_2}+\sqrt{\alpha_2}-\sqrt{\alpha_3}+\sqrt{\alpha_3}-\sqrt{\alpha_4}+\ldots,$$

und von den ihr gleichen Reihen

$$\frac{\alpha_1-\alpha_2}{\sqrt{\alpha_1}+\sqrt{\alpha_2}}+\frac{\alpha_2-\alpha_3}{\sqrt{\alpha_2}+\sqrt{\alpha_3}}+\frac{\alpha_3-\alpha_4}{\sqrt{\alpha_3}+\sqrt{\alpha_4}}+\ldots$$

$$=\frac{a_1}{\sqrt{\alpha_1}+\sqrt{\alpha_2}}+\frac{a_2}{\sqrt{\alpha_2}+\sqrt{\alpha_3}}+\frac{a_3}{\sqrt{\alpha_3}+\sqrt{\alpha_4}}+\ldots\frac{a_n}{\sqrt{\alpha_n}+\sqrt{\alpha_{n+1}}}+\ldots,$$

deren Terme sämmtlich positiv sind. Bildet man also die Reihe $b_1+b_2+b_3+\ldots+b_n+\ldots$ und setzt $b_n=a_n:(\sqrt{\alpha_n}+\sqrt{\alpha_{n+1}})$, so ist dieselbe convergent und

$$b_n:a_n=1:(\sqrt{\alpha_n}+\sqrt{\alpha_{n+1}})$$

wächst mit n über alle Grenzen.

§ 26. Definition des unendlichen Produktes. Unter dem Werthe eines unendlichen Produktes

$$p = (1 + a_1)(1 + a_2)(1 + a_3) \,.\,.\, (1 + a_n) \,.\,.$$

versteht man die Zahl, welche zur Folge $p_1, p_2, \,.\,.\, p_n \,.\,.$ gehört, wenn $p_1 = 1 + a_1$, $p_2 = (1 + a_2)p_1$, $p_3 = (1 + a_3)p_2, \,.\,.\, p_n = (1 + a_n)p_{n-1}, \,.\,.$ ist. Damit eine solche Zahl vorhanden sei, ist nothwendig und hinreichend, dass der absolute Betrag der Differenz

$$p_{n+m} - p_n$$

für beliebige positive m dadurch beliebig klein gemacht werden kann, dass man n gross genug nimmt. Setzen wir die vorstehende Differenz gleich $\delta_{n,m}$ und ist p_n nicht Null, so muss

$$\frac{p_{n+m}}{p_n} = 1 + \frac{\delta_{n,m}}{p_n} = 1 + \varepsilon_{n,m}$$

sein, und der absolute Betrag von $\varepsilon_{n,m}$ muss beliebig klein gemacht werden können. Aus diesem Kriterium folgt wiederum das erste, und enthält also nicht blos eine nothwendige, sondern auch eine hinreichende Bedingung, falls noch feststeht, dass p_n dem absoluten Betrage nach nicht über eine bestimmte endliche Zahl hinausgehen kann.

Nähert sich p_n immer mehr der Null, so ist damit die Convergenz des Produktes ausgesprochen, indem dann $p = 0$ ist. Allein solche Produkte, welche gegen Null convergiren, ohne dass ein Factor Null ist, verhalten sich anders als unendliche Produkte die gegen eine bestimmte endliche von Null verschiedene Zahl convergiren, und es soll daher hier der Bequemlichkeit halber angenommen werden, dass ein Produkt nur dann convergire, wenn es gegen einen von Null verschiedenen endlichen Werth convergirt. Ist ein Factor Null, so soll das Produkt convergiren, falls das Produkt der ersten n Factoren nach Fortlassung dieses Factors mit wachsendem n einem von Null und Unendlich verschiedenen Werthe zustrebt.

§ 27. Ist
$$p' = (1 + a'_1)(1 + a'_2) \,.\,.\, (1 + a'_n) \,.\,.$$
convergent*) und sind $a'_1, a'_2, \,.\,.\, a'_n, \,.\,.$ die absoluten Beträge von $a_1, a_2, \,.\,.\, a_n, \,.\,.$ so ist auch

$$p = (1 + a_1)(1 + a_2) \,.\,.\, (1 + a_n) \,.\,.$$

convergent.

Zunächst erkennt man leicht die Richtigkeit eines speciellen Falles, nämlich dass

$$(1 - a'_1)(1 - a'_2) \,.\,.\, (1 - a'_n) \,.\,.$$

convergent ist. Denn setzt man $(1 + a'_{n+1})(1 + a'_{n+2}) \,.\,.\, (1 + a'_{n+m}) = 1 + \delta$, $(1 - a'_{n+1})(1 - a'_{n+2}) \,.\,.\, (1 - a'_{n+m}) = 1 - \varepsilon$, so ist $\varepsilon < \delta$ und also mit δ beliebig klein. (Vergl. § 29).

Der Ausdruck $(p_{n+m} : p_n) - 1$ ist eine Summe von Grössen der Form $a_{n+1}, a_{n+2}, \,.\,.\, a_{n+m}$, $a_{n+1} . a_{n+2}, \,.\,.\, a_{n+1} . a_{n+m}, a_{n+1} . a_{n+2} . a_{n+3}, \,.\,.\,, a_{n+1} . a_{n+2} . a_{n+3} \,.\,.\,. a_{n+m}$ und man erhält den Werth von $(p'_{n+m} : p'_n) - 1$ aus der vorstehenden Summe dadurch, dass man jeden Posten darin durch seinen absoluten Betrag, jedes a, also durch das entsprechende a' ersetzt. Daraus folgt sofort

$$\text{abs}\left(\frac{p_{n+m}}{p_n} - 1\right) \leqq \frac{p'_{n+m}}{p'_n} - 1,$$

so dass also der absolute Betrag von $(p_{n+m} : p_n) - 1$ mit $(p'_{n+m} : p'_n) - 1$ beliebig klein wird.

§ 28. Aus der Convergenz des unendlichen Produktes

$$(1 - a'_1)(1 - a'_2) \,.\,.\, (1 - a'_n) \,.\,.$$

folgt die des unendlichen Produktes

$$(1 + a'_1)(1 + a'_2) \,.\,.\, (1 + a'_n) \,.\,.$$

Es ist nämlich, weil die a' gegen Null convergiren, bei hinlänglich grossem n

$$(1 - a'_{n+1})(1 - a'_{n+2}) \,.\,.\, (1 - a'_{n+m}) \leqq (1 - a'_{n+1} a'_{n+1})(1 - a'_{n+2} a'_{n+2}) \,.\,.\, (1 - a'_{n+m} a'_{n+m}) \leqq 1$$

---

*) Man vergl. Weierstrass, „Ueber die analytischen Facultäten". Crelles Journal B. 51.

Ist nun $(1-a'_{n+1})(1-a'_{n+2})\,..\,(1-a'_{n+m}) = 1-\delta_{n,m}$, so folgt

$$1-\delta_{n,m} \leqq (1-a'_{n+1})(1-a'_{n+2})\,..\,(1-a'_{n+m}).(1+a'_{n+1})\,..\,(1+a'_{n+m}) \leqq 1$$

$$1 \leqq (1+a'_{n+1})(1+a'_{n+2})\,..\,(1+a'_{n+m}) \leqq \frac{1}{1-\delta_{n,m}} = 1+\frac{\delta_{n,m}}{1-\delta_{n,m}}.$$

Es wird aber $\delta_{n,m}:(1-\delta_{n,m})$ mit $\delta_{n,m}$ beliebig klein.

§ 29. Zurückführung der Convergenzbedingung eines unendlichen Produktes auf die Convergenz einer unendlichen Reihe. Ist

$$a_1 + a_2 + a_3 + \,..\, + a_n + \,..$$

eine absolut convergente Reihe, so ist

$$(1+a_1)(1+a_2)\,..\,(1+a_n)\,..$$

ein absolut convergentes Produkt, und umgekehrt, ist das Produkt absolut convergent (d. h. convergirt es auch noch dann, wenn man $a_1, a_2, ..$ durch die absoluten Beträge dieser Grössen ersetzt) so ist auch die Reihe absolut convergent.

Die absoluten Beträge von $a_1, a_2, ..$ seien bez. $a'_1, a'_2, ..$ Es ist

$$1 > (1-a'_{n+1})(1-a'_{n+2}) > 1-a'_{n+1}-a'_{n+2}$$
$$1 > (1-a'_{n+1})(1-a'_{n+2})(1-a'_{n+3}) > 1-a'_{n+1}-a'_{n+2}-a'_{n+3}$$
$$. \quad .$$
$$1 > (1-a'_{n+1})(1-a'_{n+2})\,..\,(1-a'_{n+m}) > 1-a'_{n+1}-a'_{n+2}-\,..\,-a'_{n+m}$$

Ist aber $a'_1 + a'_2 + \,..$ convergent, so wird $a'_{n+1}+a'_{n+2}+\,..\,+a'_{n+m}$ mit wachsendem n beliebig klein, also wird

$$(1-a'_1)(1-a'_2)\,..\,(1-a'_{n+m})-1$$

für hinlänglich grosse n beliebig klein, und das Produkt $(1-a'_1)(1-a'_2)\,..$ und mithin (§ 28) das Produkt

$$(1+a_1)(1+a_2)\,..\,(1+a_n)\,..$$

ist convergent.

Umgekehrt, ist das Produkt $(1+a_1)(1+a_2)\,..$ absolut convergent, so ist auch die Reihe $a_1+a_2+\,..$ absolut convergent. Denn da

$$(1+a'_{n+1})(1+a'_{n+2})\,..\,(1+a'_{n+m})-1 > a'_{n+1}+a'_{n+2}+\,..\,a'_{n+m}$$

mit wachsendem n beliebig klein wird, so ist das nothwendige und hinreichende Kriterium für die Convergenz der Reihe erfüllt.

§ 30. Ein absolut convergentes Produkt hat den Charakter eines Produktes, insofern man darin die Factoren beliebig vertauschen kann, ohne den Werth desselben zu ändern. Auch lässt es sich in ein convergentes unendliches Produkt verwandeln, dessen Factoren selbst unendliche Produkte sind, (zweifach unendliches Produkt). Der Beweis ist dem im § 18 für den ähnlichen Reihensatz beigebrachten analog zu führen, weshalb wir ihn unterdrücken.

§ 31. Bedingt convergente unendliche Produkte. Es giebt Grenzwerthe unendlich vieler Factoren, die den Namen eines unendlichen Produktes eigentlich nicht verdienen, weil die Factoren desselben nicht vertauscht werden können, ohne dass sich der Grenzwerth ändere. Wir lernten unendliche Reihen kennen, deren Terme nicht vertauscht werden durften. Zwischen solchen nicht absolut, sondern nur bedingt convergenten Reihen

$$a_1 + a_2 + \,..\, a_n + \,..$$

und einem Produkte

$$(1+a_1)(1+a_2)\,..\,(1+a_n)\,..$$

besteht in Bezug auf die Convergenz nicht mehr die Correspondenz wie sie im § 29 für absolut convergente Ausdrücke aufgestellt wurde, und man muss sich davor hüten das Produkt für convergent zu halten, weil es die Reihe ist.

Zieht man in dem unendlichen Produkt

$$(1-x)\left(1+\frac{x}{2}\right)\left(1-\frac{x}{3}\right)\left(1+\frac{x}{4}\right)\,..\,\left(1-\frac{x}{2n-1}\right)\left(1+\frac{x}{2n}\right)\,..$$

je zwei Factoren zusammen, so dass man erhält

$$\left(1-\frac{x+xx}{2}\right)\left(1-\frac{x+xx}{3\,.\,4}\right)\,..\,\left(1-\frac{x+xx}{(2n-1)\,2n}\right)\,..,$$

welches Produkt absolut convergent ist, weil die Reihe

$$(x+xx)\left(\frac{1}{2}+\frac{1}{3\,.\,4}+\frac{1}{5\,.\,6}+\,..\,+\frac{1}{(2n-1)\,2n}+\,..\right)$$

absolut convergent ist, so ersieht man, dass das vorgegebene Produkt in der gegebenen Reihenfolge der Factoren convergirt. Es strebt aber für positiv reelle x

$$(1-x)\left(1-\frac{x}{2}\right)\,..\,\left(1-\frac{x}{2n-1}\right)\,..$$

der Grenze Null zu, während

$$\left(1+\frac{x}{2}\right)\left(1+\frac{x}{4}\right)\,..\,\left(1+\frac{x}{2n}\right)\,..$$

gegen Unendlich divergirt.

Für eine Reihe $a_1+a_2+\,..\,+a_n+\,..$ schreibt man oft kürzer $\sum\limits_{n=1}^{n=\infty} a_n$, soll heissen, man bilde eine Summe aus Zahlen $a_1, a_2, \,..\, a_n$, deren kleinster Index 1 ist, deren letzter Index n über alle Grenzen wächst. Ebenso schreibt man für $(1+a_1)(1+a_2)\,..\,(1+a_n)\,..$ oft kürzer

$$\prod_{n=1}^{n=\infty}(1+a_n).$$

§ 32. **Satz von Abel. Es giebt keine letzte divergente Reihe aus positiven Termen.** Ist die Reihe mit positiven Termen

$$(a)\qquad a_1+a_2+\,..\,+a_n+\,..$$

divergent, obschon die Terme a_n mit wachsendem n gegen Null convergiren, so giebt es immer eine divergente Reihe $b_1+b_2+\,..\,+b_n+\,..$, deren positive Terme $b_1, b_2, \,..\, b_n, \,..$ von einem bestimmten ab kleiner als die entsprechenden Terme $a_1, a_2, \,..\, a_n, \,..$ sind, so klein, dass $a_n:b_n$ mit n über alle Grenzen wächst.

Beweis. Mit der Reihe a divergirt auch das Produkt

$$(p)\quad a_1\left(1+\frac{a_2}{a_1}\right)\left(1+\frac{a_3}{a_1+a_2}\right)\left(1+\frac{a_4}{a_1+a_2+a_3}\right)\,..\,\left(1+\frac{a_n}{a_1+a_2+\,..\,+a_{n-1}}\right)\,..,$$

weil das Produkt p_n der ersten n-Factoren gleich der Summe s_n der ersten n-Glieder der Reihe (a) ist. Demnach (§ 29) ist die Reihe

$$b_1+b_2+b_3+\,..\,+b_n+\,..$$

divergent, wenn

$$b_1=a_1,\quad b_2=\frac{a_2}{a_1},\quad b_3=\frac{a_3}{a_1+a_2},\quad ..\quad b_n=\frac{a_n}{a_1+a_2+\,..\,+a_{n-1}},\quad ..$$

gesetzt wird. Es ist aber alsdann

$$a_n:b_n=a_1+a_2+\,..\,+a_{n-1}$$

und es wächst daher dieser Quotient mit n über alle Grenzen, w. z. b. w.

Allgemeine Sätze über Functionen einer und zweier veränderlicher Grössen. Begriff der Stetigkeit.

§ 33. Der Functionsbegriff. Die Grösse f heisst in dem Intervalle von a bis b eine Function der reellen Veränderlichen x, wenn jedem reellen Werthe von x zwischen den reellen Zahlen a und b, diese eingeschlossen eine bestimmte Zahl f zugeordnet ist.

Es kann also eine Function von x durch eine Tabelle gegeben gedacht werden, in welche zu jeder Zahl x eine correspondirende Zahl f eingeschrieben ist, von einem analytisch darstellbaren Gesetz ist dabei gar nicht die Rede, wenn gleich eine Methode erfordert wird, zu jedem Werthe von x den zugehörigen von f in eindeutiger Weise zu bilden, weil eine Tabelle unmöglich alle rationalen und irrationalen Zahlen in einem noch so kleinen Intervalle enthalten kann. Es können aber diese Methoden für einzelne Theile des Intervalles oder für gewisse Klassen von Zahlen, z. B. für rationale und irrationale sehr verschieden sein.

Umkehrbar ist im Allgemeinen eine solche Function nicht, d. h. im Allgemeinen giebt es kein zusammenhängendes Intervall c, d von der Beschaffenheit, dass, wenn f nach und nach jeden Werth zwischen den Grenzen c, d annimmt, zu jedem solchen Werthe ein zugehöriger Werth von x vorhanden ist, die Werthe von f brauchen kein Interfall stetig auszufüllen, andrerseits können zu einem f mehrere, ja unzählig viele Werthe von x gehören, so dass also das zu einem x gehörende f nicht eindeutig bestimmt ist.

Sind die Zahlen f, die zu den Zahlen x in dem Intervalle $a\,b$ gehören, reell, so sagen wir, f sei eine reelle Function von x, sind sie complex, so ist f eine complexe Function von x. Eine complexe Function der reellen Veränderlichen x kann aus zwei reellen Functionen zusammengesetzt werden. Ist nämlich die complexe Zahl f für einen reellen Werth von x gegeben, so ist sowohl ihr reeller Theil, als auch der mit i multiplicirte Theil gegeben, und jeder dieser Theile ist eine reelle Function von x. Wir können daher unsere nächsten Untersuchungen erstlich auf reelle Functionen beschränken.

§ 34. Functionen von zwei Veränderlichen. Ist eine Zahl f bestimmt, wenn eine reelle Zahl x und eine reelle Zahl y gegeben ist, und zwar für alle Werthe von x und y die ein bestimmtes Gebiet erfüllen, z. B. wenn die Werthe von x zwischen a und b, die von y zwischen c und d liegen, oder welche durch die Bedingung $(x-p)\,(x-p)+(y-q)\,(y-q) \lesseqgtr rr$ bestimmt sind, oder, in dem wir von den Bemerkungen im § 9 Gebrauch machen, welche in einem geometrisch durch eine geschlossene Linie umgrenzten Gebiete liegen, so ist f eine Function von x und y in jenem Gebiete, und zwar eine reelle Function, wenn die Werthe reell sind, eine complexe, wenn sie complex sind. Eine complexe Function zweier Veränderlichen kann natürlich ebenso wie die einer Veränderlichen, aus zwei reellen Functionen zusammengesetzt werden.

Hängt f von zwei Zahlen x und y ab, hat aber die eine etwa y während einer bestimmten Untersuchung immer denselben Werth, so pflegt man diese Zahl einen Parameter der Function f zu nennen.

§ 35. Obere und untere Grenze. Eine reelle Function f von x, $f=f(x)$ die zwischen a und b endlich bleibt, deren Werthe also zwischen zwei angebbaren Zahlen P und Q liegen, wenn sie für jedes angebbare x zwischen a und b bestimmt ist, hat eine obere Grenze G und eine untere Grenze g von der Beschaffenheit, dass für keinen Werth von x die Function grösser als die Zahl G oder kleiner als die Zahl g ist, dass aber entweder für bestimmte Werthe von x die Function f wirklich gleich G bez. g wird, oder dass Werthe von x angegeben werden können, für welche sich f von G bez. g beliebig wenig, d. h. um weniger als die noch so klein vorgegebene Zahl σ unterscheidet.

Beweis. Da $f(x)$ endlich ist, so gehen die Werthe dieser Function für kein x über eine bestimmte ganze Zahl etwa $u+v$ hinaus, und sinken unter eine angebbare ganze Zahl u (die positiv oder negativ sein kann) nicht herunter. Bilden wir nun die endliche Folge ganzer Zahlen

$$u,\ u+1,\ u+2,\ \ldots\ u+v-1,\ u+v,$$

so muss unter denselben nothwendig eine Zahl α von der Beschaffenheit vorhanden sein, dass f zwar Werthe annimmt, die über α hinausgehen, aber keinen, der über $\alpha' = \alpha+1$ hinausgeht, und es kann α höchstens gleich $u+v-1$ sein. Wird der Werth α' für ein bestimmtes x erreicht, so ist α' die obere Grenze der Function und ihr Werth wird für ein bestimmtes x von der Function f wirklich angenommen. Tritt aber der erste Fall ein, so theilen wir das Intervall zwischen α und α' in zehn Theile, an den Theilpuncten stehen die Decimalzahlen

$$\alpha,0,\ \alpha,1,\ \alpha,2,\ \ldots\ \alpha,9,\ \alpha'.$$

Nun tritt wieder die Alternative ein, entweder kann man x so bestimmen, dass f über α,β hinausgeht aber nicht so bestimmen, dass f über den Werth α,β' $(\beta' = \beta+1)$ hinausgeht, oder man kann x so bestimmen, dass f gleich α,β' wird, und für kein x darüber hinausgeht, wenn β eine der Zahlen 0, 1, . ., 9 ist. Im letzteren Falle ist α,β' die obere Grenze von f und sie wird für ein bestimmtes x erreicht. Tritt aber der erste Fall ein, so theilen wir das Intervall von α,β bis α,β' wieder in zehn Theile, an deren Theilpuncten stehen die Decimalzahlen

$$\alpha,\beta 0,\ \alpha,\beta 1,\ \alpha,\beta 2,\ \ldots\ \alpha,\beta 9,\ \alpha,\beta'.$$

So gelangen wir in derselben Weise fortfahrend entweder zu einer bestimmten Decimalzahl $\alpha,\beta\gamma\delta\,..\,\mu\nu\varrho$, wenn das Verfahren einmal abbricht, weil diese Zahl die obere Grenze ist der die Function f für ein bestimmtes x wirklich gleich wird, oder das Verfahren bricht nicht ab, und wir gelangen zu einer fortwährend wachsenden oder wenigstens nicht abnehmenden Folge von Zahlen

$$\alpha,\ \alpha,\beta,\ \alpha,\beta\gamma,\ \alpha,\beta\gamma\delta,\ \ldots\ \alpha,\alpha\gamma\delta\,..\,\mu,\ \alpha,\beta\gamma\delta\,..\,\mu\nu,\ \alpha,\beta\gamma\delta\,..\,\mu\nu\varrho,\ \ldots,$$

die zu einer bestimmten Zahl G gehört, und welche die obere Grenze von f ist. Da es nun Werthe von x giebt, für welche f zwischen $\alpha,\beta\gamma\,..\,\mu\nu\varrho$ und $\alpha,\beta\gamma\,..\,\mu\nu\varrho'$ $(\varrho' = \varrho+1)$ liegt, so giebt es Werthe von x, für welche f von G beliebig wenig verschieden ist, dass aber die Zahl G selbst für irgend einen Werth von x von der Function f angenommen werde folgt hieraus nicht, und braucht in der That auch nicht der Fall zu sein.

Die Untersuchung der unteren Grenze g erfordert keine neuen Mittel, der Leser mag sie selbst ausführen. Die Differenz $G-g$ heisst die **grösste Schwankung** der Function.

Der Satz vom Vorhandensein einer obern und untern Grenze besteht in gleicher Weise für eine reelle Function **zweier** reellen Veränderlichen, der Beweis wird ganz analog geführt, für „Werth von x" ist nur zu setzen „Werthepaare von x und y." Es giebt also eine obere Grenze G und Werthepaare von x und y in einem Gebiete in welchem eine endliche Function $f(x, y)$ von x und y gegeben ist, für welche sich f von G, der oberen Grenze, beliebig wenig unterscheidet.

§ 36. **Stetigkeit einer Function einer Veränderlichen in einem Puncte.** Eine reelle Function f der reellen Veränderlichen x heisst in einem Puncte stetig, wenn sich eine bestimmte Zahl h so angeben lässt, dass dem absoluten Betrage nach

$$f(x \pm \xi h) - f(x) \leqq \sigma$$

wird, für jeden zwischen Null und Eins gelegenen Werth von ξ, wenn σ beliebig klein vorgegeben ist. Ist diese Voraussetzung nur für die Differenz $f(x+\xi h)-f(x)$ erfüllt, so heisst die Function in diesem Puncte vorwärts stetig, und ist sie für die Differenz $f(x-\xi h)-f(x)$ erfüllt, so heisst sie rückwärts stetig.

Man schreibt häufig, und es ist dies bequemer, für die Stetigkeitsbedingung $f(x \pm h)-f(x) \leqq \sigma$, und man meint dann, dass diese Bedingungen für ein beliebig vorgegebenes σ für ein bestimmtes h erfüllt sein müssen, auch wenn für h noch kleinere Werthe gewählt werden. Wenn f den Werth A an der Stelle x_0 und an der Stelle x_1 annimmt, so würde $f(x_0+h)-f(x)=0$ also kleiner als jedes σ sein, wenn $h = x_1 - x_0$ gesetzt wird, während daraus auf die Stetigkeit der Function keineswegs geschlossen werden dürfte.

§ 37. **Stetigkeit einer Function in einem Intervalle.** Die Function $f(x)$ heisst in dem Intervalle von a bis b stetig, wenn man das Intervall ab in eine für ein beliebig vorgegebenes σ durch diese Vorgabe bestimmte (also endliche) Anzahl gleicher Theile theilen kann, in deren jedem, die Grenzpuncte desselben eingeschlossen, die grösste Schwankung der Function kleiner als σ ist, wie klein auch σ sein mag.

Lehrsatz. *Ist eine Function in jedem Puncte eines Intervalles ab stetig, so ist sie im Intervalle stetig.*

An den Grenzen a, b braucht sie natürlich nur bez. vorwärts oder rückwärts stetig zu sein.

Beweis.*) Vom Puncte a aus, — a sei der Bequemlichkeit halber kleiner als b — giebt es ein solches Intervall δ_1, dass die grösste Schwankung darin kleiner als $\frac{1}{2}\sigma$ ist, wenn σ beliebig klein vorgegeben wird, an dieses anstossend giebt es, weil nach der Voraussetzung die Function in jedem Puncte stetig ist, ein Intervall δ_2, in welchem wiederum die grösste Schwankung kleiner als $\frac{1}{2}\sigma$ ist, dann ein Intervall δ_3, δ_4 u. s. w. Die Zahlen a, $a+\delta_1$, $a+\delta_1+\delta_2$, $a+\delta_1+\delta_2+\delta_3$, . . bilden eine zunehmende Folge, deren Terme kleiner als b sind, und deren letzter, wenn ihre Anzahl endlich ist, b selbst ist. In diesem Falle giebt es eine bestimmte Zahl $(b-a):N=\delta$, die kleiner als die Zahlen δ_1, δ_2, . . δ_n ist, wenn N eine ganze Zahl ist. Theilen wir das Intervall in N-Theile, so wird jedes Intervall von der Grösse δ entweder ganz in eins der Intervalle δ_1, δ_2, . . δ_n hineinfallen, oder einen Theil von zwei benachbarten dieser Intervalle bilden. In jedem Falle ist die grösste Schwankung der Function in diesem Intervalle kleiner als σ, und also ist die Function gemäss der Definition der Stetigkeit in einem Intervalle, in dem Intervalle ab stetig. — Bilden aber die Zahlen a, $a+\delta_1$, $a+\delta_1+\delta_2$, $a+\delta_1+\delta_2+\delta_3$, . . eine unendliche Folge, so nähern sich ihre Terme einer bestimmten Zahl $c \overline{\overline{<}} b$, und es müssen daher die Zahlen δ_1, δ_2, . . δ_n, . . von einer bestimmten ab unter jede noch so klein vorgegebene Zahl ε herabsinken. Die Function ist der Voraussetzung nach im Puncte c stetig und es giebt deshalb eine bestimmte Zahl ε von der Beschaffenheit, dass $f(x-\xi\varepsilon)-f(x)$ dem absoluten Betrage nach kleiner als $\frac{1}{2}\sigma$ ist, für jede Zahl ξ zwischen 0 und 1. Die Zahlenfolge a, $a+\delta_1$, $a+\delta_1+\delta_2$, . . muss nun mit einem bestimmten Terme, etwa mit $a+\delta_1+\delta_2+\ .\ .\ +\delta_n$ den Werth $c-\varepsilon$ überschreiten, weil sie sich c nähert. Hieraus folgt, dass die erste Annahme, nach dem Intervall δ_n müsse man unendlich viel kleinere und kleinere Intervalle folgen lassen, damit darin die Schwankungen kleiner als $\frac{1}{2}\sigma$ seien, eine irrthümliche war, denn dieser Bedingung genügt das eine Intervall δ_{n+1} von $a+\delta_1+\delta_2+\ .\ .\ +\delta_n$ bis c. Es muss demnach immer der erste Fall eintreten, es muss die Anzahl der Intervalle δ_1, δ_2, . . δ_n, . . endlich sein.**)

Dieser Lehrsatz setzt voraus, dass die Function im Innern des Intervalles in jedem Puncte sowohl rückwärts als vorwärts stetig sei, im andern Falle ist er falsch.

*) Auf die Nothwendigkeit, diesen Satz zu erweisen hat zuerst Herr E. Heine aufmerksam gemacht.

**) Dieser Satz lässt eine für die Integralrechnung wichtige Verallgemeinerung zu, welche mit ganz denselben Mitteln zu beweisen ist. Ist nämlich in dem Intervall von a bis b beliebig oft (unendlich oft) $\lim\limits_{h=0} f(x+h)=f(x+0)$ von $f(x)$ oder auch $f(x-0)$ von $f(x)$ verschieden, ist aber $f(x+0)$ und $f(x-0)$ überall vorhanden (was eine Art Stetigkeit voraussetzt) und ist niemals die Differenz $f(x)-f(x+0)$, oder $f(x)-f(x-0)$, oder $f(x+0)-f(x-0)$ absolut genommen grösser als τ, so kann man das Intervall von a bis b in so viele gleiche Theile theilen, dass in jedem Theilintervalle die grösste Schwankung kleiner als $\tau+\sigma$ wird, wenn σ beliebig klein vorgegeben ist.

Es kann noch bemerkt werden, dass bei einer Function, bei der $f(x\pm 0)$ überall vorhanden ist, und bei welcher $f(x)$ ein Mittelwerth zwischen $f(x+0)$ und $f(x-0)$ ist, die Anzahl der Stellen, an welchen $f(x-0)$ von $f(x+0)$ um mehr als eine bestimmte Zahl c verschieden ist, eine bestimmte endliche sein muss. Denn wäre die Anzahl dieser Stellen x_1, x_2, . . x_n, . . unendlich gross, so müsste nach § 11 zu den Zahlen x_1, x_2, . . x_n, . . eine sogenannte Grenzzahl vorhanden sein, etwa x_0. Heben wir aus den Zahlen x_1, x_2, . . x_n, . . eine entweder fortwährend ab- oder fortwährend zunehmende unendliche Folge x'_1, x'_2, . . x'_n, . . aus, deren Grenze x_0 ist, so würden von den Termen der Folge $f(x'_1-0)$, $f(x'_1+0)$, $f(x'_2-0)$, $f(x'_2+0)$, . . $f(x'_n-0)$, $f(x'_n+0)$, . . zwei aufeinanderfolgende immer wieder um mehr als c differiren, und es könnte zu dieser Folge keine bestimmte Zahl gehören. Es würde also, wenn x sich dem Werthe x_0 über die Zahlen x'_1, x'_2, . . nähert, $f(x_0-0)$ oder bez. $f(x_0+0)$ nicht einen bestimmten Werth erhalten, d. h. eine dieser beiden Grössen könnte nicht vorhanden sein. Ist aber jede dieser Grössen vorhanden, so muss die Anzahl der Stellen, an welchen $f(x-0)$ von $f(x+0)$ um mehr als c verschieden ist, endlich sein.

§ 38. Stetigkeit einer Function zweier Veränderlichen. Eine reelle Function von zwei reellen Veränderlichen $f(x, y)$ ist stetig im Puncte x, y, wenn eine Grösse h angegeben werden kann, so dass absolut genommen

$$f(x+\xi h,\ y+\eta h)-f(x, y) < \sigma$$

wird, wie klein auch σ vorgegeben sein mag, während ξ und η jedwede Werthe annehmen können, welche der Bedingung

$$\xi\xi+\eta\eta \leqq 1$$

genügen. Nimmt man die graphische Darstellung zu Hilfe, so ist $f(x, y)$ im Puncte xy stetig, wenn sich um den Punct xy ein kleiner Kreis von angebbarem Radius so zeichnen lässt, dass die Werthe von $f(x, y)$ im Innern und auf dem Rande des Kreises sich von dem Werthe im Mittelpuncte um weniger unterscheiden, als die beliebig klein vorgegebene Zahl σ. — Statt des Kreises kann auch jede andere Begrenzung, z. B. ein Quadrat, eine Ellipse etc. eintreten, sofern sich in dieselbe ein Kreis mit dem Centrum xy einschreiben lässt, weil dann von diesem Kreise um so mehr gilt, was von jener Begrenzung gilt. Wäre die Begrenzung ein Quadrat, so würde die Bedingung analytisch ausgedrückt nur so modificirt werden müssen, dass $\xi\xi \leqq 1$, $\eta\eta \leqq 1$ wäre.

Man verfällt leicht in den Fehler, (worauf Herr E. Heine aufmerksam gemacht hat), eine Function im Puncte xy für stetig zu halten, wenn $f(x+\xi h, y)-f(x, y)$ sowohl, als auch $f(x, y+\eta h)-f(x, y)$ dem absoluten Betrage nach durch klein setzen von h beliebig klein gemacht werden können. Es genügt nicht einmal zur Stetigkeit, dass die Function sich ihrem Werthe im Puncte $x_0 y_0$ stetig nähere, wenn man den Punct xy in jeder beliebigen Richtung dieser Stelle $x_0 y_0$ nähert, wie folgendes Beispiel zeigt. Man schlage um den Punct $x=0$ $y=0$ mit dem Radius 1 einen Kreis. Auf der Peripherie dieses Kreises nehmen wir eine Function an, die für $x=-1$ $y=0$ den Werth 0 hat, und deren Werthe stetig sich ändern, sowohl wenn man von jener Stelle aus rechts um dem Punct 0 herum, als auch wenn man links um den Punct 0 herum sich auf der Peripherie des Kreises der Stelle $x=1$, $y=0$ nähert. Bei der ersten Art der Annäherung aber (rechts herum) sollen die Werthe stetig abnehmen und über alle Grenzen in negativer Richtung hinausgehen bei der zweiten Art der Annäherung sollen sie positiv über alle Grenzen wachsen. Für $x=1$, $y=0$ aber soll die Function den Werth 0 haben. Nehmen wir nun an, dass die Function, die wir mit $\varphi(x, y)$ bezeichnen, für alle Puncte im Innern des Kreises allemal denselben Werth besitzt, wenn $x:y$ einen festen Werth hat und für $x=0$, $y=0$ gleich 0 sei, so ist sie überall im Kreise bestimmt. Die Function $f(x, y)=(x.x+y.y).\varphi(x, y)$ nähert sich nun auf jedem bestimmbaren Radius des Kreises dem Werthe 0 stetig, ist aber keineswegs im Puncte $x=0$, $y=0$ stetig. Denn zieht man einen beliebig kleinen Kreis mit dem Radius δ, so giebt es auf diesem Kreise, wie klein auch δ sein mag, Werthe der Function $f(x, y)$, welche jede beliebig gross vorgegebene Zahl M dem absoluten Betrage nach übersteigen.

§ 39. Stetigkeit einer Function zweier Veränderlichen in einem Gebiet. Zerlegt man die xy Ebene durch zwei Schaaren gerader Linien, die der x- bez. y-Achse parallel sind, in kleine Quadrate, deren Seiten die Länge $1:n$ haben mögen, so wird ein Theil dieser Quadrate ins Innere des Gebietes T fallen, in dem $f(x, y)$ gegeben ist, ein anderer Theil, wird durch die Begrenzung des Gebietes in Stücke zerlegt werden. Die Function $f(x, y)$ heisst nun im Gebiete T stetig, wenn die Zahl n so gross, oder die Quadrate so klein gemacht werden können, dass die grösste Schwankung der Function f in jedem derselben oder (am Rande von T) wenigstens in den Theilen derselben, welche T angehören, die grösste Schwankung kleiner als σ wird, wie klein auch σ vorgegeben sein mag.

Lehrsatz. *Ist die Function $f(x, y)$ in einem Gebiete T in jedem Puncte stetig, so ist sie in T stetig.**)

Ist σ eine beliebig klein vorgegebene Zahl, und construiren wir ein Quadrat, dessen Mittelpunct der Punct x, y ist, dessen Seiten die Länge 2δ haben und der x- bez. y-Achse parallel sind,

*) Der von mir in der „Einleitung in die Theorie der bestimmten Integrale" Seite 32 § 40 gegebene Beweis dieses Satzes enthält einen Zirkel.

und ist δ so klein gewählt, dass die grösste Schwankung der Function $f(x, y)$ für das durch das Innere und den Rand des Quadrates bestimmte Gebiet kleiner als $\frac{1}{2}\sigma$ ist, so wollen wir in diesem Paragraphen ein solches Quadrat mit $\Box_\delta$ bezeichnen, und wenn die Angabe des Mittelpunctes nöthig wird, mit $\Box_\delta(x, y)$. Fällt von einem solchen Quadrate nur ein Theil in das Gebiet T, in dem f gegeben ist, so wird die grösste Schwankung nur für diesen Theil bestimmt. Fällt es ganz aus T heraus, oder hat es mit T nur einen Punct gemein, so wird die grösste Schwankung gleich Null angenommen.

Da f im Puncte xy stetig ist, so lässt sich um diesen Punct ein Quadrat $\Box_\delta$ so construiren, dass die Werthe von f am Rande und im Innern desselben vom Werthe im Mittelpuncte um weniger als $\frac{1}{4}\sigma$ verschieden sind, woraus dann folgt, dass die grösste Schwankung kleiner als $\frac{1}{2}\sigma$ ist und dass also um jeden Punct x, y, wenn f in jedem Puncte stetig ist, ein Quadrat $\Box_\delta$ von der verlangten Eigenschaft construirt werden kann.

Wird ein Parallelstreifen von den Linien $y = y_0 + \delta$, $y = y_0 - \delta$ begrenzt, und ist jedes Quadrat, welches aus diesem Streifen durch zwei parallele Gerade $x = x_0 - \delta$, $x = x_0 + \delta$ herausgeschnitten werden kann, was auch x_0 sei, ein Quadrat $\Box_\delta$, so bezeichnen wir einen solchen Streifen mit $=_\delta$ und wenn seine Mitte (die Linie $y = y_0$) angegeben werden muss mit $=_\delta(y_0)$.

Nun ziehen wir der x-Achse parallel eine Linie $y = y_0$, welche irgendwo, etwa für $x = x_0$ in das Gebiet T, welches als endlich vorausgesetzt wird, eintritt. So giebt es ein Quadrat $\Box_{\delta_1}(x_0, y_0)$ und es ist δ_1 eine Zahl die nicht unter jede noch so kleine Zahl herabsinkt, die also von Null verschieden ist. Ebenso giebt es, weil f als stetig vorausgesetzt ist, ein Quadrat $\Box_{\delta_2}(x_1, y_0)$, wenn $x_1 = x_0 + \delta_1$ ist. Ebenso ein Quadrat $\Box_{\delta_3}(x_2, y_0)$, ein Quadrat $\Box_{\delta_4}(x_3, y_0)$ etc., wenn $x_2 = x_1 + \delta_1$, $x_3 = x_2 + \delta_3$ ist etc. Tritt die Linie $y = y_0$ bei $x = x'$ (zum letzten Male, wenn sie mehrere Male ein- und austritt) aus T heraus, so mag zunächst $x_n \geqq x'$ sein, für ein bestimmtes (endliches) n. Alsdann giebt es unter den Zahlen $\delta_1, \delta_2, \ldots \delta_n$, eine kleinste, etwa δ, und der Streifen zwischen $y = y_0 + \delta$ und $y = y_0 - \delta$ ist ein Streifen $=_\delta$.

Es könnte aber sein, dass die Zahlen $x_1, x_2, \ldots x_n, \ldots$ über eine bestimmte endliche Zahl $x'' \leqq x'$ nicht hinausgingen, wie weit man auch die Construktion der Quadrate fortsetzte, was nur dann geschehen kann, wenn die Zahlen $\delta_1, \delta_2, \ldots \delta_n, \ldots$ mit wachsendem n unter jeden beliebigen Grad von Kleinheit herabsinken. Es mögen sich also die Zahlen $x_0, x_1, x_2, \ldots$ der Zahl $x'' \leqq x'$ nähern, so dass x'' die Grenze derselben ist. Zum Puncte x'', y_0 gehört ein Quadrat $\Box_\varepsilon$, wie zu jedem Puncte, weil f stetig ist. Da sich die Zahlen $x_1, x_2, \ldots x_n, \ldots$ der Zahl x'' unaufhörlich nähern, so geht eine bestimmte unter ihnen über $x'' - \frac{1}{2}\varepsilon$ hinaus etwa x_m. Zu diesem Puncte x_m, y_0 gehört aber ein Quadrat $\Box_\delta$, dessen δ mindestens $\frac{1}{2}\varepsilon$ ist, weil dieses ganz in das Quadrat $\Box_\varepsilon(x'', y_0)$ hineinfällt, und es liegt der Punct x'', y_0 im Innern oder am Rande jenes Quadrates $\Box_\delta$. Wenn demnach die vorher angenommene Construktion nach x_m noch unendlich viel Puncte (oder Quadrate) einschaltete um zu x'' zu gelangen, so that sie etwas unnöthiges denn die Zahl δ_{m+1} kann gleich $\frac{1}{2}\varepsilon$ genommen werden, und dann ist $x_{m+1} = x''$. Man gelangt also immer durch eine endliche Anzahl von Puncten $x_0, x_1, \ldots x_m$ zum Werthe x'', und also zum Werthe x', und es giebt daher stets einen Streifen $=_\delta(y_0)$.

Ebenso giebt es Streifen $=_{\delta'}(y_1)$, $=_{\delta''}(y_2)$, $=_{\delta'''}(y_3), \ldots$ wenn $y_1 = y_0 + \delta$, $y_2 = y_1 + \delta'$, $y_3 = y_2 + \delta'', \ldots$ ist. Giebt es in T keinen Werth von y der grösser als y' wäre, so kann es sein, dass die Zahlen $y_1, y_2, \ldots y_n, \ldots$ mit einer bestimmten etwa mit y_m über y' hinausgehen oder diese Zahl erreichen. Dann giebt es eine Zahl h, welche kleiner als $\delta, \delta', \delta'', \ldots \delta^{(m)}$ ist, und wenn wir in einem beliebigen Puncte xy des Theiles von T der zwischen y_0 und y' liegt ein Quadrat $\Box_h$ construiren, so ist die grösste Schwankung darin, weil es aus Theilen von höchstens zwei benachbarten Streifen $=_{\delta(\nu)}$, $=_{\delta(\nu+1)}$ bestehen kann, und aus höchstens vier benachbarten Quadraten, kleiner als σ und die Function f ist demnach in diesem Theile von T eine stetige Function.

Nun könnten aber die Zahlen $\delta, \delta', \delta'' \ldots$ kleiner und kleiner werden, und es könnte $y_1, y_2, \ldots y_n, \ldots$ sich einer Zahl $y'' \leqq y'$ unaufhörlich nähern ohne sie zu erreichen. Dies ist nicht möglich. Da es nämlich zu der Linie $y = y''$ einen Streifen $=_\varepsilon$ giebt, und die Zahlen $y_1, y_2, \ldots y_n, \ldots$ mit einer bestimmten etwa y_m die Zahl $y''-\frac{1}{2}\varepsilon$ überschreiten, so lässt sich in y_m ein Streifen $=_{\frac{1}{2}\varepsilon}$ construiren, der mindestens bis zu y'' reicht, und (ähnlich wie vorhin bei den Quadraten) die Einschaltung unendlich vieler Zahlen $y_{m+1}, y_{m+2}, \ldots$ ist überflüssig. Die Function f ist demnach jedesmal in dem Theile von T zwischen y_0 und y', und nach analoger Schlussweise in dem Theile von T, der zwischen y_0 und $y_{,}$, wenn y in T nicht unter $y_{,}$ herabsinken kann, liegt, eine stetige Function, wenn sie in jedem Puncte stetig ist, w. z. b. w.

Erstreckt sich das Gebiet T ins Unendliche, so ist f in T stetig, wenn diese Function in jedem endlichen Theile von T stetig ist.

§ 40. Bestimmung einer stetigen Function durch ihre Werthe in gegebenen Puncten. Eine stetige Function $f(x)$ einer Veränderlichen ist in dem Intervalle von a bis b überall bestimmt, wenn sie für Werthe von x gegeben ist, die so über das Intervall a, b vertheilt sind, dass in jedem noch so kleinen Theile desselben unendlich viele liegen. Z. B. wenn sie für alle rationalen x gegeben ist.

Beweis. Da nach der Voraussetzung in jeder beliebigen Nähe von x unendlich viele Zahlen $x_1, x_2, x_3, \ldots x_n, \ldots$ vorhanden sind, für welche $f(x)$ unmittelbar gegeben ist, so können wir diese Zahlen $x_1, x_2, \ldots x_n, \ldots$ so einrichten, dass sie eine abnehmende, oder auch eine zunehmende reguläre Folge bilden, deren Grenze oder zugehörige Zahl die Zahl x ist. Dann bilden die Werthe $f(x_1), f(x_2), \ldots f(x_n), \ldots$ ebenfalls eine reguläre Folge, weil wegen der vorausgesetzten Stetigkeit, n so gross genommen werden kann, dass für jedes positive m $f(x_{n+m})-f(x_n)$ dem absoluten Betrage nach beliebig klein wird. Die zur Folge gehörende Zahl ist der Werth der Function im Puncte x also gleich $f(x)$. Denn wäre $f(x)$ von dieser Zahl um σ verschieden, so könnte f nicht stetig sein, weil die grösste Schwankung von f in jedem noch so kleinen Intervalle δ, welches den Punct x enthält grösser oder gleich σ sein würde.

Ein vielfach angewandter specieller Fall dieses Satzes ist der: Wenn zwei Functionen im Intervalle von a bis b stetig sind, und für alle Werthe von $x < b$ übereinstimmen, so müssen sie auch für $x = b$ übereinstimmen. Oder auch, wenn sie für alle $x > a$ übereinstimmen, so müssen sie noch für $x = a$ übereinstimmen.

Ebenso müssen zwei stetige Functionen von x und y am Rande eines Gebietes T übereinstimmen, wenn sie im Innern dieses Gebietes übereinstimmen.

§ 41. Summen, Produkte und Quotienten stetiger Functionen. Eine Summe (oder Differenz) und ein Produkt zweier stetigen Functionen ist immer wieder eine stetige Function. Denn ist

$$F(x) = f(x) + \varphi(x),\quad \Phi(x) = f(x).\varphi(x),\quad \text{abs}\,\eta \leqq 1,\quad \text{abs}\,\xi \leqq 1$$

$$\text{abs}\,(f(x \pm \xi h)-f(x)) < \sigma,\quad \text{abs}\,(\varphi(x \pm h\xi)-\varphi(x)) < \sigma,\quad f(x \pm \xi h) = f(x)+\eta\sigma,\quad \varphi(x \pm \xi h) = \varphi(x)+\xi\sigma,$$

so ist

$$\text{abs}\,(F(x \pm \xi h)-F(x)) < 2\sigma,\quad \text{abs}\,(\Phi(x \pm \xi h)-\Phi(x)) = \text{abs}\,\sigma(\eta\varphi(x) + \xi f(x)+\eta\xi\sigma),$$

und beide Ausdrücke können, da $\varphi(x)$, $f(x)$ nothwendig endliche Grössen sind, durch Annahme hinlänglich kleiner Werthe von h beliebig klein gemacht werden. Ist ferner $\Phi(x) = f(x):\varphi(x)$, so ist

$$\Phi(x \pm \xi h)-\Phi(x) = \frac{f(x \pm \xi h)}{\varphi(x \pm \xi h)} - \frac{f(x)}{\varphi(x)} = \sigma\,\frac{\eta\varphi(x) + \xi f(x)}{\varphi(x \pm \xi h)\,\varphi(x)}.$$

Dieser Ausdruck kann dem absoluten Betrage nach offenbar allemal dann beliebig klein gemacht werden durch Verminderung der Zahl h, wenn $\varphi(x)$ von Null verschieden ist. Demnach ist der Quotient zweier stetigen Functionen im Allgemeinen nur da stetig, wo der Nenner nicht verschwindet.

Für Functionen zweier Veränderlichen bestehen die gleichen Sätze, die ebenso leicht zu erweisen sind.

§ 42. Maxima und Minima. Eine in dem Intervall von a bis b stetige Function besitzt mindestens ein Maximum und mindestens ein Minimum, d. h. es giebt mindestens einen Werth von x, für welchen sie ihre obere Grenze erreicht, und einen Werth von x für welchen sie ihre untere Grenze erreicht.

Theilen wir das Intervall von a bis b in n_1 gleiche Theile, so giebt es einen, in welchem die obere Grenze G dieselbe als im Intervalle ab ist. Der am Anfange eines solchen Theilintervalles stehende Werth von x sei x_1, so dass am Ende desselben die Zahl $x'_1 = x_1 + (b-a):n_1$ steht. Das Intervall von x_1 bis x'_1 theilen wir in n_2 Theile, so ist wieder mindestens in einem Theilintervalle die obere Grenze G. Am Anfange dieses oder (wenn mehrere vorhanden sind) eines solchen Theilintervalles steht die Zahl x_2 am Ende die Zahl $x'_2 = x_1 + (b-a):n_1n_2$. Dies Intervall theilen wir in n_3 Theile u. s. w. So erhalten wir eine niemals abnehmende Folge $x_1, x_2, \ldots x_n, \ldots$ die nicht über b hinauswächst, und die folglich zu einer bestimmten Zahl x gehört. Für diesen Werth x ist $f(x)$ gleich G.

Wäre nämlich $f(x)$ von G um mehr als σ verschieden, so würde in dem Intervalle von x_n bis x, weil die obere Grenze darin G ist, die grösste Schwankung mehr als σ betragen, und die Function könnte, weil dies Intervall für ein hinlänglich grosses n beliebig klein wird, nicht stetig sein, was gegen die Voraussetzung ist.

Der Beweis für das Vorhandensein eines Minimums ist ganz analog.

§ 43. Maxima und Minima der Functionen zweier Veränderlichen. Eine in einem Gebiete T stetige Function zweier reellen Veränderlichen besitzt ebenfalls ein Maximum und ein Minimum.

Die Function $f(x, y)$ besitzt für jeden Werth von x als Function von y, so weit sie gegeben ist, ein Maximum $G(x)$, das also eine Function von x ist. Und zwar ist $G(x)$ eine stetige Function von x. Denn wäre $f(x, y) = G(x)$ und wäre $G(x+h)$ um mehr als σ kleiner als $G(x)$, wie klein auch h sein mag, so müsste auch $f(x+h, y)$ mindestens um σ kleiner als $f(x, y)$ sein, was gegen die Voraussetzung der Stetigkeit ist. Wäre umgekehrt $G(x)$ um σ kleiner als $G(x+h)$ wie klein auch h sei, und $G(x+h) = f(x+h, y)$, so würde auch $f(x, y)$ mindestens um σ kleiner als $f(x+h, y)$ sein müssen, was wieder gegen die Voraussetzung ist.

Diese stetige Function $G(x)$ besitzt aber eine obere Grenze G die für ein bestimmtes x erreicht wird, nach § 42. G ist also die obere Grenze von $f(x, y)$ für ein bestimmtes x als stetige Function von y. Dieselbe wird daher für ein bestimmtes y wirklich erreicht.

Der Beweis für das Vorhandensein eines Minimums wird ganz analog geführt.

§ 44. Mittelwerthsatz. Eine zwischen a und b stetige Function, nimmt jeden Mittelwerth m zwischen ihrer obern Grenze (G) und ihrer untern Grenze (g) mindestens einmal wirklich an.

Theilt man das Intervall ab in zwei Theile, so ist die obere und untere Grenze von $f(x)-M$ entweder in dem einen oder in dem andern Intervalle von entgegengesetzten Zeichen, oder es ist eine der oberen oder unteren Grenzen Null, in welchem Falle dieser Werth nach dem Vorigen für einen bestimmten Werth von x von der stetigen Function $f(x)-M$ angenommen wird. Wäre nämlich die obere und untere Grenze in einem Theile positiv, in dem andern negativ, so würde $f(x)$ an der Theilungsstelle, welche zu beiden Intervallen gehört, sowohl positiv als auch negativ sein, was gegen die Voraussetzung der Eindeutigkeit ist.

Das Intervall, in welchem obere und untere Grenze von f entgegengesetzte Zeichen haben, theilen wir in zwei etwa einander gleiche Theilintervalle und suchen dasjenige, in welchem die obere und untere Grenze entgegengesetzte Zeichen haben u. s. w. Dies Verfahren findet ein Ende, wenn einmal eine obere oder untere Grenze Null ist, in welchem Falle der Werth Null von der Function $f(x)-M$ wirklich einmal angenommen wird. Das Verfahren braucht aber auch zu keinem Ende zu führen, sondern kann ins Unendliche fortgehen. Beginnt nun das zuerst bestimmte Intervall bei x_1 (wo x_1 auch gleich a sein kann) und endet bei x'_1, das zweite bei x_2 und endet bei x'_2, u. s. w. $x_3, x_4, \ldots x'_3, x'_4, \ldots$ so bilden die Zahlen $x_1, x_2, x_3, \ldots$ eine niemals abnehmende Folge und $x'_1, x'_2, x'_3, \ldots$ eine niemals zunehmende Folge, zu denen, da ihre Terme endlich sind, bestimmte Zahlen x bez. x' gehören. Da aber die Terme x_n und x'_n sich beliebig wenig unterscheiden, wenn n gross genug genommen wird, so muss $x = x'$ sein. Für diese Zahl x ist $f(x)-M = 0$ oder $f(x) = M$. Denn zwischen x_n und x'_n sind die obere und untere Grenze von $f(x)$ von entgegengesetzten Zeichen, können aber, weil dies Intervall mit wachsendem n beliebig klein wird, sich wegen der vorausgesetzten Stetigkeit nicht um mehr als σ unterscheiden, wenn σ beliebig klein vorgegeben wird, also können sich die Werthe auch von Null nicht um mehr als σ unterscheiden. An der Stelle x, die immer zwischen x_n und x'_n liegt, wie gross auch n genommen wird, ist $f(x)$ von Null um weniger als jede noch so kleine Zahl verschieden, ist also Null.

Sind obere und untere Grenze sowohl in der ersten als auch in der zweiten Hälfte des Intervalles von x_μ bis x'_μ von entgegengesetzten Zeichen, so können wir, so oft dies eintritt, $x_{\mu+1}$ mit x_μ zusammenfallen lassen, also die erste Hälfte des Intervalles der weitern Untersuchung zu Grunde legen, so erhalten wir von selbst den von Herrn Weierstrass urgirten Satz, dass $f(x)$, wenn x von a bis b wächst, den Werth M an einer bestimmten Stelle einmal zum ersten Male annimmt.

Eine stetige Function von zwei Veränderlichen nimmt jeden Mittelwerth zwischen ihrer obern und untern Grenze unendlich oft an. — Verbindet man nämlich die Puncte, in welchen die Function $f(x, y)$ ihr Maximum und ihr Minimum annimmt durch eine in dem gegebenen Gebiet verlaufende Curve, so muss auf ihr, weil dort die Function eine Function einer Veränderlichen (z. B. der Curvenlänge) ist, jeden Mittelwerth mindestens einmal annehmen. Da aber unendlich viele verschiedene Curven vorhanden sind, so muss sie jeden Mittelwerth unendlich oft annehmen.

Schwerer zu beantworten ist die Frage, ob der Ort aller Puncte, in welchen f einen gegebenen Mittelwerth annimmt, ein continuirliches Gebiet bildet.

§ 45. Die Bezeichnung $f(x \pm 0)$. Nähert sich der Werth $f(x+h)$ für abnehmende h einer bestimmten Grenze, so bezeichnet Dirichlet diesen Werth mit $f(x+0)$, nähert sich $f(x-h)$ mit abnehmendem h einer Grenze, so bezeichnet er diesen Werth mit $f(x-0)$. $f(x+0)$, $f(x)$ und $f(x-0)$ können alle drei von einander verschieden sein. Ist jedoch $f(x)$ an der Stelle x eine stetige Function, so fallen die drei Werthe zusammen, denn $f(x+0)$ und $f(x-0)$ können sich nach der Definition der Stetigkeit von $f(x)$ nicht um σ unterscheiden, wenn σ beliebig klein vorgegeben wird, sind also gleich $f(x)$.

§ 46. Functionen einer complexen Veränderlichen. Ist eine complexe Zahl $z = x+yi$ gegeben, so ist sowohl der reelle Theil x, als auch der imaginäre Theil y dieser Zahl gegeben. Deshalb kann jede Function $f(x, y)$ von x und y als Function der complexen Veränderlichen z angesehen werden, indem zu jedem Werthe von z ein bestimmter Werth von f gehört. Eine solche Definition einer Function der complexen Veränderlichen z erweist sich jedoch nicht als vortheilhaft. Vielmehr werden von den Mathematikern nur solche Functionen von x und y als Functionen von z angesehen, deren Werth aus der Zahl z mittels der vier Species zu erhalten ist. Sollten solche Operationen unendlich oft vorzunehmen sein, so muss man die Definition noch weiter beschränken. Wir verstehen unter Functionen einer complexen Veränderlichen nur Functionen, die durch Potenzreihen, die wir in einem spätern Abschnitt behandeln, dargestellt werden. Manche häufiger vorkommende Potenzreihen haben bestimmte Bezeichnungen erhalten, bei manchen Functionen, wie namentlich bei den rationalen, die durch die vier Species in endlicher Weise darstellbar sind, genügt es nachzuweisen, dass sie durch Potenzreihen dargestellt werden können.

Die Functionen einer complexen Veränderlichen sind complexe Functionen, sie sind stetig, wenn der reelle Theil sowohl als der imaginäre stetige Functionen von x und y sind. Ist ζ jede Zahl, deren absoluter Betrag kleiner oder gleich Eins ist, ist also etwa $\zeta = \xi + \eta i$, $\xi\xi + \eta\eta \leqq 1$, so kann die Bedingung für die Stetigkeit einer Function der complexen Veränderlichen z im Puncte z dahin ausgesprochen werden, dass für jedes noch so kleine σ eine Zahl h gefunden werden könne, für welche

$$abs(f(z+\zeta h) - f(z)) \leqq \sigma$$

wird. Ist nämlich der reelle Theil von f gleich $\varphi(x, y)$, der imaginäre $i\psi(x, y)$, so kann der Ausdruck

$$abs\,(f(z+\zeta h) - f(z)) =$$
$$\sqrt{(\varphi(x+\xi h, y+\eta h) - \varphi(x,y))\,(\varphi(x+\xi h, y+\eta h) - \varphi(x,y)) + (\psi(x+\xi h, y+\eta h) - \psi(x,y))\,(\psi(x+\xi h, y+\eta h) - \psi(x,y))}$$

nur dann beliebig klein sein, wenn es die Ausdrücke

$$\varphi(x+\xi h, y+\eta h)-\varphi(x, y), \quad \psi(x+\xi h, y+\eta h)-\psi(x, y)$$

sind.

Der absolute Betrag von $f(z)$, also die Function $abs f(z)$ ist dann ebenfalls eine stetige Function von x und y.

Die ganze Potenz, der binomische Lehrsatz und die ganzen Functionen.

§ 47. Die ganze Potenz. Das Produkt von n einander gleichen Zahlen $z.z.z.\ldots.z$ wird mit z^n bezeichnet, und die $n$te Potenz von z genannt und z hoch n gelesen. Die Zahl n heisst Exponent. Die ganze Potenz — später werden für n allgemeinere Zahlen eingeführt — ist eine eindeutige Function der complexen Veränderlichen z, die für jeden endlichen Werth von z endlich ist. Eine Summe solcher Potenzen, die noch mit beliebigen Zahlen (Coefficienten) multiplicirt sein können, und zu welchen auch noch eine beliebige Constante hinzugefügt werden kann, die also die Form hat

$$A_0+A_1z^1+A_2z^2+A_3z^3+\ldots+A_nz^n,$$

heisst eine ganze Function von z, und ist ebenfalls für endliche z endlich. Von den Zahlen A_0, A_1, A_2, .. können beliebig viele Null sein.

Ist $n > m$, so findet die Gleichung statt,

$$z^n : z^m = z^{n-m}.$$

Lässt man dieselbe auch noch für $n = m$ und $n < m$ bestehen so ergiebt sich

$$z^0 = 1, \quad z^{-l} = 1 : z^l,$$

wodurch neben den ganzen positiven Potenzen noch die ganzen negativen eingeführt sind. Das Gesetz $z^n : z^m = z^{n-m}$ bleibt, wie man leicht sieht, für negative Zahlen und für die Null ebenso wie für positive Zahlen n, m in Kraft. Die 0-te Potenz von z ist eine Constante, Eins, die negative Potenz von z ist eine eindeutige Function der complexen Veränderlichen z und ist endlich, ausgenommen für $z = 0$. Setzt man für z Zahlen, deren absoluter Betrag abnimmt, so wächst der absolute Betrag von z^{-n} über alle Grenzen, man sagt deshalb, die Function werde im Puncte 0 unendlich. Die Ausdrucksweise, die Function ist im Puncte Null unendlich, ist im Grunde nicht correkt, weil ∞ keine Zahl ist, die Redeweise läuft indessen zuweilen mit unter. Die Gleichung $z^n : z^m = z^{n-m}$ findet, streng zu reden, im Puncte Null nicht statt. Bei stetigen Functionen ist man jedoch gewöhnt an Stellen, wo dieselben genau genommen unbestimmt sind, dort den sich stetig an die Umgebung anschliessenden Werth zu setzen, wenn ein solcher vorhanden ist, so dass in der Regel die Division $z^n : z^m$, wenn $n > m$ ist, ohne Weiteres auch für $z = 0$ als giltig angenommen wird. Streng genommen müsste jedoch der Quotient für $z = 0$ besonders definirt werden.

Die Functionalgleichung $(z.\zeta)^n = z^n.\zeta^n$ gilt für jedes ζ ausgenommen etwa für $z = 0$ oder $\zeta = 0$, wenn n negativ ist.

§ 48. Stetigkeit der ganzen positiven und negativen Potenzen. Die ganze Potenz ist eine stetige Function. Es besteht nämlich die Identität

$$t^n-z^n = (t-z)\,(t^{n-1}+t^{n-2}.z+t^{n-3}.z^2+\ldots+t^{n-k-1}.z^k+\ldots+z^{n-1}).$$

Setzt man $z+\lambda h$ für t, $abs\,\lambda \leqq 1$, so folgt

$$(z+\lambda h)^n-z^n = \lambda h.\{(z+\lambda h)^{n-1}+(z+\lambda h)^{n-2}.z+\ldots+z^{n-1}\}.$$

Nun ist der absolute Betrag von $z+\lambda h$, wenn $abs\,\lambda \leqq 1$, und h eine positive Zahl ist, kleiner oder gleich $z'+h$, wenn z' der absolute Betrag von z ist, und der absolute Betrag von $(z+\lambda h)^{n-k-1}.z^k$

kleiner als $(z'+h)^{n-1}$. Demnach ist der absolute Betrag des Ausdruckes in den Klammern kleiner als $n.(z'+h)^{n-1}$, und es lässt sich, wenn z gegeben ist, und h gewisse Grenzen nicht überschreitet leicht eine Zahl M angeben, über welche dieser absolute Betrag nicht hinausgeht. Es ist demnach $abs((z+\lambda h)^n-z^n) \leqq \lambda.M.h$, und man kann h so klein annehmen (z. B. $= \sigma:M$), dass dieser Ausdruck $\leqq \sigma$ wird, wenn σ beliebig klein vorgegeben wird, w. z. b. w.

Nach den Principien des § 41 folgt sogleich, dass auch jede ganze Function von z eine stetige Function der complexen Veränderlichen z sei, und da der Quotient stetiger Functionen auch stetig ist bis auf die Stellen, in denen der Nenner verschwindet, so muss auch $1:z^n = z^{-n}$ eine stetige Function sein, ausser für $z = 0$. Der Punct Null ist eine Unstetigkeitsstelle für die negative Potenz.

Ist $abs\, a < abs\, b$, so ist auch $abs\, a^n < abs\, b^n$, wenn n positiv ist.

§ 49. Grad einer Function, Wurzeln einer Gleichung. Den grössten Exponenten, der in einer ganzen Function vorkommt, oder den Exponenten der höchsten Potenz nennt man den Grad der Function. Einen Werth von z für welchen die Function verschwindet, nennt man eine Wurzel dieser Function, richtiger eine Wurzel der algebraischen Gleichung, welche entsteht, wenn man diese Function der Null gleich setzt. Ob immer solche Wurzeln existiren ist eine erst später zu entscheidende Frage. Ist die Gleichung speciell von der Form $z^n - a = 0$, so schreibt man für die Lösung $z = \sqrt[n]{a}$ oder $a^{\frac{1}{n}}$. Ist a eine positive Zahl, so ist eine solche $n$te Wurzel immer vorhanden, und zwar giebt es nur eine solche $n$te Wurzel die selbst eine positive Zahl ist, während andere, wie sich später zeigen wird, sehr wohl noch vorhanden sind. — Für reelle Werthe von z nämlich ist die Function $z^n - a$ reell, für $z = 0$ ist sie $-a$, also negativ, und für $z = 1$ ist sie, wenn $a < 1$, positiv, ist aber $a > 1$, so ist sie für $z = a$ positiv, da sie aber stetig ist, und ihre untere Grenze zwischen 0 und 1, bez. zwischen 0 und a, negativ, ihre obere positiv ist, so muss sie den Werth Null nach § 44 mindestens einmal annehmen. Wäre $a = 1$, so wäre $z^n - 1$ für $z = 1$ Null. Es giebt aber auch nur einen positiven reellen Werth von z, welcher gleich $\sqrt[n]{a}$ ist. Denn wären z und t zwei solche Werthe und wäre $z < t$, so müsste auch $z^n < t^n$ sein, es könnten also nicht die letzten Zahlen beide gleich a sein.

Ist $z = \sqrt[n]{a}$, $t = \sqrt[n]{b}$, so folgt aus der Gleichung

$$z^n.t^n = (z.t)^n = a.b, \quad zt = \sqrt[n]{ab} = \sqrt[n]{a}.\sqrt[n]{b}.$$

§ 50. Höchste Zahl der Wurzeln einer Gleichung. Wenn auch hier noch nicht festgestellt zu werden vermag, wie viele Wurzeln eine Gleichung vom $n$ten Grade haben muss, so lässt sich doch leicht zeigen, dass sie nicht mehr als n Wurzeln, n Lösungen besitzen kann.

Wir benutzten schon oben einmal die Identität

$$(z^n - t^n) = (z-t).\varphi_{n-1}(z) = (z-t)(z^{n-1}+z^{n-2}.t+z^{n-3}.t^2+ \ .\ .\ +t^{n-1}).$$

$\varphi_{n-1}(z)$ ist hierbei eine ganze Function von z vom $n-1$ten Grade und der Coefficient der höchsten Potenz, also der Coefficient von z^{n-1} ist Eins. Nun sei

$$f(z) = A_0 + A_1 z + A_2 z^2 + \ .\ .\ + A_n z^n,$$

und es sei $f(z_1) = 0$, $f(z_2) = 0$, $f(z_3) = 0, \ldots, f(z_n) = 0$, und die Zahlen $z_1, z_2, \ldots, z_n$ seien von einander verschieden. Dann ist

$$f(z) = f(z) - f(z_1) = (z-z_1)(A_1 + A_2\varphi_1(z) + A_3\varphi_2(z) + \ .\ .\ + A_n\varphi_{n-1}(z)) = (z-z_1)f_{n-1}(z),$$

wenn $f_{n-1}(z)$ die Eigenschaft hat, eine ganze Function vom Grade $n-1$ zu sein, in der die höchste Potenz, also z^{n-1} mit A_n multiplicirt ist. Da nun weiter $f(z_2) = (z_2 - z_1)f_{n-1}(z_2) = 0$ ist, und $z_2 - z_1$ von Null verschieden ist, so muss $f_{n-1}(z_2)$ Null sein. (Diese Nothwendigkeit würde nicht bestehen, wenn wir für z nicht die gewöhnlichen Zahlen, sondern andere etwa die Quaternionen setzten.) Man wird also die ganze Function $f_{n-1}(z)$ in die Form $(z-z_2)f_{n-2}(z)$ bringen können, worin $f_{n-2}(z)$ eine ganze Function vom Grade $n-2$ ist, und z^{n-2} wieder den Coefficienten A_n hat. Indem man ebenso den Factor $z-z_3$ aus $f_{n-3}(z)$ aussondert, und dasselbe Verfahren $n$mal anwendet, wodurch man auf eine ganze Function $f_0(z)$ gelangt, welche vom Grade 0, und mithin gleich A_n ist, findet man schliesslich

$$f(z) = (z-z_1)(z-z_2)(z-z_3)\,.\,.\,(z-z_n)\,.\,A_n.$$

Gäbe es nun noch einen Werth z_{n+1} für welchen $f(z)$ verschwände, so müsste, da $z_{n+1}-z_1$, $z_{n+2}-z_2$, . . $z_{n+1}-z_n$ nicht verschwinden, A_n Null sein. Wendet man dieselbe Schlussweise auf die Function $A_0+A_1z+\,.\,.\,+A_{n-1}z^{n-1}$ an, so folgt ebenso, dass A_{n-1} Null sein müsste, u. s. w. Es kann also $f(z)$ nur dann für $n+1$ Werthe verschwinden, wenn in dieser Function alle Coefficienten verschwinden, wenn sie für jeden Werth von z verschwindet, wenn sie identisch Null ist.

Dieser Satz wird sich als fruchtbar erweisen. Es geschieht nämlich zuweilen, dass man einer Function, obschon sie nicht geordnet ist, in der vielmehr noch verschiedene Produkte und Summen von Produkten enthalten sind, ansieht, dass sie eine ganze Function von z ist, deren höchster Grad nicht grösser als n ist. Findet sich nun, dass diese Function für $n+1$ Werthe von z verschwindet, so braucht man nicht erst weiter zu ordnen, sondern man weiss im Voraus, dass sie identisch verschwindet, dass beim Ordnen nach Potenzen von z alles sich fortheben muss, dass die Coefficienten aller Potenzen Null sein müssen.

§ 51. Bestimmung einer ganzen Function aus gegebenen Werthen. Ist eine ganze Function von z vom $n$ten Grade für $n+1$ von einander verschiedene Werthe von z für $z_1, z_2, \ldots, z_{n+1}$, willkürlich gegeben, so ist dadurch die Function völlig bestimmt. Sind die $n+1$ gegebenen Werthe Null, so ist die Function nach § 10 identisch Null. — Es sei $f(z)$ die gesuchte Function, und

$$f(z_1)=A_1,\quad f(z_2)=A_2,\quad \ldots,\quad f(z_{n+1})=A_{n+1},$$

$$(z-z_1)(z-z_2)(z-z_3)\,.\,.\,(z-z_{n+1})=\Delta(z),\quad \Delta(z):(z-z_\mu)=\Delta_\mu(z)$$

so ist die Function

$$f(z)=\frac{A_1\,\Delta_1(z)}{\Delta_1(z_1)}+\frac{A_2\,\Delta_2(z)}{\Delta_2(z_2)}+\,.\,.\,+\frac{A_n\,\Delta_n(z)}{\Delta_n(z_n)}+\frac{A_{n+1}\,\Delta_{n+1}(z)}{\Delta_{n+1}(z_{n+1})}.$$

In der That verschwinden $\Delta_1(z)$, $\Delta_2(z)$, . . $\Delta_{\mu-1}(z)$, $\Delta_{\mu+1}(z)$, . . $\Delta_{n+1}(z)$ für $z=z_\mu$, so dass in obiger Summe für $z=z_\mu$ nur das μte Glied stehen bleibt, welches offenbar den Werth A_μ hat.

Gäbe es nun noch eine zweite ganze Function von z vom $n$ten Grade, etwa $\varphi(z)$, so würde $f(z)-\varphi(z)$ für die $n+1$ verschiedenen Werthe $z_1, z_2, \ldots, z_{n+1}$ verschwinden, und müsste daher identisch verschwinden. Es muss also $f(z)=\varphi(z)$ sein.

§ 52. Sehr grosse Werthe der Veränderlichen. In einer ganzen Function kann man die Werthe der Veränderlichen z so gross annehmen, dass der absolute Betrag des Termes, welcher die höchste Potenz von z enthält, den absoluten Betrag der Summe aller übrigen Terme übertrifft.

Es sei

$$f(z)=A_nz^n+A_{n-1}z^{n-1}+\,.\,.\,+A_1z+A_0,$$

und $abs(A_\mu:A_n)\leqq M$ für jedes μ. Dann ist

$$abs\left(\frac{A_{n-1}}{A_n}z^{n-1}+\frac{A_{n-2}}{A_n}z^{n-2}+\,.\,.\,+\frac{A_0}{A_n}\right)\leqq M.(abs\,z^{n-1}+abs\,z^{n-2}+\,.\,.\,+1)=M\,\frac{abs(z^n)-1}{abs(z)-1}.$$

Nimmt man also den absoluten Betrag von $z\geqq M+1$ an, so ist der Ausdruck kleiner oder gleich $abs(z^n)-1$, also ist $abs\,z^n$ grösser als die Summe der absoluten Beträge der übrigen Glieder, und also auch grösser als der absolute Betrag der Summe w. z. b. w. Setzt man $abs\,z=PM+1$, $P>1$, so ist das höchste Glied mindestens P-mal so gross als die Summe der übrigen.

§ 53. Corollar. Hieraus folgt ohne Weiteres, dass sämmtliche Wurzeln einer Gleichung

$$A_nz^n+A_{n-1}z^{n-1}+\,.\,.\,+A_1z+A_0=0,$$

dem absoluten Betrage nach kleiner als die grösste um Eins vermehrte unter den Zahlen $abs(A_{n-1}:A_n)$, $abs(A_{n-2}:A_n)$, . ., $abs(A_0:A_n)$ sind.

Weiter ergiebt sich leicht, dass eine Gleichung $f(z)=0$ von ungeradem Grade mit reellen Coefficienten gewiss eine Wurzel habe. Denn für reelle z ist die Function $f(z)$ reell, und für hinlänglich grosse negative z negativ, (wenn A_n positiv vorausgesetzt wird, was die Allgemeinheit offenbar nicht beschränkt,) weil $A_n(-z)^n$ negativ ist, und an Grösse alle übrigen Terme übertrifft, also das Vorzeichen von $f(z)$ bestimmt. Für hinlänglich grosse positive z ist $f(z)$ positiv aus gleichem Grunde. Da nun die Function f stetig ist, so muss sie (§ 44) den Werth Null mindestens einmal annehmen.

§ 54. Sehr kleine Werthe von z. Für die Veränderlicche einer ganzen Function kann man eine Zahl mit so kleinem absoluten Betrage setzen, dass das Glied mit dem kleinsten Exponenten die Summe aller übrigen dem absoluten Betrage nach übersteigt. — Es sei

$$f(z) = A_\mu z^\mu + A_{\mu+1} z^{\mu+1} + A_{\mu+2} z^{\mu+2} + \;..\; + A_n z^n =$$

$$z^\mu(A_\mu + A_{\mu+1} z + A_{\mu+2} z^2 + \;..\; + A_n z^{n-\mu}) = z^\mu(A_\mu + z(A_{\mu+1} + z A_{\mu+2} + \;..\; + A_n z^{n-\mu-1})).$$

So ist für den Ausdruck $A_{\mu+1} + A_{\mu+2} z + \;..\; + A_n z^{n-\mu-1} = \varphi(z)$ leicht eine obere Grenze anzugeben, die er für jeden Werth von z der kleiner als Eins ist nicht übersteigt. Sind die Zahlen $A_{\mu+1}$, $A_{\mu+2}$, . ., A_n, kleiner oder gleich M dem absoluten Betrage nach, so ist $(n-\mu)M$ diese Grenze. Daher braucht man nur, wenn $z.\varphi(z)$ dem absoluten Betrage nach kleiner als σ werden soll, $z \leqq \sigma:(n-\mu)M$ zu machen. Wählt man weiter σ so klein, dass $abs\, A_\mu > \sigma$ ist, so ist für jenes z auch $abs\, z^\mu A_\mu > abs\, z^\mu . z . \varphi(z)$ oder $> abs(z^{\mu+1} A_{\mu+1} + z^{\mu+2} A_{\mu+2} + \;..\; + z^n A_n)$ w. z. b. w.

§ 55. Binomischer Lehrsatz für ganze Exponenten. Für viele Untersuchungen ist es wichtig, die Function $f(z)$ durch eine Substitution $z = a+t$ zu transformiren. Soll nun die Function $f(a+t)$ nach Potenzen von t geordnet werden, so ist zunächst nöthig, $(a+t)^n$ nach Potenzen von t zu ordnen, der Potenz dieses Binom's die gewöhnliche Form einer ganzen Function zu geben. Da $(a+t)^n = a^n(1+z)^n$ ist, wenn $t:a = z$ gesetzt wird, so genügt es die Entwickelung von $(1+z)^n$ nach Potenzen von z zu haben, um die von $(a+t)^n$ nach Potenzen von t daraus abzuleiten. Nun ist aber

$$\begin{aligned}
(1+z)^1 &= 1+z \\
(1+z)^2 &= 1+2z+z^2 \\
(1+z)^3 &= 1+3z+3z^2+z^3 \\
&\cdots\cdots\cdots \\
&\cdots\cdots\cdots \\
(1+z)^n &= n_0 + n_1 z + n_2 z^2 + \;..\; + n_k z^k + \;..\; + n_n z^n.
\end{aligned}$$

Hierin ist $n_0 = 1$, wie $z = 0$ ergiebt. Multipliciren wir die Gleichung nochmals mit $1+z$, so erhalten wir

$$\begin{aligned}
(1+z)^{n+1} &= n_0 + (n_0+n_1)z + (n_1+n_2)z^2 + \;..\; + (n_k+n_{k-1})z^k + \;..\; + (n_n+n_{n-1})z^n + n_n z^{n+1} \\
&= (n+1)_0 + (n+1)_1 z + (n+1)_2 z^2 + \;..\; + (n+1)_k z^k + \;..\; + (n+1)_n z^n + (n+1)_n z^{n+1}.
\end{aligned}$$

Daraus fliesst zunächst $(n+1)_{n+1} = n_n = \;..\; 2_2 = 1_1 = 1$. Sonst aber ist

$$(n+1)_k = n_k + n_{k-1}.$$

Die Grössen n_0, n_1, n_2, . ., n_k . . heissen Binomialcoefficienten. Durch Induktion erräth man leicht die Form der Zahlen n_k als durch die Gleichung bestimmt

$$n_k = \frac{n(n-1)}{1\;.\;2}\;\frac{(n-2)}{.\;3}\;\frac{..\;(n-k+1)}{..\;\;k},$$

und beweist deren Richtigkeit durch den Schluss von n auf $n+1$. Ist die Formel nämlich für jedes $k \leqq n$ und ein bestimmtes n richtig, so ist sie auch richtig für jedes $k \leqq n+1$ und für $n+1$, statt n, weil

$$(n+1)_k = \frac{n(n-1)\,(n-2)\;..\;(n-k+1)}{1\;.\;2\;\;.\;\;3\;\;..\;\;\;k} + \frac{n(n-1)\,(n-2)\;..\;(n-k+2)\,.\,k}{1\;.\;2\;\;.\;\;3\;\;..\;\;k-1\;\;\;k}$$

$$= \frac{n(n-1)\;..\;(n-k+2)}{1\;.\;2\;\;..\;(k-1)}\left(\frac{n-k+1}{k} + \frac{k}{k}\right) = \frac{(n+1)}{1}\cdot\frac{n}{2}\cdot\frac{(n-1)}{3}\;..\;\frac{(n-k+2)}{k}$$

ist, so lange $k \leqq n$ ist. Dass aber

$$(n+1)_{n+1} = \frac{(n+1)}{1}\cdot\frac{n}{2}\cdots\frac{2.1}{n.(n+1)} = 1$$

ist, ergiebt sich von selbst. Uebrigens kann die Formel $(n+1)_k = n_k + n_{k-1}$ für jedes positive k als giltig angesehen werden, wenn man n_k gleich Null setzt, sobald $k > n$ ist, wie es auch sachgemäss ist.

Schreibt man nun wieder $t:a$ für z und bildet den Ausdruck $a^n(1+t:a)^n$, so ergiebt sich

$$(a+t)^n = a^n + n_1 a^{n-1}t + n_2 a^{n-2}t^2 + \ldots + n_k a^{n-k}t^k + \ldots + n_{n-1}at^{n-1} + t^n.$$

Da die linke Seite im Bezug auf a und t symmetrisch ist, so muss es auch die rechte sein, woraus sich sogleich die Beziehung

$$n_k = n_{n-k}$$

ergiebt, die jedoch ebenso leicht auch direkt zu beweisen ist.

§ 56. Einige nahe liegende Eigenschaften der Binomialcoefficienten. Die Eigenschaften der Binomialcoefficienten

$$n_k + n_{k-1} = (n+1)_k, \quad n_k = n_{n-k}$$

fanden schon im vorigen Paragraphen Platz. Aus der ersteren finden wir durch wiederholte Anwendung eine neue Eigenschaft. Es ist nämlich

$$(n+2)_k = (n+1)_k + (n+1)_{k-1} = n_k + 2n_{k-1} + n_{k-2},$$
$$(n+3)_k = n_k + 3\,n_{k-1} + 3n_{k-2} + n_{k-3}.$$

Durch Induktion gelangt man zu der Gleichung

$$(n+m)_k = n_k m_0 + n_{k-1}m_1 + n_{k-2}m_k + \ldots + n_{k-\mu}m_\mu + \ldots + m_k n_0.$$

Nehmen wir nun an sie gelte für ein bestimmtes m, so gilt sie auch noch für $m+1$. Denn es ist

$$\begin{aligned}(n+m+1)_k &= (n+1)_k m_0 + (n+1)_{k-1}m_1 + (n+1)_{k-2}m_2 + \ldots + (n+1)_0 m_k \\ &= n_k \,.\, m_0 + n_{k-1}(m_0+m_1) + n_{k-2}(m_1+m_2) + \ldots + n_0(m_{k-1}+m_k) \\ &= n_k(m+1)_0 + n_{k-1}(m+1)_1 + n_{k-2}(m+1)_2 + \ldots + n_0(m+1)_k.\end{aligned}$$

Also gilt die Formel allgemein.

Setzt man in ihr $m = n$ und $k = n$, so ergiebt sich mit Rücksicht auf die Beziehung $n_k = n_{n-k}$ die merkwürdige Gleichung

$$(2n)_n = n_n n_0 + n_{n-1}n_1 + n_{n-2}n_2 + \ldots + n_n n_0 = (n_0)^2 + (n_1)^2 + (n_2)^2 + \ldots + (n_n)^2.$$

Noch zwei Relationen zwischen Binomialcoefficienten leiten wir aus der Entwicklung von $(1+z)^n$ ab, indem wir einmal $z = 1$, ein andermal $z = -1$ setzen, so ergiebt sich

$$2^n = 1 + n + \frac{n}{1}\cdot\frac{n-1}{2} + \frac{n}{1}\cdot\frac{n-1}{2}\cdot\frac{n-2}{3} + \ldots,$$

$$0 = 1 - n + \frac{n}{1}\cdot\frac{n-1}{2} - \frac{n}{1}\cdot\frac{n-1}{2}\cdot\frac{n-2}{3} + \frac{n}{1}\cdot\frac{n-1}{2}\cdot\frac{n-2}{3}\cdot\frac{n-3}{4} - . + \ldots,$$

oder die Summe der Binomialcoefficienten mit geraden Indices ist ebenso gross als die der Coefficienten mit ungeraden.

Setzt man in n_k für n die beliebige complexe Zahl z, so erkennt man sogleich, dass diese Grösse eine ganze Function von z ist, die für $z = 0, 1, 2, \ldots k-1$ verschwindet, und für $z = -1$ den Werth $(-1)^k$ annimmt, wodurch sie völlig bestimmt ist. Auch ist $(z+1)_k = z_k + z_{k-1}$.

Für das Produkt der Zahlen $1.2.3\ldots n$ schreibt man abkürzend $n!$, gelesen n-Facultät. Von der Verallgemeinerung der Facultäten wird später die Rede sein.

§ 57. Transformation ganzer Functionen. Die Ableitungen. Mit Hilfe des binomischen Lehrsatzes ist es leicht, die Function

$$f(\zeta) = A_0 + A_1\zeta + A_2\zeta^2 + \ldots + A_k\zeta^k + \ldots + A_n\zeta^n$$

durch die Substitution $\zeta = z+h$ so zu transformiren, dass die transformirte Function nach Potenzen von h geordnet erscheint. Es ist $f(z+h)$ offenbar vom $n$ten Grade in Bezug auf h, weil nach dem binomischen Satze $(z+h)^k$ vom $k$ten Grade ist. Wir setzen daher

$$f(z+h) = f(z)+hf'(z)+\frac{h^2}{1.2}f''(z)+ \,.\,.\, +\frac{h^k}{k!}f^{(k)}(z)+ \,.\,.\, +\frac{h^n}{n!}f^{(n)}(z),$$

worin die Grössen $f'(z)$, $f''(z)$, . . von h unabhängig und in Bezug auf ihre Zusammensetzung in z noch zu bestimmen sind.

Fragen wir nach dem Beitrag, der von dem Term $A_\mu \zeta^\mu = A_\mu(z+h)^\mu$ in dem Gliede $\frac{h^k}{k!}f^{(k)}(z)$ herrührt, so ergiebt sich sogleich, dass er $z^{\mu-k}.h^k \mu_k A_\mu$ ist, wenn μ_k einen Binomialcoefficienten bedeutet. Dies ist der Beitrag jedoch nur dann, wenn μ mindestens k gleich ist, beachtet man aber, dass μ_k Null ist, wenn $k > \mu$ ist, so erkennt man, dass die A_0, A_1, . . A_μ, . . enthaltenden Terme von selbst fortfallen. Demnach ergiebt sich

$$\begin{aligned} f^{(k)}(z) = {} & k(k-1)\,(k-2) \,.\,.\, 2.1\,A_k+(k+1)\,k.(k-1) \,.\,.\, 2.A_{k+1}z \,.\,. \\ & +\mu.(\mu-1) \,.\,.\, (\mu-k+1)A_\mu z^{\mu-k}+ \,.\,.\, +n.(n-1) \,.\,.\, (n-k+1)\,A_n z^{n-k}, \end{aligned}$$

also ist

$$\begin{aligned} f'(z) &= A_1+2A_2z+3A_3z^2+ \,.\,.\, +\mu A_\mu z^{\mu-1}+ \,.\,.\, +nA_nz^{n-1}, \\ f''(z) &= 2A_2+3.2A_3z+4.3A_4z^2+ \,.\,.\, +\mu(\mu-1)A_\mu z^{\mu-2}+ \,.\,.\, +n(n-1)A_nz^{n-2}, \\ & \ldots\ldots\ldots\ldots\ldots\ldots \\ & \ldots\ldots\ldots\ldots\ldots\ldots \\ f^{(n)}(z) &= n!\,A_n,\quad f^{(n+1)}(z) = f^{(n+2)}(z) = \,.\,.\, = 0. \end{aligned}$$

Die Function $f'(z)$, eine Function der complexen Veränderlichen z ist eine Function vom $n-1$ten Grade und heisst die erste Ableitung von $f(z)$, $f^{(\mu)}(z)$ heisst die μte Ableitung von $f(z)$, man übersieht leicht dass sie zugleich die $\mu-1$te Ableitung von $f'(z)$ ist.*) Es sind die Ableitungen abkürzende Bezeichnungen für Functionen, die sich bei identischen Transformationen ergeben, speciell ist die erste Ableitung von $f(z)$ diejenige Zahl, welche in der Entwicklung von $f(z+h)$ nach Potenzen von h mit der ersten Potenz von h multiplicirt ist, von einem Grenzübergange ist dabei nicht die Rede.

Die Ableitung der Function az^μ ist $a\mu z^{\mu-1}$, die $k$te Ableitung ist $a\mu.\overline{\mu-1}.\overline{\mu-2} \,.\,.\, \overline{\mu-k+1}.z^{\mu-k}$. Die μte ist $a\mu!$, die $\mu+1$te, $\mu+2$te . . ist Null. Die Ableitung einer Summe ganzer Functionen ist die Summe der Ableitungen dieser Functionen.

Besitzt eine ganze Function $f(z)$ den Theiler $z-z_1$ μ mal, so muss $f(z_1) = 0$, $f'(z_1) = 0$, . . $f^{(\mu-1)}(z_1) = 0$ sein. Denn setzt man

$$f(z) = f(z_1+\overline{z-z_1}) = f(z_1)+(z-z_1)\,f'(z_1)+\frac{(z-z_1)^2}{1.2}f''(z_1)+ \,.\,.\, +\frac{(z-z_1)^n}{n!}f^{(n)}(z_1),$$

so ist dieser Ausdruck dann und nur dann durch $z-z_1$ theilbar, wenn $f(z_1)$ Null ist. Durch $(z-z_1)^2$ theilbar, wenn $f(z_1)$ und $f'(z_1)$ zugleich Null sind. u. s. w.

Die Potenzreihen.

§ 58. Eine unendliche Reihe von der Form

$$A_0+A_1(z-a)+A_2(z-a)^2+ \,.\,.\, +A_n(z-a)^n+ \,.\,.$$

nennt man eine Potenzreihe, und eine Function, welche durch diese Reihe, unter der Voraussetzung der Convergenz, in irgend einem Gebiete dargestellt wird, heisst eine Function der complexen Veränderlichen z. Da dieser Begriff später etwas auszudehnen ist, so drücken wir die Eigenschaft der Function $f(z)$, nach ganzen Potenzen von $z-a$ in eine convergente Potenzreihe entwickelbar zu sein, dadurch aus, dass wir sagen, sie habe den Charakter einer ganzen Function in der Um-

*) Der wesentliche Unterschied zwischen Ableitung und Differentialquotient besteht darin, dass letzterer unendlich oft da vorhanden ist, wo von einer Ableitung nicht die Rede sein kann. Die Ableitung hat zur Voraussetzung eine Function, die durch eine Potenzreihe darstellbar ist.

gebung des Punctes a. Auch sagen wir von der Reihenentwickelung nach Potenzen von $z-a$, sie sei eine Entwickelung im Puncte a.

Ist die Entwickelung im Puncte a absolut convergent für Werthe von $z-a$ die kleiner als R dem absoluten Betrage nach sind, so lässt sich für $z-a$ eine Zahl mit so kleinem absoluten Betrage setzen, dass das erste Glied der Entwicklung die Summe aller übrigen dem absoluten Betrage nach übertrifft.

Es sei

$$f(z) = A_\mu(z-a)^\mu + A_{\mu+1}(z-a)^{\mu+1} + \ldots + A_n(z-a)^n + \ldots,$$

so folgt aus den im § 23 über Multiplication der Reihen aufgestellten Sätzen, dass auch

$$f(z) = (z-a)^\mu\,(A_\mu + (z-a)\,(A_{\mu+1} + A_{\mu+2}(z-a) + \ldots + A_n(z-a)^{n-\mu-1} + \ldots))$$

sei. Die absolut convergente Reihe

$$A_{\mu+1} + A_{\mu+2}(z-a) + \ldots + A_n(z-a)^{n-\mu-1} + \ldots$$

muss nun, da sie für jeden Werth von abs $(z-a) < R$ convergirt, eine Summe haben, deren Werth über eine bestimmte Zahl nicht hinausgeht. Dies zu beweisen ist allerdings eine besondere Betrachtung nöthig, die wir im nächsten Paragraph nachholen. Ist aber dieser Satz bewiesen, so kann man $(z-a)M$ folglich auch $(z-a)\,(A_{\mu+1} + A_{\mu+2}(z-a) + \ldots)$ durch Annahme dem absoluten Betrage nach hinlänglich kleiner $z-a$ beliebig klein machen, kleiner als der absolute Betrag von A_μ. Demnach kann man auch in

$$(z-a)^{\mu+1}\,(A_{\mu+1} + A_{\mu+2}(z-a) + \ldots) = A_{\mu+1}(z-a)^{\mu+1} + A_{\mu+2}(z-a)^{\mu+2} + \ldots,$$

den absoluten Betrag von $(z-a)$ so klein annehmen, dass der absolte Betrag dieser Reihen kleiner als der absolute Betrag von $(z-a)^\mu A_\mu$ wird.

§ 59. Die unendlich verzögerte Convergenz. Bei der Untersuchung der Convergenz der Reihen, in denen veränderliche Grössen enthalten sind bietet sich eine eigenthümliche Erscheinung dar, welche man unendlich verzögerte Convergenz nennt. Es kann nämlich der Fall eintreten, dass eine solche Reihe für jeden Werth eines continuirlichen Gebietes, sei es einer, sei es zweier Dimensionen, convergent ist, während die Anzahl der Glieder, welche zur Bestimmung eines Werthes nöthig sind, der sich vom Grenzwerthe um weniger als eine kleine vorgegebene Zahl σ unterscheidet, von dem Werthe der Veränderlichen abhängt, und gelegentlich bei Annäherung der Veränderlichen an specielle Werthe über alle Grenzen wächst, während für den Werth selbst wieder eine bestimmte Zahl Glieder ausreichen. Nehmen wir an, die Veränderliche x, die darin vorkommt, sei reell, und bei x_0 trete jene Erscheinung ein. Die Reihe werde mit $f(x)$ bezeichnet, so wäre es vielleicht nicht unpassend zu sagen, die Reihe convergire für jedes x in einem Gebiete auch für $x = x_0$ aber die Reihe $f(x_0+0)$ oder $f(x_0-0)$ sei nicht convergent. Wir weisen die Möglichkeit eines solchen Verhaltens an einem bestimmten Beispiele nach. Es sei

$$a_0 + a_1 + a_2 + \ldots + a_n + \ldots = f(x),$$

$$a_n = \frac{xn}{1+xn} - \frac{x(n-1)}{1+x(n-1)} = \frac{x}{(1+x(n-1))\,(1+xn)} = a_n(x).$$

Die Summe der ersten n Glieder sei $f_n(x)$, so ist dieselbe gleich $\frac{xn}{1+xn}$ und nähert sich für jedes x dem Werthe 1, nur für $x = 0$ ist die Summe Null. Nimmt man aber für x kleinere und kleinere Werthe, so muss man offenbar, um zum Grenzwerth Eins zu gelangen aus der Reihe mehr und mehr Glieder nehmen, während für $x = 0$ sämmtliche Terme der Reihe 0 sind, also schon mit dem ersten Gliede der Grenzwerth erreicht wird.

Das Eintreten unendlich verzögerter Convergenz ist zuerst von Herrn Seidel entdeckt und das hier gegebene einfache Beispiel rührt von Herrn du Bois-Reymond her, welcher zugleich gezeigt hat, dass nicht blos unstetige Functionen durch solche Reihen dargestellt werden können, sondern dass auch gelegentlich die Darstellung stetiger Functionen auf solche Erscheinungen führen kann. Als Beispiel dafür giebt er die Reihe

$$\sum_{n=1}^{n=\infty} \{a_n(x) - a_n(x^2)\},$$

wenn $a_n(x)$ die obige Bedeutung hat. Ihre Summe ist fortwährend Null. Bei der Stelle $x = 0$ verzögert sich die Convergenz unendlich. Könnte dieser Fall bei Potenzreihen namentlich für abnehmende Veränderliche eintreten, so würde der im vorigen Paragraphen gemachte Schluss unzulässig sein, denn es könnte

$$A_{\mu+1} + A_{\mu+2}(z-a) + A_{\mu+3}(z-a)^2 + \ldots A_{\mu+n}(z-a)^n + \ldots$$

mit abnehmendem $z-a$ grösser und grösser werden, grösser als jede vorgegebene Zahl M, obschon für $z-a=0$ die Reihe den endlichen bestimmten Werth $A_{\mu+1}$ hat.

Dieser Fall kann jedoch bei einer Potenzreihe im Gebiet der absoluten Convergenz nicht vorkommen. Es sei

$$f_n(z) = A_0 + A_1(z-a) + \ldots + A_n(z-a)^n, \quad f(z) = \lim_{n=\infty} f_n(z),$$

und die Reihe sei absolut convergent, so lange $abs\, z-a \leqq R$ ist, dann ist

$$f_{n+m}(z) - f_n(z) = A_{n+1}(z-a)^{n+1} + \ldots + A_{n+m}(z-a)_{n+m},$$

und da die Reihe für $abs\,(z-a) = R$ absolut convergent ist, so giebt es ein bestimmtes n, welches so gross ist, dass

$$A'_{n+1}R^{n+1} + A'_{n+2}R^{n+2} + \ldots + A'_{n+m}R^{n+m} < \sigma$$

ist, was auch m sein mag, wenn σ beliebig klein vorgegeben wird, und A'_μ für $abs\, A_\mu$ geschrieben ist. Ist nun $abs\,(z-a) < R$, so ist

$$abs\,(A_{n+1}(z-a)^{n+1} + \ldots + A_{n+m}(z-a)^{n+m}) \leqq abs\, A_{n+1}(z-a)^{n+1} + \ldots + abs\, A_{n+m}(z-a)^{n+m}$$
$$\leqq A'_{n+1}R^{n+1} + A'_{n+2}R^{n+2} + \ldots + A'_{n+m}R^{n+m} < \sigma,$$

was auch m sein mag. Ein und dasselbe n ist also hinreichend um $abs\,(f_{n+m}(z) - f_n(z)) < \sigma$ zu machen, welchen Werth z auch haben mag, wenn nur $abs\,(z-a) < R$ ist. Da n eine bestimmte endliche Zahl ist, so ergiebt sich zugleich, dass die Summe $f_n(z)$ nicht bei Annäherung an einzelne Werthe von z über alle Grenzen wachsen kann.

Hieraus folgt, dass eine durch eine absolut convergente Potenzreihe bestimmte Function in dem Convergenzgebiete nicht blos für alle Werthe von z selbst bestimmt und endlich ist, sondern dass auch überall $f(z+\zeta 0)$, (wenn $f(z+\zeta 0) = \lim f(z+\zeta h)$, $h = 0$, $abs\,\zeta = 1$ ist,) einen bestimmten Werth hat, der, weil $f(z)$, wie wir sogleich sehen werden, stetig ist, von $f(z)$ nicht verschieden ist.

§ 60. **Convergenzgebiet.** Convergirt die Reihe $\Sigma A_n(z-a)^n = A_0 + A_1(z-a) + \ldots$ für $z = Z$, so ist dieselbe absolut convergent, so lange $abs\,(z-a) < abs\,(Z-a)$ ist, oder im Innern eines Kreises dessen Mittelpunct a ist, und auf dessen Rande Z liegt. — Da nach der Voraussetzung $\Sigma A_n(Z-a)^n$ convergirt, so müssen die Zahlen

$$B_n = A_n(Z-a)^n$$

dem absoluten Betrage nach mit wachsendem n gegen Null convergiren, und es giebt daher eine obere Grenze für den absoluten Betrag der Zahlen der complexen Folge $B_0, B_1, B_2, \ldots$, die G sein mag. Die Terme der Reihe

$$A_0 + A_1(z-a) + A_2(z-a)^2 + \ldots = B_0 + B_1\frac{z-a}{Z-a} + B_2\left(\frac{z-a}{Z-a}\right)^2 + \ldots$$

sind aber, so lange $abs\,(z-a) < abs\,(Z-a)$ ist, kleiner als die entsprechenden Terme der Reihe

$$G + G\frac{z-a}{Z-a} + G\left(\frac{z-a}{Z-a}\right)^2 + G\left(\frac{z-a}{Z-a}\right)^3 + \ldots,$$

welche convergent und gleich

$$G\left(1 + \frac{z-a}{Z-a} + \left(\frac{z-a}{Z-a}\right)^2 + \ldots\right) = G\,\frac{Z-a}{Z-z}$$

ist, so lange $abs\,(z-a) < abs\,(Z-a)$ ist. Nach dem im § 14 ausgesprochenem Princip der Reihenvergleichung ist demnach $\Sigma A_n(z-a)^n$ im Innern eines Kreises dessen Radius $abs\,(Z-a)$ und dessen Mittelpunct a ist, absolut convergent, w. z. b. w. Man muss sich hüten diesen Schluss auf den Rand des Gebietes, den Convergenzkreis, ohne Weiteres auszudehnen. Dort braucht die Reihe weder absolut noch überhaupt überall zu convergiren.

Was die Convergenz der geometrischen Reihe anbetrifft, von der oben Anwendung gemacht ist, so erweist sich dieselbe wie folgt. Der absolute Betrag von ζ sei ϱ, so ist

$$1+\zeta+\zeta^2+\zeta^3+\,..\,+\zeta^n+\,..$$

absolut convergent, wenn

$$1+\varrho+\varrho^2+\varrho^3+\,..\,+\varrho^n+\,..$$

convergirt. Ist s_n die Summe der ersten n Glieder der letzten Reihe, so ist

$$s_n = \frac{1-\varrho^n}{1-\varrho}, \qquad s_{n+m}-s_n = \varrho^n\frac{1-\varrho^m}{1-\varrho}.$$

Ist ϱ ein ächter Bruch, so ist $1-\varrho^m : 1-\varrho < 1 : 1-\varrho$, also kleiner als eine von m unabhängige endliche Zahl, während ϱ^n durch Annahme hinlänglich grosser n beliebig klein gemacht werden kann. Also kann ebenso $s_{n+m}-s_n$ beliebig klein gemacht werden, $s_1, s_2, s_3, \ldots, s_n, \ldots$ ist eine reguläre Folge, zu der die Zahl $1 : 1-\varrho$ gehört. Die Summe der Reihe der ζ ist $1 : 1-\zeta$, weil sich die Summe der ersten n Glieder, nämlich $1-\zeta^n : 1-\zeta$ für wachsende n beliebig wenig von dieser Zahl unterscheidet.

Ist in der Reihe

$$C_1+C_2+\,..\,+C_n+\,..$$

von einem bestimmten n ab $C_{n+1} : C_n < 1$ dem absoluten Betrage nach, und zwar um eine von n unabhängige Zahl, so ist die Reihe absolut convergent.

Ist nämlich

$$abs\left(\frac{C_{n+1}}{C_n}\right) \leqq \varrho, \quad abs\left(\frac{C_{n+2}}{C_{n+1}}\right) \leqq \varrho, \quad abs\left(\frac{C_{n+3}}{C_{n+2}}\right) \leqq \varrho, \quad ..$$

und ϱ ein ächter Bruch, so folgt durch Multiplication dieser Gleichung

$$abs\,(C_{n+m} : C_n) \leqq \varrho^m, \quad abs\,(C_{n+m}) \leqq \varrho^m . abs\,(C_n),$$

was auch m sein mag. Also sind die absoluten Beträge der Terme der Reihe $C_1+C_2+\,..\,+C_n+C_{n+1}+\,..$ kleiner oder gleich den absoluten Beträgen der Terme der convergenten Reihe $C_1+C_2+\,..\,+C_n+\varrho C_n+\varrho^2C_n+\,..\,+\varrho^mC_n+\,..$, mithin ist die Reihe (§ 16) convergent.

Dies angegebene sehr bekannte Kriterium ist ziemlich roh. Denn schon die, wie früher nachgewiesen wurde, convergente Reihe $\Sigma(1:nn)$ erfüllt die Bedingung dieses Kriteriums nicht. Dasselbe aber auf den Fall auszudehnen, in welchem $abs\,(C_{n+1} : C_n)$ zwar kleiner als 1 bleibt, aber 1 zur Grenze hat, ist nicht ohne Weiteres gestattet, wie das Beispiel der divergenten Reihe $\Sigma(1:n)$ lehrt.

§ 61. **Stetigkeit der durch Potenzreihen dargestellten Functionen.** Hat die Function $f(z)$ in der Umgebung des Punctes a den Charakter einer ganzen Function, lässt sie sich also in eine nach ganzen Potenzen von $z-a$ fortschreitende Reihe entwickeln, die in einem bestimmten, wenn auch kleinem Gebiete convergirt, so ist sie in diesem Gebiete eine stetige Function von z. — Die Reihe

$$f(z) = A_0+(z-a)A_1+(z-a)^2A_2+\,..\,+(z-a)^nA_n+\,..$$

convergire, so lange $abs\,(z-a) < R$ ist. Es liege z im Innern dieses Gebietes, und h sei eine so kleine Zahl, dass $abs\,(z-a)+abs\,h < R$ ist. Dann ist mit Anwendung des binomischen Lehrsatzes

$$\begin{aligned} f(z+h) &= \Sigma A_n(z-a+h)^n \\ &= A_0+A_1(z-a)+A_2(z-a)^2+\,..\,+A_n(z-a)^n+\,.. \\ &\quad +A_1h+2A_2(z-a)h+\,..\,+nA_n(z-a)^{n-1}h+\,.. \\ &\quad +A_2h^2+\,..\,+\frac{n}{1}\cdot\frac{n-1}{2}A_n(z-a)^{n-2}h^2+\,.. \\ &\quad +\,..\,+\,.\,.\,.\,.\,.\,.\,.\,.\,+\,.. \\ &\quad +A_nh^n+\,.. \\ &\quad +\,.. \end{aligned}$$

Da nun wegen der vorausgesetzten absoluten Convergenz auch noch die Reihe

$$\sum_{n=0}^{n=\infty} abs\, A_n \,.\, (abs\,(z-a)+abs\, h)^n$$

convergent ist, so ist auch die entstandene Doppelreihe, weil bei vertikaler Summation, bei welcher die untereinander stehenden Glieder sich wieder zu einem Binom vereinigen lassen, so auch bei jeder Summation, absolut convergent*) (§ 19). Es kann daher

$$f(z+h) = f(z)+hf'(z)+\frac{h^2}{1.2}f''(z)+ \,.\,.\, +\frac{h^n}{n!}f^{(n)}(z)+ \,.\,.$$

geschrieben werden, worin zur Abkürzung

$$f'(z) \;= A_1+2A_2(z-a)+3A_3(z-a)^2+ \,.\,.\, + nA_n(z-a)^{n-1}+ \,.\,.,$$
$$f''(z) = 2A_2+3\,.\,2A_3(z-a)+ \,.\,.\, +n\,.(n-1)A_n(z-a)^{n-2}+ \,.\,.,$$
$$\cdots\cdots\cdots\cdots\cdots\cdots$$
$$f^{(k)}(z) = k!\,A_k+(k+1)\,k\,.(k-1)\,.\,.\,2\,.A_{k+1}(z-a)+ \,.\,.\, +n\,.(n-1)\,.\,.\,(n-k+1)A_n(z-a)^{n-k}+ \,.\,.,$$
$$\cdots\cdots\cdots\cdots\cdots\cdots$$

gesetzt wird. Nun kann man aber (§ 58) den absoluten Betrag von h so klein annehmen, dass sich der Werth der Reihe $\Sigma f^{(n)}(z)\,(z-a)^n : n!$ von ihrem erstem Gliede, also von $f(z)$ dem absoluten Betrage nach beliebig wenig unterscheidet, oder es kann, wenn σ beliebig klein vorgegeben wird, und $abs\,\zeta \leqq 1$ ist,

$$abs\,(f(z+\zeta h)-f(z)) < \sigma$$

gemacht werden, w. z. b. w.

Die Functionen $f'(z)$, $f''(z)$, .. heissen bez. die erste, zweite, .. Ableitung von $f(z)$ und sie besitzen denselben Convergenzkreis als die Function $f(z)$, d. h., im Innern des Kreises, in dem die Reihe $f(z)$ convergirt, convergiren auch ihre Ableitungen, und haben also eben da den Charakter einer ganzen Function. Auf den Rand dieses Kreises darf dieser Satz aber nicht ausgedehnt werden.

§ 62. Methode der unbestimmten Coefficienten. Ist $z_1, z_2, z_3, \ldots, z_n, \ldots$ eine reguläre Folge verschiedener Zahlen, die gegen a convergiren, ($\lim z_n = a$) und stimmen zwei nach Potenzen von $z-a$ entwickelte Functionen $f(z)$, $\varphi(z)$ für $z = z_1, z_2, \ldots, z_n, \ldots$ überein, wobei natürlich die Convergenz dieser Reihen für jede dieser Zahlen vorgesetzt wird, die dann von selbst (§ 60) für jede, die nicht die dem absoluten Betrage nach grösste ist, eine absolute Convergenz ist, so sind $f(z)$ und $\varphi(z)$ im ganzen Convergenzgebiete identisch gleich. — Es sei

$$f(z) = A_0+A_1(z-a)+A_2(z-a)^2+ \,.\,.,\quad \varphi(z) = B_0+B_1(z-a)+B_2(z-a)^2+ \,.\,.,$$

so ist zu beweisen, dass $A_0 = B_0$, $A_1 = B_1$, $A_2 = B_2$, .. ist. — Es ist

$$f(z_n) = \varphi(z_n),$$

dabei können wir n so gross, oder z_n-a dem absoluten Betrage nach so klein annehmen, dass nach § 61 $f(z_n) = A_0+\varepsilon_n$, $\varphi(z_n) = B_0+\eta_n$ wird, wenn ε_n, η_n Zahlen sind, deren absoluter Betrag eine beliebig klein vorgegebene Zahl $\frac{1}{2}\sigma$ nicht übersteigt. Mithin ist

$$A_0 = B_0+\varepsilon_n-\eta_n,$$

und es unterscheidet sich A_0 von B_0 um weniger als σ, um weniger als eine Zahl deren absoluter Betrag beliebig klein angenommen werden kann, also sind sie gleich, $A_0 = B_0$. Wird nun auch noch $A_1 = B_1$, $A_2 = B_2$, .., $A_{m-1} = B_{m-1}$ angenommen, so muss auch $A_m = B_m$ sein. Da nämlich unter dieser Voraussetzung für $z = z_1, z_2, z_3, \ldots, z_n, \ldots$

$$(z-a)^m\,(A_m+A_{m+1}(z-a)+ \,.\,.) = (z-a)^m(B_m+B_{m+1}(z-a)+ \,.\,.)$$

*) Es giebt zwischen der Theorie der Reihen und der bestimmten Integrale manche Analogien. Es mag erlaubt sein hier für den obigen Satz auf das Fehlen der Analogie aufmerksam zu machen. Während nämlich eine Doppelreihe aus absoluten Termen unbedingt convergirt, wenn sie bei einer Art der Summation convergirt, so kann $\int dx \int dy\, f(x,y)$ von $\int dy \int dx\, f(x,y)$ verschieden sein, wenn $f(x,y)$ im Integrationsgebiete positiv ist. Vergleiche Schlömich's Zeitschrift Jahrgang 23 pag. 67.

ist, und die in den Klammern stehenden Reihen absolut convergent sind, so kann man für z wieder eine (von Null verschiedene) Zahl z_n setzen, so dass die in Klammern stehenden Reihen sich von A_m bez. B_m beliebig wenig unterscheiden, woraus dann nach Division mit $(z_n-a)^m$ folgt $A_m = B_m$ w. z. b. w. Hieraus folgt nachträglich, dass die in Klammern stehenden Reihen auch für $z = a$ einander gleich sind. A priori konnte man dies nicht wissen, weil für $z = a$ der Factor $(z-a)^m$ verschwindet, und aus der Gleichung $0.P = 0.Q$ nicht $P = Q$ geschlossen werden kann. — Verschwindet $f(z)$ in der Folge $z_1, z_2, .., z_n, ..$, so ist $A_0 = 0$, $A_1 = 0$, $A_2 = 0, ...$ Dies ist ein specieller Fall der Methode der unbestimmten Coefficienten. Doch kann der allgemeinere Fall leicht aus dem speciellen hergeleitet werden.

§ 63. Verallgemeinerung der Methode der unbestimmten Coefficienten auf Doppelreihen. Ist

$$f(z,\zeta) = A_{00}+A_{01}z+A_{10}\zeta+A_{02}z^2+A_{11}z\zeta+A_{20}\zeta^2+\;..\;+A_{n,m}z^n\zeta^m+\;..,$$

und verschwindet $f(z,\zeta)$, wenn die Werthe z und ζ aus den regulären Folgen $z_1, z_2, z_3, .., z_n, ..,$ $\zeta_1, \zeta_2, \zeta_3, .., \zeta_n, ..,$ $\lim z_n = 0$, $\lim \zeta_n = 0$ beliebig herausgegriffen werden, z. B. für $z = z_\mu$, $\zeta = \zeta_\nu$, $z = z_{\mu'}$, $\zeta = \zeta_{\nu'}$, .. so ist $A_{00} = 0$, $A_{01} = 0, .., A_{n,m} = 0$.

Ordnen wir die Reihe, die als absolut convergent vorausgesetzt wird, nach Potenzen von z, so sind die Coefficienten von $z^0, z^1, z^2, .., z^n, ..$ Potenzreihen in ζ, die für $\zeta = \zeta_1, \zeta_2, ..$ convergiren. Die Reihe nehme dadurch die Form an

$$\varphi_0(\zeta)+\varphi_1(\zeta)z+\varphi_2(\zeta)z^2+\;..\;+\varphi_n(\zeta)z^n+\;..\;= w(z),$$

worin $\varphi_0(\zeta), \varphi_1(\zeta), .., \varphi_n(\zeta), ..$ Potenzreihen sind, die für $\zeta = \zeta_\mu$ je einen bestimmten Werth annehmen. Da nun die Reihe $w(z)$ für $z = z_1, z_2, .. z_n, ..$ verschwindet, und da diese Folge eine reguläre ist, deren Terme gegen Null convergiren, so müssen

$$\varphi_0(\zeta_\mu), \varphi_1(\zeta_\mu), \varphi_2(\zeta_\mu), .., \varphi_n(\zeta_\mu), ..$$

sämmtlich Null sein. Betrachten wir $\varphi_m(\zeta)$, so ist diese Reihe gleich

$$A_{m,0}+A_{m,1}\zeta+A_{m,2}\zeta^2+\;..\;+A_{m,n}\zeta^n+\;..$$

und sie verschwindet für die Zahlen der Folge $\zeta_1, \zeta_2, .., \zeta_n, ..$, die eine reguläre ist, und deren Terme gegen Null convergiren. Demnach muss

$$A_{m,0} = 0,\; A_{m,1} = 0,\; ..,\; A_{m,n} = 0,\; ..$$

sein, und dies gilt für jedes m, womit der Satz erwiesen ist.

Stände in der Doppelreihe $z-a$ an Stelle von z und $\zeta-\alpha$ an Stelle von ζ, so müssten natürlich die Folgen $z_1, z_2, .., z_n, .., \zeta_1, \zeta_2, .., \zeta_n, ..$ bez. gegen a und α convergiren. — Sind zwei solche Potenzreihen in jenen Folgen einander gleich, so sind sie identisch gleich.

§ 64. Transformation der Potenzreihen. Ist b ein Werth von z im Gebiete der absoluten Convergenz der Reihe

$$f(z) = A_0+A_1(z-a)+A_2(z-a)^2+\;..\;+A_n(z-a)^n+\;..\;= \Sigma A_n(z-a)^n,$$

also im Innern des Convergenzkreises dieser Reihe dessen Radius R_a sein mag, so ist, wie aus § 61 hervorgeht, wenn man dort z durch b, h durch $z-b$ ersetzt

$$f(z) = f(b+\overline{z-b}) = f(b)+(z-b)f'(b)+\frac{(z-b)^2}{1.2}f''(b)+\;..\;+\frac{(z-b)^n}{n!}f^{(n)}(b)+\;..,$$

so lange eine identische Umformung von $f(z)$, (die wir mit $f(z)_b$ der Kürze halber bezeichnen), als $abs(z-b)+abs(b-a) < R_a$ ist, oder so lange z sowohl im Innern des Kreises R_a liegt, als auch im Innern des Kreises ϱ, der b zum Mittelpunct hat und R_a von Innen berührt.

Wenn nun, wie es häufig geschieht, die Convergenz von $f(z)_b$ sich weiter erstreckt, wenn sie etwa durch den Kreis R_b bestimmt wird, dessen Radius $R_b > \varrho$ ist, so fragt es sich, ob $f(z)_b$ mit $f(z)$ auch in dem Gebiete übereinstimmt, welches von ϱ, R_b, R_a begrenzt wird, und welches in beistehender Figur mit U bezeichnet wird. Diese Frage ist zu bejahen. — Es sei c ein Punct im Innern des Kreises R_a. Um diesen Punct ziehen wir zwei Kreise, erstens ϱ', welcher ϱ von Innen berührt, und R_c, welcher entweder R_a oder R_b von Innen berührt, aber keinen dieser Kreise schneidet. Dann wird, abgesehen von ganz speciellen Lagen von c, der Kreis R_c zum Theil aus dem Kreise ϱ heraustreten. In diesem ganzen Kreise ist

$$f(z)_c = f(c) + (z-c)\,f'(c) + \,.\,.\, + \frac{(z-c)^n}{n!}\,f^{(n)}(c) + \,.\,.$$

eine identische Transformation (§ 61) von $f(z)$. Im Innern desselben Kreises ist ebenso

$$f(z)_{b,c} = f(c)_b + f'(c)_b(z-c) + \,.\,.\, + f^{(n)}(c)_b\,\frac{(z-c)^n}{n!} + \,.\,.$$

eine identische Transformation von $f(z)_b$. Im Innern des Kreises ϱ' ist nun $f(z)_b$ eine identische Transformation von $f(z)$, $f(z)_{b,c}$ eine identische Transformation von $f(z)_b$ also ist dort auch $f(z)_{b,c}$ eine identische Transformation von $f(z)$. Im Innern des Kreises ϱ' ist also

$$f(c)_b + f'(c)_b(z-c) + \,.\,.\, + f^{(n)}(c)_b\,\frac{(z-c)^n}{n!} + \,.\,. = f(c) + f'(c)\,(z-c) + \,.\,.\, + f^{(n)}(c)\,\frac{(z-c)^n}{n!} + \,.\,.,$$

und hieraus ergiebt die Methode der unbestimmten Coefficienten

$$f(c)_b = f(c),\ \ f'(c)_b = f'(c),\ \ .\,.\ \ f^{(n)}(c)_b = f^n(c),\ \ .\,.$$

Mithin ist auch ausserhalb dieses Kreises, so lange die Reihe convergirt, jedenfalls im Kreise R_c, identisch

$$f(z)_{b,c} = f(z)_c = f(z),$$

und da dort auch auch $f(z)_{b,c}$ eine identische Transformation von $f(z)_b$ war, so besteht im Kreise R_c die identische Gleichung

$$f(z)_b = f(z).$$

Das Gebiet der Uebereinstimmung dieser Functionen, ursprünglich nur für das Innere des Kreises ϱ erwiesen, ist somit erweitert auf den Theil von R_c der ausserhalb ϱ liegt.

Der Punct c kann nun in dem erweiterten Gebiete eine beliebige Lage einnehmen, man kann dieselbe Schlussfolge wiederholen, und so das Gebiet noch mehr erweitern, bis die Identität für das ganze Innere des Gebietes U erwiesen ist, was wir nicht weiter auszuführen brauchen.

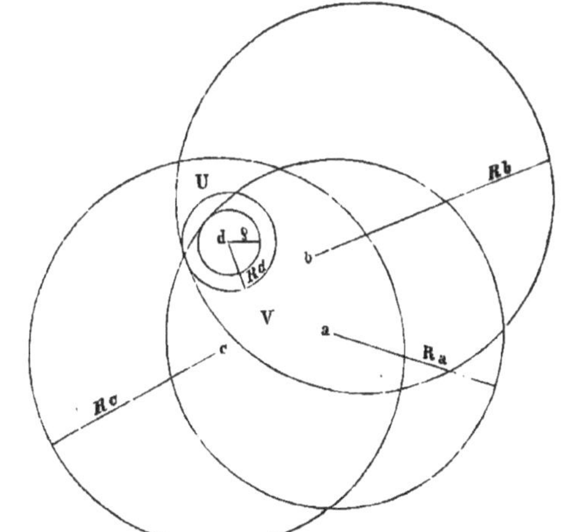

§ 65. Fortsetzung einer analytischen Function. Wenn die Entwickelung $f(z)_b$ der Function $f(z) = \Sigma A_n(z-a)^n$ das Gebiet, in welchem $f(z)$ definirt war, erweitert, wenn der Convergenzkreis R_b zum Theil aus dem Kreise R_a heraustritt, so nennt man die Function in dem von R_a und R_b zugleich begrenzten Gebiete die Fortsetzung von $f(z)$ als Function der complexen Veränderlichen z, bezeichnet auch dort die Function einfach mit $f(z)$. Vielfach gelingt es, die

Function aus dem gewonnenen Gebiete heraus weiter fortzusetzen, dann wieder weiter u. s. f., so dass die Function $f(z)$ häufig von dem ursprünglich gegebenen Gebiete R_a aus, über die ganze z-Ebene ausgedehnt werden kann. Die hierbei zuweilen auftretenden Singularitäten, Mehrdeutigkeiten etc. werden am besten erst besprochen, wenn bestimmte Beispiele voraufgegangen sind, die dem Verständniss zu Hilfe kommen. Hier soll nur gezeigt werden, dass zwei Fortsetzungen $f(z)_b$, $f(z)_c$ von $f(z)$ aus dem Gebiete R_a heraus, von denen die eine das Gebiet R_b, die andere das Gebiet R_c umfassen soll, in dem Gebiete U, welches R_b und R_c zugleich angehört, und ausserhalb R_a liegt (denn in dem gemeinsamen Theile V innerhalb R_a ist die Identität aus dem vorigen Paragraphen schon bekannt, weil dort beide Entwickelungen mit $f(z)$ identisch sind) identisch gleich sind.

Wir erweitern das Gebiet V, für welches die Identität der Darstellungen, $f(z)_b$, $f(z)_c$ schon feststeht dadurch, dass wir zwei Entwickelungen $f(z)_{b,d}$, $f(z)_{c,d}$ in einem Puncte d herstellen, der nahe an dem Theile des Randes von V liegt, welcher ein Stück des Kreises R_a bildet. Die Entwicklungen sind in einem Kreise R_d, der entweder R_b oder R_c berührt, keinen von ihnen schneidet, identische Transformationen bez. von $f(z)_b$ und $f(z)_c$. In einem Kreise ϱ aber, der R_a berührt sind $f(z)_{b,d}$ und $f(z)_{c,d}$ identisch gleich, folglich, nach der Methode der unbestimmten Ceofficienten, sind $f(z)_{b,d}$ und $f(z)_{c,d}$ im ganzen Kreise R_c identisch gleich, also sind dort auch $f(z)_b$ und $f(z)_c$ identisch. Damit ist das Gebiet V in einen Theil von U hinein erweitert. Es ist nun nicht schwer durch dieselbe Methode das Gebiet U successive dem Gebiete V ganz einzuverleiben, und damit den aufgestellten Satz zu erweisen.

§ 66. Unendlich oft verschwindende Functionen. Besitzt eine Function von z in einem Gebiete T und am Rande desselben überall den Charakter einer ganzen Function, und verschwindet sie in unendlich vielen verschiedenen Puncten von T, so ist sie überall in T, oder so weit sie überhaupt als Function der complexen Veränderlichen z fortgesetzt werden kann, Null.

Im § 12 haben wir gefunden, dass immer, wenn in einem endlichen Gebiete T unendlich viele verschiedene Puncte gegeben sind, unter diesen wenigstens ein sogenannter Grenzpunct vorhanden ist, von der Beschaffenheit, dass in jeder noch so kleinen Umgebung desselben, unendlich viele der gegebenen Puncte liegen. Ein solcher Punct sei a. Da nun die Function $f(z)$ im Puncte a den Charakter einer ganzen Function hat, also in eine Reihe $\Sigma A_n(x-a)^n$ entwickelbar sein muss, und da ferner die Function in unendlich vielen Puncten einer regulären Folge (die man aus den gegebenen Puncten bilden kann) $z_1, z_2, \ldots, z_n, \ldots$ die zu a gehört, verschwindet, so folgt aus der Methode der unbestimmten Coefficienten, dass in einem Kreise um a, dessen Radius klein, aber nicht Null sein kann, $f(z)$ identisch 0 ist. In jedem Puncte des Randes dieses Kreises, wo $f(z)$ den Charakter einer ganzen Function hat, also in eine Potenzreihe entwickelbar ist, lässt sich wieder ein endlicher Kreis ziehen, in dem $f(z)$ identisch Null ist, und so ist jede Fortsetzung von $f(z)$ identisch Null w. z. b. w.

Zusatz. Hat eine Function $f(z)$ in T und am Rande von T den Charakter einer ganzen Function, und ist sie in unendlich vielen Puncten, z. B. in einem noch so kleinen Stücke einer Linie gleich der Function $\varphi(z)$ von demselben Charakter, so ist in T identisch $\varphi(z) = f(z)$. Denn ihre Differenz ist identisch Null.

Bemerkung. Hat $f(z)$ den Charakter einer ganzen Function im Innern von T, nicht aber auch am Rande, so kann $f(z)$ sehr wohl unendlich oft verschwinden, ohne identisch Null zu sein, nämlich dann, wenn die zu den unendlich vielen Puncten gehörenden Grenzpuncte (es kann auch nur einer sein) am Rande von T liegen. Unsere Schlussweise wird in diesem Falle aus dem Grunde hinfällig, weil dann die Function $f(z)$ in jenen Grenzpuncten nicht nach ganzen Potenzen entwickelbar zu sein braucht. Beispiele werden später beigebracht werden.

§ 67. Das Produkt zweier Functionen $f(z)$, $\varphi(z)$, vom Charakter ganzer Functionen in einem gemeinsamen Gebiete T, ist dort ebenfalls eine Function mit dem Charakter einer ganzen Function.

Convergirt die Reihe $f(z) = \Sigma A_n(z-a)^n$ absolut so lange $abs(z-a) < R$ ist, die Reihe $\varphi(z) = \Sigma B_n(z-a)^n$ so lange als $abs(z-a) < \varrho$ ist, so convergirt das Produkt

$$f(z).\varphi(z) = A_0B_0+(A_1B_0+A_0B_1)(z-a)+(A_2B_0+A_1B_1+A_0B_2)(z-a)^2+\ldots,$$

welches wiederum eine Potenzreihe im Puncte a ist, absolut, so lange $abs(z-a)$ sowohl kleiner als R, als auch kleiner als ϱ, also kleiner als die kleinere dieser Grössen ist, hat also im Puncte a jedenfalls den Charakter einer ganzen Function. Dasselbe findet statt, wenn a auf irgend einen Punct von T fällt, womit der obige Satz erwiesen ist. Hieraus folgt von selbst, dass $\{\Sigma A_n(z-a)^n\}^m$ eine Potenzreihe ist, die in demselben Umfange als $\Sigma A_n(z-a)^n$ convergirt.

§ 68. Charakter einer Function von einer Function. Convergirt die Reihe $f(\zeta) = \Sigma A_n\zeta^n$ so lange absolut, als $abs\,\zeta < R$ ist und ist $\varphi(z) = \Sigma B_n(z-a)^n$ eine Reihe von der Eigenschaft, dass $\Sigma\, abs(B_n(z-a)^n) < R$ ist so lange $abs(z-a) < \varrho$ ist, so erhält man, wenn man für ζ die Reihe $\Sigma B_n(z-a)^n$ einsetzt, und nach Potenzen von $z-a$ ordnet, eine Potenzreihe die so lange convergirt, als $abs(z-a) < \varrho$ ist, und es hat also in diesem Umfange $f(\varphi(z))$ den Charakter einer ganzen Function.

Nach dem vorigen Paragraphen ist

$$(\Sigma B_n(z-a)^n)^m = C_{m0}+C_{m1}(z-a)+C_{m2}(z-a)^2+\ldots+C_{mn}(z-a)^n+\ldots$$

so lange absolut convergent, als $abs(z-a) < \varrho$ ist und der Werth dieser Reihe ist dem absoluten Betrage nach kleiner, höchstens gleich R^m. Die Doppelreihe

$$\begin{array}{l} A_0+A_1B_0+A_1B_1(z-a)+A_1B_2(z-a)^2+\ldots \\ \quad +A_2C_{20}+A_2C_{21}(z-a)+A_2C_{22}(z-a)^2+\ldots \\ \quad +A_3C_{30}+A_3C_{31}(z-a)+A_3C_{32}(z-a)^2+\ldots \\ \quad +\ldots\ldots\ldots\ldots\ldots \end{array}$$

convergirt, wenn man die Reihe horizontal summirt, selbst dann noch, wenn man für jeden Term den absoluten Betrag setzt, wenn nur $abs(z-a) < \varrho$ ist, sie ist also absolut convergent, und convergirt bei vertikaler Summation gegen denselben Werth, wie bei horizontaler. Bei vertikaler Summation verwandelt sie sich aber in eine nach Potenzen von $z-a$ fortschreitende Reihe, deren Coefficienten zwar selbst unendliche Reihen sind, aber bestimmte Werthe haben. Die Summe hat also im Gebiete $abs(z-a) < \varrho$ den Charakter einer ganzen Function.

Fehlt in der Reihe $\varphi(z) = \Sigma B_n(z-a)^n$ das erste Glied B_0, ist sie von der Form $(z-a)(B_1+B_2(z-a)+\ldots)$, so lässt sich die Forderung, dass $abs(B_1(z-a))+abs(B_2(z-a)^2)+\ldots < R$ sei, in einem Gebiete $abs(z-a) < \varrho$ stets erfüllen, wenn man ϱ klein genug nimmt, denn man kann $abs(z-a)$ so klein nehmen, dass die Summe der absoluten Beträge der Reihenterme beliebig klein wird, es hat dann in diesem Gebiete $f(\varphi(z))$ gewiss den Charakter einer ganzen Function. Auch ist die Coefficientenbildung der Reihe $f(\varphi(z))$ in diesem Falle eine besonders einfache, weil die Terme der Reihe $A_m(\sum\limits_{1(n)}^{\infty} B_n(z-a)^n)^m$ wohl einen Beitrag zu den Coefficienten von $(z-a)^m$, $(z-a)^{m+1}$, .. in $f(\varphi(z))$ liefern, aber keinen Beitrag zu den Coefficienten von $(z-a)^{m-1}$, $(z-a)^{m-2}$, .., $(z-a)^0$.

Hierher gehört auch die Division. Ist $f(z) = A_0+A_1(z-a)+A_2(z-a)^2+\ldots$, $\varphi(z) = -\sum\limits_{1(n)}^{\infty}\frac{A_n(z-a)^n}{A_0}$, und ist A_0 von Null verschieden, so ist

$$1:f(z) = \frac{1}{A_0}(1+\varphi(z)+(\varphi(z))^2+\ldots+(\varphi(z))^m+\ldots),$$

und die Function hat in der Umgebung des Punctes a den Charakter einer ganzen Function. Dies hat nicht statt, wenn A_0 Null ist.

Bemerkung. In den durch Potenzreihen definirten Functionen kommen nur die vier Species, Addition, Subtraktion, Multiplication, Division zur Anwendung, man kann deshalb keine neue Rechnungsart auf eine solche Function gründen wenigstens würde man da etwas Ueberflüssiges thun.

§ 69. Der Abel-Dirichlet'sche Satz. Sind $a_1, a_2, \ldots, a_n, \ldots$ reelle Zahlen und ist $s_n = a_0+a_1+a_2+a_3+\ldots+a_n$, und $\lim s_n = s$ eine endliche Zahl, d. h., ist

$$s = a_0+a_1+a_2+a_3+\,.\,.\,+a_n+\,.\,.$$

eine convergente Reihe, so ist auch

$$f(x) = a_0+a_1x+a_2x^2+\,.\,.\,+a_nx^n+\,.\,.$$

eine convergente Reihe für alle x, (wir beschränken uns auf reelle Werthe) zwischen 0 und 1. Alsdann ist $f(1-0) = s$. Dabei darf die Reihe s, wenn sie nicht absolut convergent ist, nicht umgeordnet werden.

Zum Beweise brauchen wir den Hilfsatz. Ist n die grösste in $1:\sqrt{\varepsilon}$ enthaltene ganze Zahl, so kann man ε so klein, oder n so gross machen, dass $(1-\varepsilon)^n-1$ beliebig klein wird. Es ist nämlich (vgl. § 29.)

$$1 > (1-\varepsilon)^2 > 1-2\varepsilon,\quad 1 > (1-\varepsilon)^3 > (1-2\varepsilon)(1-\varepsilon) > 1-3\varepsilon,\quad .\,.,\quad 1 > (1-\varepsilon)^n > 1-n\varepsilon,$$

oder $0 > (1-\varepsilon)^n-1 > n.\varepsilon$, $n\varepsilon \leqq \varepsilon:\sqrt{\varepsilon}$; $n\varepsilon \leqq \sqrt{\varepsilon}$ wird also mit ε beliebig klein, womit das Lemma erwiesen ist.

Es ist, so lange $x < 1$ ist, identisch

$$f(x) = s_0+(s_1-s_0)x+(s_2-s_1)x^2+\,.\,.\,+(s_n-s_{n-1})x^n+\,.\,.$$
$$= (1-x)\,(s_0+s_1x+s_2x^2+\,.\,.\,+s_nx^n+\,.\,.).$$

Nehmen wir nun n so gross, dass $s_n, s_{n+1}, s_{n+2}, .\,.$ sämmtlich von s um weniger als σ verschieden sind, und setzen dann $\varepsilon \leqq 1:nn$, so ist

$$f(1-\varepsilon) = \varepsilon\,(s_0+s_1(1-\varepsilon)+\,.\,.\,+s_{n-1}(1-\varepsilon)^{n-1})+(1-\varepsilon)^n\,\varepsilon\,(s_n+s_{n+1}(1-\varepsilon)+s_{n+2}(1-\varepsilon)^2+\,.\,.),$$

und da sämmtliche Potenzen von $1-\varepsilon$ positiv sind, so finden wir (§ 15.) weiter

$$f(1-\varepsilon) = \varepsilon nK+(1-\varepsilon)^n\,\varepsilon\,(s\pm\xi\sigma)\,(1+(1-\varepsilon)+(1-\varepsilon)^2+\,.\,.) = \varepsilon nK+(s\pm\xi\sigma)\,(1-\varepsilon)^n,$$

wenn K ein Mittelwerth zwischen $s_0, s_1, .\,., s_{n-1}$, also endlich ist, und $s\pm\xi\sigma$ ein Mittelwerth zwischen der obern und untern Grenze der Zahlen $s_n, s_{n+1}, s_{n+2}, .\,., s_{n+m}, .\,.$, also ξ ein echter Bruch ist. Nun ist $\varepsilon n \leqq \sqrt{\varepsilon}$, $\varepsilon n = \eta\sqrt{\varepsilon}$, $(1-\varepsilon)^n = 1-\zeta\sqrt{\varepsilon}$, wenn η und ζ echte Brüche sind, und so folgt

$$f(1-\varepsilon) = s\pm\xi\sigma-s\zeta\sqrt{\varepsilon}\mp\xi\zeta\sigma\sqrt{\varepsilon}+\eta\sqrt{\varepsilon}K = s+\tau.$$

Die Zahl τ aber wird, wenn n gross genug und ε klein genug genommen werden, beliebig klein, so dass $f(1-0) = s$ sich ergiebt, w. z. b. w.

Der Satz bleibt offenbar auch bestehen, wenn $a_0, a_1, .\,., a_n, .\,.$ complexe Zahlen sind, man braucht dann nur die Reihe in ihre zwei Bestandtheile, eine reelle, und eine rein imaginäre Reihe zu zerlegen.

Liefert die Reihe $a_\alpha+a_\beta+a_\gamma+\,.\,.\,+a_\nu+\,.\,.$, welche aus denselben aber umgeordneten Termen besteht als $a_0+a_1+\,.\,.\,+a_n+\,.\,.$, einen von s verschiedenen Werth s', so definirt die Reihe

$$a_\alpha x^\alpha+a_\beta x^\beta+a_\gamma x^\gamma+\,.\,.\,+a_\nu x^\nu+\,.\,. = \varphi(x)$$

zwischen 0 und 1 einer Function $\varphi(x)$ vollständig. Diese ist an der Stelle 1 unstetig. Denn $\varphi(x)$ stimmt mit der zwischen 0 und 1 stetigen Function $f(x)$, so lange $x < 1$ ist, völlig überein (§ 18), für $x = 1$ ist sie aber von $f(x)$ verschieden.

Die Exponentialfunction und die Trigonometrischen Functionen.

§ 70. Functionalgleichung der Exponentialfunction. Sind m und n ganze positive oder negative Zahlen, so besteht die Gleichung $a^n.a^m = a^{n+m}$ oder wenn man $a^z = f(z)$ setzt, so besteht die Functionalgleichung

$$f(z).f(t) = f(z+t)$$

für ganze z und t. Die Frage liegt nahe zu untersuchen, ob es möglich ist, eine Function der complexen Veränderlichen z anzugeben, die diese Functionalgleichung befriedigt, und die also die ganze Potenz als einen speciellen Fall des Werthes der Veränderlichen einer allgemeinern Function enthält.

Als Function der complexen Veränderlichen z muss sie irgendwo, nach dem Begriffe solcher Functionen, in eine Potenzreihe entwickelbar sein, etwa im Puncte z_0, so dass $f(z) = \Sigma A_n(z-z_0)^n$ ist. Giebt es für keinen Punct z_0, eine solche Entwickelung, so giebt es keine Function von den verlangten Bedingungen. — Setzt man $z-z_0 = z'$, $z = z'+z_0$, so wird

$$f(z) = f(z'+z^0) = f(z_0).f(z') = \Sigma A_n z'^n,$$

$$f(z') = \frac{1}{f(z_0)}.\Sigma A_n z'^n.$$

Ersetzen wir wieder z' durch z, und bemerken, dass $1:f(z_0)$ eine Constante ist, so folgt hieraus, dass wenn eine Function $f(z)$ von den geforderten Eigenschaften existirt, sie in der Umgebung des Punctes Null den Charakter einer ganzen Function haben muss, d. h. nach Potenzen von z entwickelbar sein muss. Umgekehrt schliessen wir auch leicht, dass diese Function, wenn sie existirt, überall, für jeden Werth von z den Charakter einer ganzen Function haben muss, denn die Function $f(z_0+\overline{z-z_0}) = f(z_0).f(z-z_0)$ muss nach Potenzen von $z-z_0$ entwickelbar sein, was auch z_0 sein mag. Auch kann $f(z)$ für keinen Werth von z verschwinden, wenn diese Function nicht identisch Null ist. Denn wäre $f(z_0) = 0$ für irgend einen Werth von z_0, so wäre $f(z) = f(z_0).f(z-z_0) = 0$ für jedes z.

Aus der Gleichung $f(z).f(0) = f(z)$ folgt $f(0) = 1$, $f(z).f(-z) = 1$.

§ 71. Die Exponentialreihe. Setzen wir nun $f(z) = \Sigma A_n z^n$, oder da $A_0 = f(0) = 1$ ist,

$$f(z) = 1+A_1z+A_2z^2+\ ..\ +A_nz^n+\ ..,$$

so erhalten wir durch Reihenmultiplication

$$f(z).f(t) = (1+A_1z+A_2z^2+\ ..\ +A_nz^n+\ ..)\ (1+A_1t+A_2t^2+\ ..\ +A_nt^n+\ ..)$$

$$= 1+A_1z+A_1t+A_2z^2+A_1A_1zt+A_2t^2+\ ..+A_nz^n+A_{n-1}A_1z^{n-1}t+\ ..+A_{n-k}A_kz^{n-k}t^k+\ ..\ +A_nt^n+\ ..,$$

und dies ist gleich

$$f(z+t) = 1+A_1(z+t)+A_2(z+t)^2+\ ..\ +A_n(z+t)^n+\ ..$$

$$= 1+A_1z+A_1t+A_2z^2+2A_2zt+A_2t^2+\ ..\ +A_nz^n+A_nnz^{n-1}t+\ ..\ +A_nn_kz^{n-k}t^k+\ ..\ +A_nt^n+\ ..,$$

wenn $n_k = n(n-1)\ ..\ (n-k+1):k!$ ist. Vergleicht man in diesen beiden verschiedenen Entwickelungen derselben Function die Coefficienten gleich hoher Potenzen (nach der Methode der unbestimmten Coefficienten § 62) und Produkte von Potenzen von z und t, so ergiebt sich

$$A_nn_k = A_{n-k}A_k,$$

also $A_1A_1 = 2A_2$, $A_2A_1 = 3A_3$, $A_3A_1 = 4A_4$, .. $A_{n-1}A_1 = nA_n$, woraus durch Multiplication folgt

$$A_n = A_1^n:n! = a^n:n!,$$

wenn wir $A_1 = a$ setzen. Tragen wir diesen Werth von A_n in die Gleichung $A_nn_k = A_{n-k}A_k$ ein, so ergiebt sich

$$\frac{a^n}{n!}\frac{n(n-1)\ ..\ (n-k+1)}{k!} = \frac{a^{n-k}}{(n-k)!}\cdot\frac{a^k}{k!},$$

was offenbar eine Identität ist, so dass also die aus der Methode der unbestimmten Coefficienten sich ergebenden Gleichungen sämmtlich miteinander verträglich sind, einander nicht widersprechen, vielmehr eine Grösse A_1 unbestimmt lassen, wofür wir den Buchstaben a einführten. Es ist also

$$f(z) = 1+az+\frac{(az)^2}{1.2}+\frac{(az)^3}{1.2.3}+\ ..\ +\frac{(az)^n}{n!}+\ ..$$

und diese Reihe ist für jeden Werth von z absolut convergent, so dass die Reihe in der ganzen z-Ebene den Charakter einer ganzen Function hat, und es ist $f(z)$ durch eine einzige Reihenentwickelung überall dargestellt.*) Die Function $f(z)$ mit den verlangten Eigenschaften existirt, der Parameter a, den sie enthält, geht so in die Function ein, dass dieselbe ungeändert bleibt, wenn sich az nicht ändert, worauf bei der Bezeichnung dieser Function Rücksicht genommen werden kann. Man setzt dafür e^{az}, so dass also die Gleichung statt hat

$$e^{az} = 1 + \frac{az}{1} + \frac{a^2z^2}{1.2} + \,.\,.\, + \frac{a^n . z^n}{1.2.3\,.\,.\,n} + \,.\,.$$

Die Anlehnung dieser Bezeichnung an die der Potenzen empfiehlt sich deshalb, weil für ganze z in der That

$$e^{az} = (e^a)^z, \quad f(z) = (f(1))^z$$

ist, wie aus der Functionalgleichung unmittelbar hervorgeht.

Die Eigenschaft $e^{a(z+t)} = e^{az} . e^{at}$, also die definirende Functionalgleichung in anderer Schreibweise, nennt man das Additionstheorem der Exponentialfunction.

§ 72. Irrationalität der Zahl e. Da die Function e^{az} eine Function des Produktes az ist, so wird man für die weitere Untersuchung für az zunächst einen Buchstaben setzen können, ohne die Allgemeinheit zu beschränken, oder was dasselbe ist, man kann zunächst Eins für a annehmen, die Exponentialfunction e^z untersuchen. Es ist

$$e^z . e^t = e^{z+t}, \quad e^{-z} = 1 : e^z$$

für jedes z und t. Für $z = 1$ ist

$$e^1 = e = 1 + 1 + \frac{1}{1.2} + \frac{1}{1.2.3} + \,.\,.\, + \frac{1}{n!} + \,.\,.$$

und es ist diese Zahl irrational. Wäre nämlich $e = p : q$, und wären p und q ganze theilerfremde Zahlen, so wäre

$$e . q! = p . (q-1)! = q!\left(1 + 1 + \frac{1}{2!} + \frac{1}{3!} + \,.\,.\, + \frac{1}{q!}\right) + \frac{1}{q+1} + \frac{1}{(q+1)(q+2)} + \frac{1}{(q+1)(q+2)(q+3)} + \,.\,.$$

Nun ist aber $q!\left(1 + 1 + \frac{1}{2!} + \,.\,.\, + \frac{1}{q!}\right) = G$ eine ganze Zahl und

$$\frac{1}{q+1}\left(1 + \frac{1}{q+1} + \frac{1}{(q+1)(q+2)} + \,.\,.\right) < \frac{1}{q+1}\left(1 + \frac{1}{(q+1)^2} + \frac{1}{(q+1)^3} + \,.\,.\right),$$

also kleiner als $1 : q$. Es müsste demnach die ganze Zahl $p . (q-1)!$ einer ganzen Zahl plus einem echten Bruche gleich sein. Der Werth von e liegt zwischen 2 und 3 und die Zahl

$$e = 2{,}718\,281\,828\,459\,.\,.$$

ist ein Näherungswerth, der sie für 12 Decimalen richtig angiebt. Herrn Hermite ist es gelungen, nachzuweisen, dass diese Zahl keiner algebraischen Gleichung von beliebig hohem Grade mit ganzzahligen Coefficienten Genüge leisten kann, dass sie also eine transcendente Zahl ist. Gleiches von der Ludolph'schen Zahl π zu beweisen ist bisher noch nicht gelungen.

§ 73. Verlauf von e^z für reelle z. Die Function e^z ist für reelle Werthe von z stets reell, und nimmt mit z stetig zu. Lässt man die reelle Zahl x von $x = 0$ zunehmen, so nimmt die Function e^x jeden Werth zwischen 1 und ∞ (d. h. zwischen Eins und jeder noch so grossen positiven Zahl) einmal und nur einmal an. Dass die Function jeden Werth annimmt, folgt, weil sie wie jede durch eine Potenzreihe definirte Function stetig ist, aus § 44, dass sie ihn nur einmal annimmt, folgt daraus, dass

$$e^x > e^{x'}$$

ist, wenn $x > x'$ ist. Denn es ist ja jeder einzelne Term der Exponentialreihe $x^n : n! > x'^n : n!$, wenn $x > x'$ ist.

Für negative Werthe des Exponenten folgt aus der Gleichung $e^{-x} = 1 : e^x$, dass die Function

*) Bei den meisten allgemeinen Untersuchungen, die sich auf ein Gebiet T bezogen, wurde dies als endlich vorausgesetzt, wenn nun hier die ganze Ebene als ein solches Gebiet T auftritt, so ist dies so aufzufassen, dass die Sätze für jedes noch so grosse bestimmte Stück der Ebene gelten.

mit wachsendem x stetig abnimmt, und sich der Null mehr und mehr nähert, $\lim e^{-x} = 0$ $(x = -\infty)$.*) Demnach nimmt e^x für negative x jeden Werth zwischen 0 und 1 (0 im Grunde ausgeschlossen) einmal und nur einmal an. Es nimmt mithin e^x für reelle x jeden Werth zwischen 0 und ∞ einmal und nur einmal an. Die Gleichung $e^x = A$, wenn A eine positive reelle Zahl ist, lässt eine und nur eine reelle Lösung zu, diese Zahl x nennt man den Logarithmus von A, mit dem wir uns im folgenden Kapitel ausführlich beschäftigen. Hier hat man schon den Satz, dass jede positive reelle Zahl einen und nur einen reellen Logarithmus besitzt.

Ist m eine ganze positize Zahl, so wächst der Quotient $e^x : x^m$ mit zunehmenden x über alle Grenzen, wie gross m auch sein mag. Denn es ist

$$\frac{e^x}{x^m} = \frac{1}{x^m} + \frac{1}{x^{m-1}} + \frac{1}{2!.x^{m-2}} + \ldots + \frac{1}{(m-1)!.x} + \frac{1}{m!} + \frac{x^2}{(m+1)!} + \frac{x^2}{(m+2)!} + \ldots,$$

welcher Ausdruck aus zwei Theilen besteht. Der erste bis $1:m!$ hin nähert sich für wachsende x dem Werthe $1:m!$, der zweite Theil aber wächst offenbar über alle Grenzen.

§ 74. Der absolute Betrag von e^z. Ist die complexe Zahl z gleich $x+yi$, so ist nach dem Additionstheorem

$$e^z = e^{x+yi} = e^x . e^{yi}, \quad abs\, e^z = e^x . abs\, e^{yi}.$$

Um also den absoluten Betrag von e^z zu finden, müssen wir den von e^{yi} aufsuchen. Nun ist

$$i^2 = -1,\ i^3 = -i,\ i^4 = 1,\ i^5 = i,\ i^6 = -1,\ i^7 = -i,\ i^8 = 1, \ldots$$
$$\ldots, i^{4n} = 1,\ i^{4n+1} = i,\ i^{4n+2} = -1,\ i^{4n+3} = -i,\ i^{4n+4} = 1, \ldots,$$

und also

$$e^{yi} = 1 + yi - \frac{y^2}{1.2} - \frac{y^3 i}{3!} + \frac{y^4}{4!} + \ldots + \frac{y^{4n}}{(4n)!} + \frac{y^{4n+1} i}{(4n+1)!} - \frac{y^{4n+2}}{(4n+2)!} - \frac{y^{4n+3} i}{(4n+3)!} + \frac{y^{4n+4}}{(4n+4)!} + \ldots,$$

oder wenn wir zur Abkürzung

$$\cos y = 1 - \frac{y^2}{2!} + \frac{y^4}{4!} - \frac{y^6}{6!} + \frac{y^8}{8!} - \frac{y^{10}}{10!} + \ldots,$$

$$\sin y = y - \frac{y^3}{3!} + \frac{y^5}{5!} - \frac{y^7}{7!} + \frac{y^9}{9!} - . + \ldots,$$

(gelesen *cosinus y*, *sinus y*) setzen

$$e^{yi} = \cos y + i \sin y, \quad \cos y = \tfrac{1}{2}(e^{yi} + e^{-yi}), \quad \sin y = \frac{1}{2i}(e^{yi} - e^{-yi}) = -\tfrac{1}{2} i (e^{yi} - e^{-yi}).$$

Der absolute Betrag von e^{yi} ist demnach

$$abs\, e^{yi} = \cos^2 y + \sin^2 y = \tfrac{1}{4}\{(e^{yi} + e^{-yi})^2 - (e^{yi} - e^{-yi})^2\} = \tfrac{1}{4}\{(e^{2yi} + 2 + e^{-2yi}) - (e^{2yi} - 2 + e^{-2yi})\} = 1.$$

und der absolute Betrag von e^z

$$abs\, e^z = abs\, e^{x+yi} = e^x.$$

§ 75. Die Functionen sinus und cosinus. Die im vorigen Paragraphen zur Abkürzung eingeführten Zeichen sinus und cosinus gewinnen durch ihr häufiges Vorkommen in der angewandten Mathematik eine solche Bedeutung, dass es nützlich ist sie als selbständige Functionen der complexen Veränderlichen z anzusehen, die durch die überall convergenten Potenzreihen

$$\sin z = z - \frac{z^3}{3!} + \frac{z^5}{5!} - \frac{z^7}{7!} + \ldots, \qquad \cos z = 1 - \frac{z^2}{2!} + \frac{z^4}{4!} - \frac{z^6}{6!} + \ldots$$

definirt werden. Da auch für complexe z die Gleichungen bestehen,

$$\cos z = \tfrac{1}{2}(e^{zi} + e^{-zi}), \quad \sin z = \frac{1}{2i}(e^{zi} - e^{-zi}),$$

*) Setzt man vor ∞ das Zeichen +, so soll ∞ eine Zahl bedeuten, die über alle Grenzen gross positiv reell zu machen ist, ebenso bedeutet $-\infty$ eine Zahl die über alle Grenzen gross negativ zu machen ist.

so besteht auch die Gleichung*)

$$sin^2 z + cos^2 z = 1$$

allgemein.

Die Specialwerthe

$$cos\, 0 = 1, \quad sin\, 0 = 0$$

fliessen unmittelbar aus der Ansicht der definirenden Reihen. Auch lehren diese Reihen, dass diese beiden Functionen überall den Charakter ganzer Functionen haben und überall stetig sind. Ist x eine reelle Zahl, und setzt man

$$cos\, x = 1 - \frac{x^2}{1.2} + \frac{x^4}{4!}\left(1 - \frac{x^2}{5.6}\right) + \frac{x^6}{6!}\left(1 - \frac{x^2}{7.8}\right) + \ldots,$$

so erkennt man leicht, dass diese Function jedenfalls positiv ist, so lange $0 \leqq x \leqq \sqrt{2}$ ist. Während die Cosinusreihe für $x = 2$ den Werth

$$-1 + \frac{16}{24}\left(1 - \frac{4}{5.6} + \frac{4^2}{5.6.7.8} - \frac{4^3}{5.6.7.8.9.10} + \ldots\right)$$

hat, der negativ ist. Es muss demnach $cos\, x$ (§ 44) den Werth Null mindestens für einen reellen Werth von x zwischen $\sqrt{2}$ und 2 annehmen. Dieser Werth, oder der kleinste von ihnen, wenn mehrere vorhanden sein sollten werde mit $\frac{1}{2}\pi$ bezeichnet, so dass $cos\, \frac{1}{2}\pi = 0$ ist. Wegen $cos^2 \frac{1}{2}\pi + sin^2 \frac{1}{2}\pi = 1$ muss $sin\, \frac{1}{2}\pi = \pm 1$ sein. Das Vorzeichen ist noch zu bestimmen. Schreiben wir

$$sin\, x = x\left(1 - \frac{x^2}{3!}\right) + \frac{x^5}{5!}\left(1 - \frac{x^2}{6.7}\right) + \frac{x^9}{9!}\left(1 - \frac{x^2}{10.11}\right) + \ldots,$$

so erkennen wir, dass $sin\, x$ für positive reelle x positiv ist, so lange $x \leqq \sqrt{6}$ ist, welche Zahl > 2 ist, weshalb $sin\, \frac{1}{2}\pi = 1$ sein muss.

Da noch

$$cos\, z = cos(-z) \quad \text{eine sogenannte gerade Function}$$
$$sin\, z = -sin(-z) \quad \text{eine sogenannte ungerade Function}$$

von z ist, so haben wir jetzt

$$cos\, \tfrac{1}{2}\pi = 1, \quad cos(-\tfrac{1}{2}\pi) = -1, \quad sin\, \tfrac{1}{2}\pi = 0, \quad sin(-\tfrac{1}{2}\pi) = -1.$$

§ 76. Das Additionstheorem der ganzen trigonometrischen Functionen. Die Functionen sinus und cosinus wollen wir als ganze trigonometrische Functionen bezeichnen, weil sie überall den Charakter einer solchen haben. Aus der Gleichung

$$e^{ti} \cdot e^{zi} = e^{(t+z)i}$$

ergiebt sich

$$(cos\, t + i\, sin\, t)(cos\, z + i\, sin\, z) = (cos\, t\, cos\, z - sin\, t\, sin\, z) + i(sin\, t\, cos\, z + cos\, t\, sin\, z) = cos(t+z) + i\, sin(t+z).$$

Sind z unt t reelle Zahlen, so sind $cos\, t$, $sin\, t$, $cos\, z$, $sin\, z$ ebenfalls reell, und die letzte Gleichung zerfällt in zwei Gleichungen, weil die reellen Theile für sich und die imaginären Theile für sich gleich sein müssen, so dass also

$$cos(t+z) = cos\, t\, cos\, z - sin\, t\, sin\, z, \quad sin(t+z) = sin\, t\, cos\, z + cos\, t\, sin\, z$$

sein muss. Diese Gleichungen sind aber Beziehungen zwischen Potenzreihen, die sich nach Potenzen von t und z ordnen lassen. Nach der Methode der unbestimmten Coefficienten müssen daher diese Beziehungen, wenn sie für alle reellen t und z gelten, auch für alle complexen t und z richtig sein. Diese Gleichungen lehren, wie man $f(t+z)$ durch $f(t)$ und $f(z)$ ausdrückt, wenn f entweder der sinus oder der cosinus ist. Eine Gleichung, welches dies für irgend eine Function leistet, heisst das Additionstheorem dieser Function. Für die trigonometrischen Functionen sind diese Additionstheoreme in den Gleichungen

$$cos(t+z) = cos\, t\, cos\, z - \sqrt{1-cos^2 t} \cdot \sqrt{1-cos^2 z}, \quad sin(t+z) = sin\, t\sqrt{1-sin^2 z} + sin\, z\sqrt{1-sin^2 t}$$

---

*) Trotz Gauss's Protest hat sich die Schreibweise $sin^2 x$ für $(sin\, x)^2$ immermehr eingebürgert.

enthalten, wofür jedoch in der Regel die obige Schreibweise eintritt in der $\sqrt{1-\cos^2 t}$ durch $\sin t$, $\sqrt{1-\sin^2 t}$ durch $\cos t$ ersetzt ist, was noch den Vortheil hat, dass die Doppeldeutigkeit der Wurzel nicht darin enthalten ist.

Durch Specialisirung der Werthe t und z im Additionstheorem erhalten wir wichtige Formeln. Setzt man darin zuerst $-z$ für z so gewinnt man noch die allgemeinen Formeln

$$\cos(t-z) = \cos t \cos z + \sin t \sin z, \quad \sin(t-z) = \sin t \cos z - \cos t \sin z.$$

Wird t durch $\frac{1}{2}\pi$ und z einmal durch $-z$ ersetzt, ein andermal gleich z gelassen, so folgt

$$\cos(\tfrac{1}{2}\pi-z) = \sin z, \quad \sin(\tfrac{1}{2}\pi-z) = \cos z, \quad \cos(\tfrac{1}{2}\pi+z) = -\sin z, \quad \sin(\tfrac{1}{2}\pi+z) = \cos z.$$

Wird im Additionstheoreme t durch z ersetzt, so erhalten wir

$$\cos^2 z-\sin^2 z = \cos 2z, \quad 2\sin z \cos z = \sin 2z, \quad 1+\cos z = 2\cos^2 \tfrac{1}{2}z, \quad 1-\cos z = 2\sin^2 \tfrac{1}{2}z.$$

Und setzt man hierin $\frac{1}{2}\pi$ für z, so ergiebt sich

$$\cos\pi = \cos^2 \tfrac{1}{2}\pi-\sin^2 \tfrac{1}{2}\pi = -1, \quad \sin\pi = 2\sin\tfrac{1}{2}\pi \cos\tfrac{1}{2}\pi = 0.$$

Setzen wir $\frac{1}{4}\pi$ für z in der Gleichung $\cos(\frac{1}{2}\pi-z) = \sin z$, so finden wir

$$\cos\tfrac{1}{4}\pi = \sin\tfrac{1}{4}\pi, \quad \cos^2\tfrac{1}{4}\pi+\sin^2\tfrac{1}{4}\pi = 1, \quad \cos\tfrac{1}{4}\pi = \sin\tfrac{1}{4}\pi = \sqrt{\tfrac{1}{2}},$$

wo die Wurzel positiv zu nehmen ist.

§ 77. Periodicität der trigonometrischen Functionen. Setzen wir im Additionstheorem $n\pi$ für t und π für z, so erhalten wir

$$\cos(n+1)\pi = \cos n\pi \cos\pi = -\cos n\pi, \quad \sin(n+1)\pi = \sin n\pi \cos\pi = -\sin n\pi,$$

woraus mittels des Schlusses von n auf $n+1$, wenn n eine ganze Zahl ist, folgt

$$\cos n\pi = (-1)^n, \quad \sin n\pi = 0, \quad \cos(-n\pi) = (-1)^n, \quad \sin(-n\pi) = 0.$$

Setzen wir ebenso $t = n\pi$, $z = \frac{1}{2}\pi$, so folgt

$$\cos\left(\frac{2n+1}{2}\pi\right) = 0, \quad \sin\frac{2n+1}{2}\pi = (-1)^n.$$

wobei n positiv oder negativ sein kann. Setzen wir ferner $\pm n\pi$ für t, während z eine beliebige Zahl ist, so haben wir

$$\cos(z\pm n\pi) = (-1)^n \cos z, \quad \sin(z\pm n\pi) = (-1)^n \sin z,$$

woraus der Satz entspringt, die Functionen sinus z und cosinus z bleiben ungeändert, wenn man die Veränderliche z um ein ganzes Multiplum von 2π vermehrt oder vermindert. Die Zahl 2π wird Modul der Periodicität genannt. Endlich liefert das Additionstheorem noch die wichtigen Gleichungen

$$\cos((2n+1)\pi-z) = \cos(\pi-z) = -\cos z, \quad \sin((2n+1)\pi-z) = \sin(\pi-z) = \sin z.$$

§ 78. Verlauf der ganzen trigonometrischen Functionen für reelle Veränderliche. Wir bestimmten π dadurch, dass $\frac{1}{2}\pi$ die kleinste positive reelle Wurzel der Gleichung $\cos z = 0$ sein sollte. Die Zahl $\frac{1}{2}\pi$ lag zwischen $\sqrt{2}$ und 2. Es fragt sich, ob es zwischen $\sqrt{2}$ und 2 noch eine zweite Wurzel dieser Gleichung etwa $\frac{1}{2}\pi'$, $(\pi' > \pi)$ giebt. Nein! Denn wäre $\cos\frac{1}{2}\pi' = 0$, so wäre auch $\sin\frac{1}{2}\pi' = 1$, $\sin\pi' = 0$, in Folge der nämlichen Schlüsse, welche lehrten, dass $\sin\frac{1}{2}\pi = 0$ sei. Nun würde

$$\sin(\pi'-\pi) = \sin\pi' \cos\pi + \cos\pi' \sin\pi = 0$$

sein. Da π' ebenso wie π zwischen $2\sqrt{2}$ und 4 liegt, so ist $\pi'-\pi < 4-2\sqrt{2}$, $\pi'-\pi < 2$. Für einen solchen Werth von x ist aber, wie wir sahen, $\sin x$ positiv und von Null verschieden. Demnach giebt es nur eine Lösung der Gleichung $\cos x = 0$ zwischen $\sqrt{2}$ und 2.

Da man es mit stetigen Functionen zu thun hat, die für reelle Werthe der Veränderlichen reell sind, so findet man jetzt leicht, dass

zwischen	0 und $\frac{1}{2}\pi$,	$\frac{1}{2}\pi$ und π,	π und $\frac{3}{2}\pi$,	$\frac{3}{2}\pi$ und 2π,
$\cos x$	positiv,	negativ,	negativ,	positiv,
$\sin x$	positiv,	positiv,	negativ,	negativ

ist. Für alle übrigen reellen Werthe von x ergiebt sich das Vorzeichen dieser Functionen aus ihrer Periodicität. Die Maxima und Minima derselben sind $+1$ und -1. Das Intervall von 0 bis $\frac{1}{2}\pi$ nennt man den ersten, von $\frac{1}{2}\pi$ bis π den zweiten, von π bis $\frac{3}{2}\pi$ den dritten und von $\frac{3}{2}\pi$ bis 2π den vierten Quadranten der Periode 2π.

Setzt man $\cos x = a$, und ist a reell und absolut genommen < 1, so giebt es zwischen 0 und π nur einen Werth von x für welchen diese Gleichung erfüllt ist. — Um dies zu beweisen, leiten wir aus dem Additionstheoreme erst noch ein paar sehr brauchbare Formeln ab. Die Additionstheoreme liefern die Gleichungen

$$\cos(u+v) + \cos(u-v) = 2\cos u \cos v, \quad \cos(u+v) - \cos(u-v) = -2\sin u \sin v,$$
$$\sin(u+v) + \sin(u-v) = 2\sin u \cos v, \quad \sin(u+v) - \sin(u-v) = 2\sin v \cos u.$$

Schreibt man hierin t für $u+v$, z für $u-v$, woraus

$$u = \tfrac{1}{2}(t+z), \quad v = \tfrac{1}{2}(t-z)$$

folgt, so erhält man die Beziehungen

$$\cos t + \cos z = 2\cos\tfrac{1}{2}(t+z)\cos\tfrac{1}{2}(t-z), \quad \cos t - \cos z = 2\sin\tfrac{1}{2}(t+z)\sin\tfrac{1}{2}(z-t),$$
$$\sin t + \sin z = 2\sin\tfrac{1}{2}(t+z)\cos\tfrac{1}{2}(t-z), \quad \sin t - \sin z = 2\sin\tfrac{1}{2}(t-z)\cos\tfrac{1}{2}(t+z).$$

Nun seien x' und x zwei zwischen 0 und π liegende Werthe, für welche der cosinus gleich a wäre, und es sei $x' > x$. Dann würde

$$\cos x' - \cos x = -2\sin\tfrac{1}{2}(x'+x)\sin\tfrac{1}{2}(x'-x) = 0$$

sein. Es ist aber $\frac{1}{2}(x'-x)$ sowohl, als auch $\frac{1}{2}(x'+x)$ unter der gemachten Voraussetzung kleiner als π, und von 0 verschieden, mithin ist sowohl $\sin\frac{1}{2}(x+x')$ als auch $\sin\frac{1}{2}(x'-x)$ positiv, und es kann $\cos x' - \cos x$ nicht 0, $\cos x'$ nicht gleich $\cos x$ sein. Es kann nur **eine** Wurzel der Gleichung $\cos x = a$ zwischen 0 und π geben.

Da $\cos 0 = 1$, $\cos\frac{1}{2}\pi = 0$, $\cos\pi = -1$ ist, so folgt nebenbei aus dem Umstande, dass jeder Werth nur **einmal** angenommen wird noch, dass mit wachsendem x der cosinus in den beiden ersten Quadranten von 1 bis -1 stets (und stetig) abnimmt. Der sinus aber nimmt im ersten Quadranten stets (und stetig) von 0 bis 1 zu, im zweiten von 1 bis 0 ab. Die Eigenschaften des Zu- und Abnehmens im weiteren Verlauf dieser Functionen werden durch ihre Periodicität völlig bestimmt.

79. **Periodicität der Exponentialfunction. Werthe für complexe Veränderliche.** Die Function e^z ist periodisch und hat den Periodicitäsmodul $2i\pi$, d. h. sie bleibt ungeändert, wenn z um ein ganzes Multiplum von $2i\pi$ vermehrt oder vermindert wird. Es ist nämlich

$$e^{z \pm 2n i\pi} = e^z . e^{\pm 2i\pi} = e^z(\cos 2n\pi \pm i \sin 2n\pi) = e^z.$$

Die Vorzeichen entsprechen sich. Damit ist die Periodicität erwiesen. Man erkennt ebenso leicht die Richtigkeit der Gleichungen

$$e^{z \pm n\pi i} = (-1)^n e^z, \quad e^{z + \frac{1}{2}n\pi i} = i^n . e^z.$$

Die Gleichung $e^z = a$, wenn a eine beliebige complexe von Null verschiedene Zahl ist, hat unendlich viele Lösungen, die alle um ganze Multipla von $2i\pi$ von einander verschieden sind. In der That, ist z_0 ein Werth von z, welcher die Gleichung $e^{z_0} = a = \alpha + \beta i$ erfüllt, so erfüllt auch jeder Werth von der Form $z_0 + 2ni\pi$ dieselbe Gleichung. Es ist aber zu zeigen, dass überhaupt ein solcher Werth z_0 existirt. — Soll $e^z = a$ sein, und ist $z = x + yi$, so muss $abs\, e^z = e^x = abs\, a$ sein, und diese Gleichung hat, so lange a von Null verschieden ist stets (§ 73) eine und nur eine Lösung. Es sei $e^{x_0} = abs\, a$, so ist noch y so zu bestimmen, dass

$$e^{yi} = \cos y + i \sin y = a : abs\, a = (\alpha : abs\, a) + i(\beta : abs\, a)$$

wird. Ist nun y_0 eine Zahl zwischen 0 und π, und es giebt immer eine und nur eine solche, weil $\alpha : abs\, a$ absolut genommen kleiner als Eins ist, für welche $\cos y_0 = \alpha : abs\, a$ ist, so ist $\sin \pm y_0 = \pm \sin y_0 = \beta : abs\, a$, wo das obere oder untere Zeichen zu nehmen ist, je nachdem β positiv oder negativ ist. Der Gleichung

$$e^{yi} = (\alpha+\beta i) : abs\, a$$

genügt also, da $\cos y_0 + i \sin y_0 = e^{y_0 i}$, $\cos y_0 - i \sin y_0 = e^{-y_0 i}$ ist, wenn β positiv ist eine positive, wenn β negativ ist eine negative Zahl y_0, die absolut genommen kleiner oder gleich π ist, und es ist $z_0 = x_0 + iy_0$ eine Zahl, welche für z gesetzt, die Gleichung $e^z = a$ befriedigt. Die Lösung dieser Gleichung, bei welcher der imaginäre Theil von z zwischen $-\pi i$ und $+\pi i$ liegt, soll eine oder die **Hauptlösung** genannt werden, weil es nur eine solche giebt. Wäre nämlich neben z_0, z'_0 eine zweite, so wäre ihr reeller Theil x_0, wie schon gezeigt wurde. Ist der imaginäre y'_0, so wäre weiter

$$e^{y_0 i} : e^{y'_0 i} = e^{(y_0 - y'_0)i} = 1 = \cos(y_0 - y'_0) + i \sin(y_0 - y'_0), \quad \cos(y_0 - y'_0) = 1, \quad \sin(y_0 - y'_0) = 0.$$

Diese Gleichungen werden aber für reelle Werthe von $y_0 - y'_0$ nur erfüllt, wenn $y_0 - y'_0$ Null oder ein gerades Multiplum von π ist. Im ersten Falle ist $z'_0 = z_0$ im zweiten sind sie um ein Multiplum von $2i\pi$ verschieden, und können daher nicht beide Hauptlösungen sein.

Da also die Gleichung $e^z = a$ stets lösbar ist, so kann jede Zahl a in die Form gebracht werden

$$a = abs\, a . (\cos\vartheta + i \sin\vartheta),$$

auf unendlich viele Arten, die sich aber nur in ϑ unterscheiden, und zwar um Multipla von 2π. Ist $-\pi < \vartheta \leqq \pi$, so wollen wir diese Darstellung die **Hauptdarstellung** von a durch ihren absoluten Betrag und ihren Winkel (ϑ) nennen.

§ 80. **Einige Sätze aus der Massgeometrie.** In dem Theile der Massgeometrie, welcher Trigonometrie genannt wird, wird das Loth, welches man von einem Puncte b einer Kreisperipherie, deren Radius Eins ist, auf einen Durchmesser fällt, der sinus des Centriwinkels genannt, welcher durch das Kreisbogenstück, das zwischen a, dem Endpuncte des Durchmessers, und b liegt, gemessen wird. Das Linienstück zwischen dem Mittelpuncte 0 des Kreises und dem Fusspuncte c des Lothes ist der cosinus desselben Winkels, und die Summe der Quadrate dieser Linien ist Eins. Wir wollen für den Augenblick diese Linien mit $Sin\,\vartheta$ und $Cos\,\vartheta$ bezeichnen. In der Trigonometrie wird in der Regel, und die Logarithmentafeln sind darauf eingerichtet, ϑ in sogenannten **Graden, Minuten** etc. angegeben. Die Kreisperipherie wird 360 Graden gleichgesetzt, diese werden weiter getheilt, und ϑ wird in diesen Massen ausgedrückt. Hier ist es aber bequemer, den Kreisumfang durch den Radius zu messen, und die Masszahl desselben, die wir 2ω nennen wollen, statt der 360^0 einzuführen. Der ϑ zugehörende Winkel wird dann durch die Länge des Kreisbogens $ab = x$ direkt gemessen (immer unter der Voraussetzung, dass der Radius gleich Eins ist) und man verwandelt die Zahlen der einen Messung (ϑ) in die der andern (x) durch die Proportion

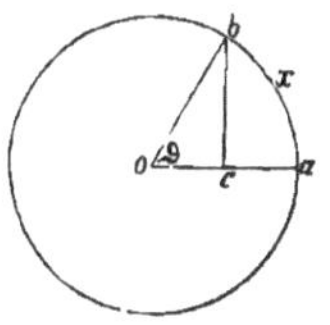

$$\vartheta^0 : 360^0 = x : 2\omega.$$

Wir wollen zum Buchstaben ϑ zurückgreifen, aber mit demselben immer die Kreisbogenlänge, durch den Radius gemessen, bezeichnen. Mit dieser Zahl bezeichnen wir also zugleich den Winkel $b0c$ und den Bogen ab. — In der Trigonometrie werden nun für reelle ϑ die Sätze bewiesen:

$$Cos(\vartheta+\varphi) = Cos\,\vartheta\; Cos\,\varphi - Sin\,\vartheta\; Sin\,\varphi, \quad Sin(\vartheta+\varphi) = Sin\,\vartheta\; Cos\,\varphi + Cos\,\vartheta\; Sin\,\varphi,$$

$$Sin\,\tfrac{1}{2}\omega = 1, \quad Cos\,\tfrac{1}{2}\omega = 0, \quad Sin\,\omega = 0, \quad Cos\,\omega = -1, \quad \lim \sin\vartheta : \vartheta = 1, \quad (\lim\vartheta = 0).$$

Aus den hierdurch gegebenen Additionstheoremen des Sinus und des Cosinus folgen die Sätze:

$$Cos(\vartheta+\varphi) + i\,Sin(\vartheta+\varphi) = (Cos\,\vartheta + i\,Sin\,\vartheta)\,(Cos\,\varphi + i\,Sin\,\varphi), \quad Cos\,n\vartheta + i\,Sin\,n\vartheta = (Cos\,\vartheta + i\,Sin\,\vartheta)^n.$$

Zwischen 0 und $\frac{1}{2}\omega$ ist $Sin\,\vartheta$ positiv, und ebenso $Cos\,\vartheta$ positiv.

Die Functionen $Cos\,\vartheta$ und $Sin\,\vartheta$ sind stetige Functionen der reellen Veränderlichen ϑ.

§ 81. **Die Functionen $\cos\vartheta$, $\sin\vartheta$, und $Cos\,\vartheta$, $Sin\,\vartheta$ sind bez. dieselben.** Setzen wir in den Gleichungen

$$Cos\,2\vartheta + i\,Sin\,2\vartheta = (Cos\,\vartheta + i\,Sin\,\vartheta)^2, \quad (\cos 2\vartheta + i \sin 2\vartheta) = (\cos\vartheta + i \sin\vartheta)^2,$$

$\frac{1}{2}\vartheta$ für ϑ, so erhalten wir

$$\sqrt{Cos\,\vartheta + i\,Sin\,\vartheta} = Cos\,\tfrac{1}{2}\vartheta + i\,Sin\,\tfrac{1}{2}\vartheta, \quad \sqrt{cos\,\vartheta + i\,sin\,\vartheta} = cos\,\tfrac{1}{2}\vartheta + i\,sin\,\tfrac{1}{2}\vartheta,$$

wo allerdings im Grunde beidemale rechts noch der entgegengesetzte Werth zulässig ist. Wir wollen jedoch hier für ϑ so kleine positive Werthe wählen, dass $cos\,\vartheta$ positiv oder Null ist und für abnehmende ϑ positiv bleibt, was erreicht wird, wenn links $\vartheta \leqq \frac{1}{2}\omega$, rechts $\vartheta \leqq \frac{1}{2}\pi$ genommen wird. Dann wollen wir die Quadratwurzeln so bestimmen, dass ihr reeller Theil positiv ist, wodurch die beiden Gleichungen zu völlig bestimmten werden. Nun ist

$$Cos\,\tfrac{1}{2}\omega + i\,Sin\,\tfrac{1}{2}\omega = cos\,\tfrac{1}{2}\pi + i\,sin\,\tfrac{1}{2}\pi \quad (= i).$$

Nimmt man beiderseits die Quadratwurzel, und zwar so, dass ihr reeller Theil positiv ist, so folgt

$$Cos\,\tfrac{1}{4}\omega + i\,Sin\,\tfrac{1}{4}\omega = cos\,\tfrac{1}{4}\pi + i\,sin\,\tfrac{1}{4}\pi.$$

Nimmt man hiervon wieder und wieder die Quadratwurzel, deren reeller Theil positiv ist, so gelangt man zu der Gleichung

$$Cos\,\frac{1}{2^n}\omega + i\,Sin\,\frac{1}{2^n}\omega = cos\,\frac{1}{2^n}\pi + i\,sin\,\frac{1}{2^n}\pi,$$

und wenn man zur $m$ten Potenz erhebt, zu den Gleichungen

$$Cos\,\frac{m}{2^n}\omega + i\,Sin\,\frac{m}{2^n}\omega = cos\,\frac{m}{2^n}\pi + i\,sin\,\frac{m}{2^n}\pi, \quad Cos\,\frac{m}{2^n}\omega = cos\,\frac{m}{2^n}\pi, \quad Sin\,\frac{m}{2^n}\omega = sin\,\frac{m}{2^n}\pi,$$

welche für jedes ganze m und n gelten. Setzen wir x für $m:2^n$, so folgt hieraus, dass die Gleichungen

$$Cos\,x\omega = cos\,x\pi, \quad Sin\,x\omega = sin\,x\pi,$$

für reelle x in jedem noch so kleinen Intervalle beliebig oft (unendlich oft) erfüllt sind, und dass sie demnach (§ 40) wegen der Stetigkeit für alle reellen x erfüllt sind.

Um noch das Verhältniss zwischen ω und π zu bestimmen, braucht man die Gleichung

$$Sin\,x\omega = sin\,x\pi$$

nur durch x zu dividiren und mit x zur Grenze Null überzugehen. Dann ist

$$\lim \frac{Sin\,x\omega}{x} = \lim \frac{Sin\,(x\omega)}{(x\omega)}.\omega = \omega = \lim \frac{sin\,x\pi}{x} = \pi, \quad \omega = \pi$$

und es ist π die Ludolph'sche Zahl 3,141 592 65 . .

Damit ist für reelle ϑ, und für solche sind die Functionen der Trigonometrie nur definirt, die völlige Gleichheit von $Sin\,\vartheta$ und $sin\,\vartheta$, und von $Cos\,\vartheta$ und $cos\,\vartheta$ erwiesen, wodurch die grossen Buchstaben überflüssig werden. Lassen sich die für reelle ϑ definirten Functionen $Sin\,\vartheta$, $Cos\,\vartheta$ als Functionen der complexen Veränderlichen ϑ fortsetzen, so müssen (§ 66) auch diese Fortsetzungen $sin\,\vartheta$ $cos\,\vartheta$ sein.

§ 82. Darstellung der complexen Zahen durch Polarcoordinaten. Wir sind nun im Stande die Beziehung zwischen dem Winkel einer Zahl und ihrem absoluten Betrage einerseits, und ihren reellen und imaginären Theile andrerseits, welche im § 9 unerörtert blieb, hier aufzustellen. Ist nämlich $a = \varrho e^{\vartheta i} = \varrho(cos\,\vartheta + i\,sin\,\vartheta)$, so ist ϱ der absolute Betrag, und ϑ der Winkel der Zahl a bezeichnet $\angle\,a$, d. h. zieht man um den Punct Null in der Ebene, welche die complexen Zahlen darstellt, mit dem Radius Eins einen Kreis, so schneiden der Radiusvector des Trägers der Zahl a und die reelle Achse ein Stück von der Länge ϑ aus diesem Kreise, welches den Winkel der Zahl misst. Ferner ist, $a = \alpha + \beta i$ vorausgesetzt

$$\varrho\,cos\,\vartheta = \alpha, \quad \varrho\,sin\,\vartheta = \beta, \quad \varrho = \sqrt{(\alpha\alpha + \beta\beta)}.$$

Das Produkt zweier Zahlen $a = \varrho(cos\,\vartheta + i\,sin\,\vartheta)$, $a' = \varrho'(cos\,\vartheta' + i\,sin\,\vartheta')$ hat das Produkt der absoluten Beträge zum absoluten Betrage und die Summe der Winkel zum Winkel. Der Quotient hat die Differenz der Winkel zum Winkel. In Zeichen

$$a.a' = \varrho.\varrho'(cos(\vartheta+\vartheta') + i\,sin(\vartheta+\vartheta')), \quad a:a' = (\varrho:\varrho')(cos(\vartheta-\vartheta') + i\,sin(\vartheta-\vartheta')), \quad abs\,a^m = (abs\,a)^m, \quad \angle\,a^m = m.\angle\,a,$$

$$abs\,(a.a') = abs\,a.abs\,a', \quad \angle\,a.a' = \angle\,a + \angle\,a', \quad abs\,(a:a') = abs\,a:abs\,a', \quad \angle\,(a:a') = \angle\,a - \angle\,a'.$$

Der Winkel einer Zahl a ist seiner Natur nach insofern nicht ganz bestimmt, als er um ein beliebiges Multiplum von 2π vermehrt oder vermindert werden kann.

§ 83. **Stetigkeit der Polardarstellung einer Zahl.** Aendert sich eine Zahl z, so dass sie in $z+h$ übergeht, und ist h sehr klein, d. h. ist sowohl der reelle Theil von h, als auch der imaginäre Theil sehr klein, so ändert sich im Allgemeinen ihr absoluter Betrag und ihr Winkel in der Hauptdarstellung sehr wenig. Der Winkel ändert sich allein unstetig längs der negativ reellen Achse der Zahlenebene von 0 bis $-\infty$, dort ist er auf dem negativen (obern) Ufer um 2π grösser als auf dem positiven (untern). Aus dem Anblick der graphischen Darstellung einer Zahl ist dieser Satz evident, allein wir dürfen uns hier wegen der nicht überall völlig durchsichtigen Correspondenz zwischen dem graphischen Augenschein und den analytischen Verhältnissen nicht mit dieser Art des Beweises begnügen, sondern müssen den Satz streng analytisch herleiten. — Hierzu bedürfen wir des Hilfsatzes, dass die Gleichung

$$\sin\varphi = \varepsilon$$

für kleine Werthe von ε $(-\frac{1}{2} < \varepsilon < \frac{1}{2})$ durch kleine Werthe von φ gelöst wird. Ist ε positiv und kleiner als $\frac{1}{2}$, so ist

$$\sin 2\varepsilon = 2\varepsilon - \varepsilon\left\{\frac{8\varepsilon^2}{3!} - \frac{2^5\varepsilon^4}{5!} + \frac{2^7\varepsilon^6}{6!} - . + . .\right\} = 2\varepsilon - \varepsilon . \lambda,$$

worin λ ein echter positiver Bruch ist. Demnach ist

$$\sin 2\varepsilon < \varepsilon$$

und es muss $\sin\varphi$ den Werth ε einmal für einen Werth von φ zwischen 0 und 2ε (§ 44) annehmen woraus, da zwischen 0 und $\frac{1}{2}\pi$ nur ein solcher Werth existirt, folgt

$$\varphi < 2\varepsilon.$$

Ist ε negativ, so ist φ negativ aber absolut genommen wieder kleiner als $2\, abs\, \varepsilon$. Die übrigen reellen Lösungen der Gleichung $\sin\varphi =$ sind (§ 78) sämmtlich in den Formen enthalten

$$\varphi \pm 2n\pi, \quad \pi - \varphi \pm 2n\pi.$$

Für die erste Reihe dieser Werthe ist der cosinus positiv, für die andere negativ.

Was nun zuerst den **absoluten Betrag** von z betrifft, so **ändert er sich überall stetig** mit z. Denn ist $\varrho' = abs(z+h)$, so ist $\varrho' - \varrho = (\varrho'\varrho' - \varrho\varrho) : \varrho + \varrho' = \xi(x+\xi) + \eta(y+\eta) : \varrho\varrho'$, wenn $z = x+yi$, $h = \xi + \eta i$ ist, und es wird demnach, wenn ϱ nicht 0 ist, $\varrho' - \varrho$ mit ξ und η beliebig klein. Ist aber $\varrho = 0$, so ist $\varrho' - \varrho = \sqrt{\xi\xi + \eta\eta}$, welcher Ausdruck offenbar mit ξ und η beliebig klein wird. Es bleibt der Winkel zu untersuchen. Es sei $\angle z = \vartheta$, $\angle z' = \angle(z+h) = \vartheta + \varphi$, so ist

$$z' : z = (\varrho' : \varrho)(\cos\varphi + i\sin\varphi), \quad ((x+\xi)x - (y+\eta)\eta) : \varrho\varrho' = \cos\varphi, \quad (x\eta - y\xi) : \varrho\varrho' = \sin\varphi.$$

Daraus folgt, dass der absolut genommen kleinste Werth von φ, der diesen Gleichungen genügt, mit ξ und η, wenn ϱ von Null verschieden ist, beliebig klein wird, und da der cosinus positiv ist, so sind die übrigen Lösungen von der kleinsten um ein Multiplum von 2π verschieden. Nun wurde behauptet, die **Hauptdarstellung** von z sei stetig, es ist also ϑ und $\vartheta + \varphi$ zwischen $-\pi$ und $+\pi$ zu nehmen. Sei zuerst ϑ von $-\pi$ und $+\pi$ verschieden, so kann man durch hinlänglich kleine Annahme von ξ und η φ so klein machen, dass auch $\vartheta + \varphi$ von $-\pi$ und $+\pi$ verschieden ist, und zwischen diesen beiden Grössen liegt. Wollte man einen um ein Multiplum von 2π verschiedenen Werth für φ setzen, so würde $\vartheta + \varphi \pm 2n\pi$, wenn $\vartheta + \varphi$ zur Hauptdarstellung gehört, nicht zur Hauptdarstellung gehören, nicht zwischen $-\pi$ und $+\pi$ liegen, es ist für φ nur der absolut genommene kleinste Werth zulässig, und **es ändert sich** ϑ **mit** z **stetig**. Ist aber $\vartheta = \pi$, und ist für gegebene kleine ξ und η der Winkel φ positiv, so gehört $\vartheta + \varphi$ nicht zur Hauptdarstellung, sondern $\vartheta + \varphi - \pi$ gehört dazu, und es ist also in der Hauptdarstellung der Winkel φ an der Stelle π unstetig, er ist in einem Puncte, welcher unendlich nahe dem obern Ufer der Linie $0 \,.\,.\, -\infty$ liegt um 2π grösser, als in einem unendlich nahe benachbarten Puncte auf dem untern Ufer, (welche symbolische Ausdrucksweise nicht misszuverstehen ist.) Es ist dabei zu beachten, dass der Winkel ϑ mit der Zahl z auch längs jener Linie stetig geändert werden kann, nur erhält man, wenn z jene Linie überschreitet, nicht mehr die Hauptdarstellung, wenn man ϑ stetig ändert.

Im Puncte 0 ist der Winkel der Zahl z völlig unbestimmt, denn es ist $0 = 0.(\cos\vartheta + i \sin\vartheta)$, was auch ϑ sein mag. Diese Unbestimmtheit ist in jedem Falle als eine Unstetigkeit anzusehen, wenn auch wie hier der Winkel der Zahl, $= \varrho(\cos\vartheta + i \sin\vartheta)$, wenn ihr absoluter Betrag ϱ stetig abnimmt, immer einen bestimmten Werth hat, und so ϑ längs einer von 0 ausgehenden Geraden stetig ist. Weil man aber bei verschiedener Art der Annäherung der Zahl z an 0 zu verschiedenen Winkeln gelangt, so ist derselbe dort unbestimmt und unstetig.

§ 84. Das Verschwinden der trigonometrischen Functionen. Da $\cos z = \sin(\frac{1}{2}\pi - z)$ ist, und $\sin z = \cos(\frac{1}{2}\pi - z)$, so genügt es, eine der Functionen sinus oder cosinus zu untersuchen, wie oft und wo sie einen bestimmten Werth a annimmt. Ist $a = 0$, so fanden wir, dass $\sin x$ für $x = \pm n\pi$ verschwindet, für andere reelle Werthe von x nicht Null wird. Es fragt sich, ob es noch complexe Zahlen z giebt, für welche $\sin z = 0$ ist. Für diesen Werth müsste

$$e^{zi} - e^{-zi} = 0, \quad e^{zi} = e^{-zi}, \quad e^{2zi} = e^{-2y+2xi} = 1$$

sein. Diese Gleichung erfordert (§ 79), dass $y = 0$ sei. Das besagt, für complexe Werthe von z verschwindet $\sin z$ nicht, nur für reelle, und diese sind sämmtlich gefunden. Aehnliches gilt von $\cos z$.

Ist aber $\sin z = a$, und a eine beliebige complexe Zahl, so ist

$$e^{zi} - e^{-zi} = 2ia, \quad e^{2zi} - 2ia\, e^{zi} - 1 = (e^{zi} - ia)^2 - 1 + a^2 = 0, \quad e^{iz} = ia \pm \sqrt{1-a^2}.$$

Ist nun $e^{z_0 i} = ia + \sqrt{(1-a^2)}$, so ist auch $e^{(z_0 \pm 2n\pi)i} = ia + \sqrt{(1+aa)}$ für jedes ganze n, und nur für diese Werthe des Exponenten (§ 79). Ist ferner $e^{z_0' i} = ia - \sqrt{1-aa}$, so ist auch $e^{(z_0' \pm 2n\pi)i} = ia - \sqrt{1-aa}$, und nur für diese Werthe des Exponenten. Weiter ist

$$e^{(z_0 + z_0')i} = -a^2 - 1 + a^2 = -1, \; z_0 + z_0' = \pi \pm 2n\pi,$$

woraus sich ergiebt, dass sämmtliche Lösungen der Gleichung $\sin z = a$ in den Formen enthalten sind

$$z = z_0 \pm 2n\pi, \quad z = \pi - z_0 \pm 2n\pi$$

wenn $\sin z_0 = a$, z_0 eine, etwa die Hauptlösung ist, deren reeller Theil zwischen $-\pi$ und $+\pi$ liegt. Andere Lösungen dieser Gleichung giebt es nicht.

Die sämmtlichen Lösungen von $\cos z = a$ sind in den Formen enthalten

$$z_0 \pm 2n\pi, \quad -z_0 \pm 2n\pi,$$

wenn z_0 irgend eine, etwa die zwischen $-\pi$ und π liegende Hauptlösung ist.

§ 85. Die trigonometrischen Functionen für unendlich grosse z. Nennt man mit Herrn Weierstrass Functionen, die für jeden Werth von z den Charakter einer ganzen Function haben, ganze transcendente Functionen, so gehören die Exponentialfunction und die trigonometrischen Functionen zu dieser Klasse. Jede solche Function $f(z)$ hat wie sich später zeigen wird, die Eigenschaft, dass man die Veränderliche z derselben auf eine solche Weise dem absoluten Betrage nach über alle Grenzen wachsen lassen kann, dass die Function rascher als jede Potenz von z wächst, d. h. dass $f(z) : z^n$ für jedes positive n mit z (bei jener Art des Wachsthums) über alle Grenzen wächst. Bei der Exponentialfunction hat dies für solche z statt, deren reeller Theil über alle Grenzen wächst. Für rein imaginäre z hingegen bleibt der absolute Betrag der Exponentialfunction immer gleich Eins, wie gross z auch sein mag. Die trigonometrischen Functionen, welche durch die Gleichungen

$$2\cos z = e^{zi} + e^{-zi}, \quad 2i \sin z = e^{zi} - e^{-zi}$$

mit der Exponentialfunction verbunden sind, wachsen über alle Grenzen, wenn z rein imaginär über alle Grenzen wächst, oder wenn der imaginäre Theil von z positiv oder negativ über alle Grenzen wächst, während sie für reelle z immer zwischen -1 und $+1$ hin- und herschwanken, und so unendlich viele Maxima und Minima haben. Betrachtet man die Function $\sin(1:z)$, und lässt z reell gegen 0 abnehmen, so ist

$$sin\frac{1}{z}=1 \quad \text{für } z=\frac{2}{\pi},\ \frac{2}{5\pi},\ \frac{2}{9\pi},\ \ldots\ \frac{2}{(4n+1)\pi},\ \ldots\ -\frac{2}{3\pi},\ \ldots\ -\frac{2}{(4n+3)\pi},\ \ldots$$

$$sin\frac{1}{z}=0 \quad \text{für } z=\frac{1}{\pi},\ \frac{1}{2\pi},\ \frac{1}{3\pi},\ \ldots\ \frac{1}{n\pi},\ \ldots\ -\frac{1}{\pi},\ \ldots\ -\frac{1}{n\pi},\ \ldots$$

$$sin\frac{1}{z}=-1 \quad \text{für } z=\frac{2}{3\pi},\ \frac{2}{7\pi},\ \frac{2}{11\pi},\ \ldots\ \frac{2}{(4n+3)\pi},\ \ldots\ -\frac{2}{\pi},\ \ldots\ -\frac{2}{(4n+1)\pi},\ \ldots,$$

die Function hat in einem endlichen Gebiete (zwischen 0 und 1) unendlich viele Maxima und Minima und ist für $z=0$ völlig unbestimmt.

Zur Klasse der ganzen transcendenten Functionen gehören offenbar alle Functionen, welche als Summe von Produkten aus e^z, $cos\,z$, $sin\,z$, e^{az}, $cos\,bz$, . . bestehen, aber auch die Functionen (§ 68)

$$e^{f(z)},\ e^{cos\,z},\ sin\,e^z,\ sin\,f(z),\ cos\,sin\,z,\ cos\,cos\,cos\,z,\ \ldots$$

wenn $f(z)$ eine ganze Function, oder eine ganze transcendente Function ist.

§ 86. **Graphische Beziehungen zwischen e^z und z.** Unsere Vorstellung über den Verlauf einer Function wird nicht unwesentlich unterstützt durch das Princip der Abbildung. Wir stellen die Zahl $z=x+yi$ in einer Ebene, der z-Ebene nach § 9 dar, die entsprechenden Zahlen $Z=X+Yi=f(z)$ in einer andern Ebene, der Z-Ebene, und untersuchen sodann den geometrischen Ort der Träger der Zahlen Z, wenn z einfache geometrische Orte durchläuft. Betrachten wir zuerst die Correspondenz

$$Z=e^z,\quad X+Yi=e^{x+yi},\quad X=e^x\,cos\,y,\quad Z=e^x\,sin\,y.$$

Durchläuft die Zahl z die reellen Zahlen von $-\infty$ bis $+\infty$ (a . . b), oder (ihr Träger in der z-Ebene) die reelle Achse von links nach rechts, so durchläuft der Punct Z fortwährend wachsend von links

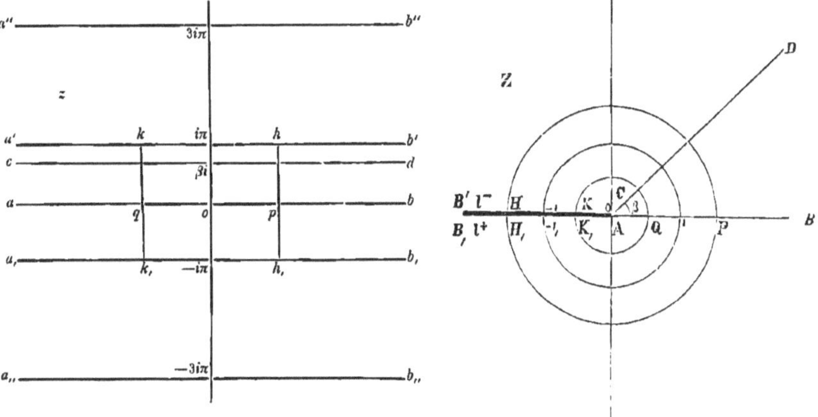

(Der Massstab der Figur links ist ein kleinerer als der der Figur rechts).

nach rechts die positiv reelle Achse der Z-Ebene (A . . B). Durchläuft z die Linie a' . . b', welche der reellen Achse (der x-Achse) in der Entfernung π parallel gezogen ist, so dass auf ihr $z=x+\pi i$ ist, so ist $e^{x+\pi i}=-e^x$, $Z=-X$, und es durchläuft Z die negativ reelle Achse von 0 bis $-\infty$ (A . . B')

von rechts nach links. Ebenso entsprechen sich die Linien $a, \ldots b,$ und $A \ldots B,$, wenn dort $z = x - i\pi$, $Z = -X$ ist. Ziehen wir aber eine gerade Linie der reellen Achse der z-Ebene parallel in der Entfernung β, so dass auf ihr $z = x + \beta i$ ist, $(c \ldots d)$ so ist $Z = e^{z+\beta i} = e^x(\cos\beta + i\sin\beta)$. Die Zahlen Z haben alle denselben Winkel β, ihr Träger durchläuft eine Gerade ($C \ldots D$, C und A sind aber dieselben Puncte) von Null bis ins Unendliche, welche mit der positiv reellen Achse der Z-Ebene den Winkel β einschliesst. Dabei kann β auch negativ sein.

Dem Theile der imaginären Achse der z-Ebene zwischen $-i\pi$ und $+i\pi$ entspricht in der Z-Ebene der Einheitskreis. Den Puncten $-i\pi$, 0, $i\pi$ entsprechen bez. die Puncte $-1,$, 1, -1, wobei $-1,$ und -1 dieselben Puncte sind, aber gewissermassen auf verschiedenen Ufern der Linie $0 \ldots -\infty$ liegen. Es ist auf dieser Linie $z = yi$, $Z = \cos y + i \sin y$. Durchläuft z die imaginäre Achse von $-i\pi$ bis $+i\pi$, von unten nach oben, so durchläuft Z den Einheitskreis von $-1,$ bis -1 positiv herum (entgegengesetzt dem Zeiger einer Uhr). Die Linie $h_, h$ welche in der Entfernung p der imaginären Achse der z-Ebene parallel gezogen ist, auf welcher $z = p + yi$, $-\pi \leqq y \leqq \pi$ ist, wird ebenfalls durch einen Kreis in der Z-Ebene abgebildet, dessen Radius $e^p = P$ ist, und der in der positiven Richtung von $H,$ bis H durchlaufen wird; dem Puncte $z = p$ entspricht der Punct $Z = P$, der auf der reellen Achse liegt, und Träger einer grössern Zahl als Eins ist, wenn $p > 0$ ist. Durchläuft z die Linie $k, k,$ deren Träger die Zahlen $z = q + yi$, $q < 0$, $-\pi \leqq y \leqq \pi$ sind, so durchläuft Z einen Kreis positiv herum, dessen Radius $Q = e^q$ kleiner als Eins ist, von $K,$ bis K. Dem Puncte q entspricht der Punct Q. So entspricht nun das Rechteck $k_, h_, h, k$ einer Figur $K, H, H K,$ deren Seiten die Bögen zweier Kreise sind und gewissermassen die beiden Ufer eines Stückes der Linie l, der negativ reellen Achse zwischen $K,$ und $H,$ und zwischen H und K. — Die Seiten dieser Figur stehen ebenfalls rechtwinklig aufeinander. Das Innere der einen Figur entspricht dem Innern der andern. Nähert sich der Punct z der Linie $k, h_,$ ist also der imaginäre Theil von z negativ nahe $-\pi i$, so nähert sich Z dem Ufer $K,H,$ von unten her, von der Seite her, in welcher die negativ imaginären Zahlen Z liegen. Nähert sich z der Linie $k h$, ist also der imaginäre Theil von z nahe $i\pi$, so nähert sich Z dem Ufer $K H$ von oben her, wo die positiv imaginäre Achse liegt. Entfernt man die Puncte p und q immer weiter vom Puncte Null, so werden die entsprechenden Kreise bez. grösser und kleiner, und man erkennt hieraus, dass den Zahlen zwischen den beiden Paralleln $z = x + \pi i$, $z = x - \pi i$ ($a, \ldots b,$ und $a' \ldots b'$) alle Zahlen der ganzen Z-Ebene entsprechen, und zwar jeder Zahl des Streifens eine Zahl und nur eine Zahl der Z-Ebene, verschiedenen Puncten z verschiedene Puncte Z, und nur die Puncte der begrenzenden Linien $a, \ldots b,$ und $a' \ldots b'$ entsprechen denselben Puncten der Linie l in der Z-Ebene. Aus diesem Grunde sagen wir, dass die Zahlen der Linie $a, \ldots b,$ dem unteren positiven Ufer der Linie l (l^+) die Zahlen der Linie $a' \ldots b'$ dem obern Ufer dieser Linie (l^-) entsprechen. Nähert sich z der obern oder untern Parallele, so nähert sich Z bez. dem oberen oder unteren Ufer von l. Dem Parallelstreifen zwischen $a \ldots b$ und $a' \ldots b'$ entspricht die obere Hälfte der Z-Ebene, dem Streifen zwischen $a \ldots b$ und $a, \ldots b,$ die untere Hälfte. Will man für einen andern Punct der z-Ebene das zugehörige Z bestimmen, so kann man $e^z = e^{z \pm 2n\pi i} = Z$ setzen, und nun die ganze Zahl $\pm n$ so bestimmen, dass $z \pm 2ni\pi$ in den Streifen $a, \ldots b,$, $a' \ldots b'$ zu liegen kommt. Für diese Zahl ist aber die Lage von Z bestimmt, und sie ist für jenes z dieselbe. Um den Streifen $a' \ldots b'$, $a'' \ldots b''$ abzubilden, verschiebe man ihn parallel mit sich selbst, so dass die reellen Theile aller Zahlen beim Verschieben ungeändert bleiben, bis dieser Streifen den Streifen $a, \ldots b,$, $a' \ldots b'$ deckt. Dann kommt jeder Punct des ersten Streifens auf einen bestimmten Punct des zweiten zu liegen, zu diesen beiden Puncten gehört dasselbe Z. Aehnlich kann man mit dem Streifen $a_{,,} \ldots b_{,,}$ $a, \ldots b,$ verfahren. Theilt man die ganze z-Ebene durch weitere Parallelen $a''' \ldots b'''$, $\ldots$, $a_{,,,} \ldots b_{,,,}$ $\ldots$ in unendlich viele Parallelstreifen von der Breite 2π, und nennt man nach $2i\pi$ congruente Puncte dieser Streifen solche, deren zugehörige Zahlen denselben reellen Theil, und um $2ni\pi$ verschiedene imaginäre Theile haben, so entspricht allen diesen congruenten Puncten z ein und dasselbe Z. Congruente Figuren, die durch Verschiebung der Puncte parallel zur imaginären Achse, zur Deckung gebracht werden können, werden durch dieselbe Figur der Z-Ebene abgebildet. Die Bilder der Puncte der z-Ebene füllen die Z-Ebene unendlich oft aus. Man kann aber jedem Streifen der z-Ebene eine Z-Ebene für sich entsprechen lassen, und aus diesen Ebenen (Blättern) eine Riemann'sche Fläche bilden, die die Eigenschaft hat, dass jedem Puncte der z-Ebene ein und nur ein Punct der Riemann'schen Fläche entspricht und umgekehrt. Doch hierauf wollen wir erst bei der Umkehrung der Exponentialfunction, beim Logarithmus eingehen.

§ 87. Graphische Beziehungen zwischen $\sin z$ und z. Setzen wir $\sin z = Z = X+Yi = \sin(x+yi) = \sin x \cos yi + \sin yi \cos x$ und beachten, dass

$$\cos yi = 1 + \frac{y^2}{1.2} + \frac{y^4}{1.2.3.4} + \frac{y^6}{6!} + \ldots + \frac{y^{2n}}{2n!} + \ldots$$

positiv reell ist, und von 1 bis ∞ wächst, wenn y von 0 bis ∞ zunimmt, dass

$$\sin y = i\left(y + \frac{y^3}{3!} + \frac{y^5}{5!} + \ldots + \frac{y^{2n+1}}{(2n+1)!} + \ldots\right)$$

rein imaginär, und zwar mit y positiv oder negativ ist, und mit $\pm y$ von 0 bis $\pm\infty$ wächst, bez. abnimmt, so ergiebt sich zuerst $X = \sin x \cos yi$, $Y = -i \sin yi \cos x$.

Für reelle Werthe von z ist $\sin z = Z$ reell, und wächst von -1 bis $+1$ stetig, wenn z von $-\frac{1}{2}\pi$ bis $\frac{1}{2}\pi$ zunimmt. Setzen wir sodann $x = 0$, $z = yi$ und lassen y die Zahlen von $-\infty$ bis $+\infty$ durchlaufen, so dass die Träger dieser Zahlen die imaginäre Achse der z-Ebene $(a \ldots b)$ durchlaufen,

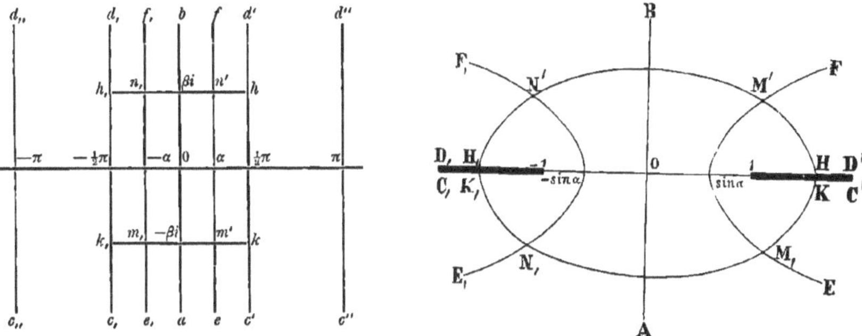

so durchläuft $Z = Yi$ ebenfalls die imaginäre Achse in der Richtung $A \ldots B$. Der Punct 0 der z-Ebene entspricht dem Puncte 0 der Z-Ebene. Setzen wir $z = \alpha + yi$ und nehmen $\alpha < \frac{1}{2}\pi$ an, durchläuft also z die Linie $e \ldots f$ die parallel der imaginären Achse in der Entfernung α von ihr gezogen ist von unten nach oben, so durchläuft Z den Hyperbelzweig EF, welcher zu einer Hyperbel mit den Brennpuncten ± 1 und den Achsen $\sin\alpha$, $\cos\alpha$ gehört, dem Puncte α entspricht der Punct $\sin\alpha$. Es ist nämlich

$$X = \sin\alpha \cos yi, \quad Y = -i \cos\alpha \sin yi, \quad \frac{XX}{\sin\alpha \sin\alpha} - \frac{YY}{\cos\alpha \cos\alpha} = 1,$$

dabei ist aber X stets positiv, weshalb der Linie $e \ldots f$ eben nur der eine Hyperbelzweig $E \ldots F$ entspricht. Der Geraden $z = -\alpha + yi$ $(e, \ldots f,)$ entspricht der andere Zweig derselben Hyperbel $(E, \ldots F,)$ dem Puncte $-\alpha$ entspricht der Punct $-\sin\alpha$. Man bemerkt, dass diese Hyperbelzweige ebenso auf der reellen Achse der Z-Ebene senkrecht stehen, wie die ihnen entsprechenden Linien auf der reellen Achse der z-Ebene. Dem halben unendlichen Streifen $f, \ldots -\alpha \ldots +\alpha \ldots f$ entspricht das unendliche Ebenenstück $F, \ldots -\sin\alpha \ldots \sin\alpha \ldots F$. Lässt man α wachsen, so wird die Hyperbel immer flacher, ihre Scheitel nähern sich mehr und mehr den Puncten ± 1 und für $\alpha = \frac{1}{2}\pi$ fallen die Zweige der

Hyperbel bez. mit den Ufern der Linien $1\,..\,\infty$ und $-1\,..\,-\infty$ zusammen. Es ist dort $Z = sin(+\frac{1}{2}\pi+yi) = cos\,yi$ und $Z = sin(-\frac{1}{2}\pi+yi) = -cos\,yi$, und es ist also beidemale Z reell, einmal $\geqq 1$ das anderemal $\leqq -1$.

Ziehen wir in der z-Ebene eine Gerade parallel zur reellen Achse in der Entfernung β von ihr, so ist dort $z = x+\beta i$, dabei mag $-\frac{1}{2}\pi \leqq x \leqq \frac{1}{2}\pi$ sein. Alsdann entspricht dieser Linie in der Z-Ebene die Hälfte einer Ellipse, deren Brennpuncte ± 1 sind, und deren Halb-Achsen $cos\,\beta$, $-i\,sin\,\beta i$ sind. Es ist nämlich dort

$$Z = sin(x+\beta i) = sin\,x\;cos\,\beta i + cos\,x\;sin\,\beta i,\quad X = sin\,x\;cos\,\beta i,\quad Y = -i\;cos\,x\;sin\,\beta i,$$

$$\frac{XX}{cos\,\beta i\;cos\,\beta i} + \frac{YY}{ii\,sin\,\beta i\,sin\,\beta i} = 1.$$

Für ein positives β ist aber $Y = -i\,cos\,x\;sin\,\beta i$ positiv, so lange x zwischen $-\frac{1}{2}\pi$ und $+\frac{1}{2}\pi$ liegt. Deshalb entspricht die Linie $h\,h_{,}$ dem halben Ellipsenbogen $H\,H_{,}$ der oberhalb der reellen Achse in der Z-Ebene liegt. Der Geraden $z = x-\beta i$ ($k_{,}\,..\,k$, $-\frac{1}{2}\pi \leqq x \leqq \frac{1}{2}\pi$) entspricht die andere Hälfte ($K_{,}\,..\,K$) dieser Ellipse. Durchläuft z die ganze Begrenzung der Figur $h_{,}\,..\,-\frac{1}{2}\pi\,..\,k_{,}\,..\,k\,..\,\frac{1}{2}\pi\,..\,h\,..\,h_{,,}$ so durchläuft Z die reelle Achse von $H_{,}$ bis -1 (das obere Ufer) von da die reelle Achse nach $K_{,}$ (das untere Ufer) zurück, sodann die Ellipsenhälfte $K_{,}\,..\,K$, von da die reelle Achse von K bis 1 (das untere Ufer) von da rückwärts wieder die reelle Achse (das obere Ufer) von 1 bis H und von da die Ellipsenhälfte $H\,..\,H_{,}$. Die Seiten dieser Bild-Figur stossen bei $H\,H_{,}\,K_{,}\,K$ rechtwinklig aneinander, gerade wie im Original. Ebenso entspricht der rechtwinkligen Figur $n, m, m'\,n'$ der z-Ebene, das von confocalen, also sich rechtwinklig schneidenden Hyperbel und Ellipsenbogen begrenzte Stück der Z-Ebene $N, M, M'\,N'$. Puncten im Innern dieser Figuren entsprechen Puncte im Innern. Lassen wir β grösser und grösser werden, so wird die Ellipse grösser und grösser, und man findet so, dass dem unendlichen Parallelstreifen zwischen $c_{,}\,..\,d_{,,}$ $c'\,..\,d'$ der z-Ebene, die ganze Z-Ebene einmal und nur eimal entspricht. Nur den Puncten der Begrenzung $c_{,}\,..\,d_{,,}$ $c'\,..\,d'$ entsprechen in ihrer obern und untern Hälfte dieselben Puncte. Nämlich die Puncte von $-\frac{1}{2}\pi$ bis $d_{,}$ entsprechen den Puncten der reellen Achse von -1 bis $-\infty$, den Puncten von $-\frac{1}{2}\pi$ bis $c_{,}$ dieselben Puncte. Wir lassen daher die Puncte der ersten Hälfte dem obern Ufer dieser Linie entsprechen, die der zweiten Hälfte dem untern Ufer, so ist auch in Bezug auf sie die Eindeutigkeit hergestellt, wenn ich jedem Puncte der reellen Linie $-1\,..\,-\infty$ noch beifüge, ob er auf dem obern oder untern Ufer dieser Linie liegen soll. Aehnliches gilt von der Begrenzung $c'\,..\,d'$.

Unter dem positiven Ufer einer Linie $a\,..\,b$ wollen wir dasjenige verstehen, welches für die Richtung $a\,..\,b$ zur Linken liegt. Dann ist das positive Ufer von $a\,..\,b$ das negative von $b\,..\,a$.

Der Logarithmus und die logarithmische Reihe.

§ 88. Hauptwerth oder Hauptzweig des Logarithmus. Ist ζ eine Zahl, welche die Gleichung befriedigt

$$e^{\zeta} = z,$$

so nennt man ζ den oder richtiger einen Logarithmus von z, denn es giebt deren unendlich viele, die von einander (§ 79) um ganze Multipla von $2i\pi$ verschieden sind. Wir wollen aber denjenigen Werth von ζ den Hauptwerth von $lg\,z$ (Logarithmus z) nennen, dessen imaginärer Theil grösser als $-i\pi$ und kleiner oder gleich $+i\pi$ ist. Dadurch ist dieser Hauptwerth eindeutig bestimmt. Der Hauptwerth des Logarithmus positiver reeller Zahlen ist nach dieser Definition reell, positiv, wenn $z > 1$, negativ, wenn $z < 1$ ist. Der Hauptwerth der negativen reellen Zahlen ist reell $+i\pi$. Der Hauptwerth des

Logarithmus einer Zahl $a = abs\, a.(\cos\vartheta + i \sin\vartheta)$ ist $\lg(abs\, a) + \vartheta i$, wenn a in der Hauptform (§ 83) dargestellt und $\lg(abs\, a)$ reell genommen ist. Für jeden Logarithmus von z ist identisch

$$e^{\lg z} = z,$$

nach der Definition des Logarithmus. Die sämmtlichen Logarithmen von a sind in der Form enthalten

$$\lg a = \lg(abs\, a) + \vartheta i \pm 2n i\pi,$$

wo n eine ganze Zahl ist. Hat n hierin einen bestimmten Werth, so wollen wir diesen Logarithmus den $\pm n$ten Zweigwerth des Logarithmus nennen und das System aller Werthe, wenn z jeder Zahl gleich gesetzt wird, den $\pm n$ten Zweig des Logarithmus. Ist $n = 0$, so erhalten wir den Inbegriff aller Hauptwerthe, und wir können diesen Inbegriff den 0ten Zweig, oder den Hauptzweig des Logarithmus nennen. Jeder Zweig ist eine in der ganzen z-Ebene genau definirte Function von z, ob aber auch in dem § 46 festgestellten Sinne, nach welchem sie durch Potenzreihen darzustellen ist, wird sich erst in einem spätern Paragraphen festgestellen lassen.

Wächst der reelle Theil von ζ, von $-\infty$ bis $+\infty$, während der imaginäre Theil festbleibt, so wächst der absolute Betrag von e^{ζ} von 0 bis ∞ fortwährend, und es nimmt deshalb der reelle Theil des Logarithmus einer Zahl z mit dem absoluten Betrage dieser Zahl fortwährend zu. Die Gleichungen $0 = \lg z$ und $\infty = \lg z$ werden durch $z = -\infty + yi$, $z = +\infty + yi$ befriedigt, wo y willkürlich ist. Da ∞ keine eigentliche Zahl ist, so sind genau zu reden diese Gleichungen überhaupt nicht erfüllbar, und es handelt sich nur um asymptotische Annäherung. Ist x eine positive reelle Zahl, so ist jeder Zweig von $\lg x$ für sich eine stetige Function der reellen Veränderlichen x, ausgenommen im Puncte Null. Gilt dies vom Hauptzweig, so gilt dies auch vom $n$ten Zweige, der sich davon nur um eine Constante, um $2ni\pi$ unterscheidet. Deshalb ist der Satz nur vom Hauptzweige, der für reelle positive x reell ist, zu beweisen. Es sei für den Hauptzweig

$$\lg x = \xi, \quad \lg(x+h) = \xi + k, \quad x = e^{\xi}, \quad x+h = e^{\xi+k}, \quad 1 + \frac{h}{x} = e^{k},$$

worin offenbar h und k gleichzeitig positiv oder negativ sind, weil die Exponentialfunction mit x beständig wächst. Sei zuerst h also auch k positiv, so ist

$$1 + \frac{h}{x} = 1 + k + \frac{k^2}{2!} + \frac{k^3}{3!} + \ldots + \frac{k^n}{n!} + \ldots, \quad \frac{h}{x} = k\left(1 + \frac{k}{2!} + \frac{k^2}{3!} + \ldots + \frac{k^{n-1}}{n!} + \ldots\right) = k + \lambda,$$

wo λ positiv ist. Mithin ist k kleiner als $h:x$ und kann, wenn x von Null verschieden ist, dadurch beliebig klein gemacht werden, dass h klein genug genommen wird. Deshalb ist $\lg x$, wenn x wächst, stetig. Nimmt x ab, so hat man

$$\lg x - \lg x - h = \lg\left(1 + \frac{h}{x-h}\right).$$

Nun ist $\lg 1 = 0$ und $\lg x$ für wachsende positive x stetig, folglich $\lg 1+\varepsilon$ beliebig klein, wenn ε klein genug genommen wird. Setzt man $h:x-h$ für ε, so wird dieser Ausdruck, wenn h klein genug genommen wird und $x > 0$ ist, beliebig klein. Es ist also $\lg x$ auch für abnehmende x eine stetige Function, und damit ist die Stetigkeit erwiesen. Lässt man x näher und näher an 0 rücken, so verzögert sich so zu sagen die Stetigkeit mehr und mehr, indem h kleiner genommen werden muss, wenn k gegeben ist, bis sie für $x = 0$ gänzlich aufhört. Wir notiren noch die Specialwerthe des Hauptzweiges

$$\lg 1 = 0, \quad \lg e = 1, \quad \lg e^z = z, \quad \lg e^n = n, \quad \lg i = \tfrac{1}{2} i\pi, \quad \lg(-i) = -\tfrac{1}{2} i\pi.$$

§ 89. Stetigkeit des Logarithmus. Der Hauptzweig und wie daraus von selbst folgt, jeder Zweig der Function $\lg z$ ist eine stetige Function von z in der ganzen z-Ebene, ausgenommen längs der negativ reellen Achse von 0 bis $-\infty$, welche Linie mit l bezeichnet werden mag. Ist nämlich $z = \varrho.(\cos\vartheta + i \sin\vartheta)$ und diese Darstellung die Hauptdarstellung (§ 83), so ist $\lg z = \lg\varrho + \vartheta i$ und $\lg\varrho$ ist mit ϱ und also mit z (§ 83) stetig, so lange z von Null verschieden ist, ϑ ist aber stetig (§ 83), so lange z nicht negativ reell ist. Ist $z = -x$ und x positiv reell, so kann man die Zahl $-x$ auf dem obern (negativen) der Linie l denken und auch auf dem untern (positiven) Ufer. Diese Ufer sind in der Figur mit l^- und l^+ bezeichnet. Im ersten Falle ist $\lg z = \lg x + i\pi$ im zweiten gleich $\lg x - i\pi$, und es ist also der Logarithmus auf dem negativen Ufer von l um $2i\pi$ grösser als auf dem positiven, sowohl wenn der Hauptzweig als auch wenn ein anderer Zweig betrachtet wird. Zieht man eine beliebige Linie von $-x$ auf dem untern Ufer von l (l^+) zum Puncte $-x$ auf dem negativen Ufer von l so, dass sie l nirgend schneidet, und um den Punct Null sich herum zieht, und ändert man z von dem Werthe $-x$ an, indem man successive Zahlen einsetzt, welche auf dieser Linie in sehr kleinen Entfernungen von einander liegen, kurz stetig, so ändert sich auch $\lg z$ stetig, und zwar wächst hierbei $\lg z$ im Ganzen um $2i\pi$. War die Linie ein in Null centrischer Kreis, so blieb hierbei der reelle Theil von $\lg z$ immerfort ungeändert, der imaginäre wuchs fortwährend von $2ni\pi - i\pi$ bis $2ni\pi + i\pi$, wenn der $n$te Zweigwerth von $\lg z$ gewählt wurde. Ersetzt man die Kreislinie durch eine andere Linie, so ist auf ihr der reelle Theil von $\lg z$ veränderlich, nimmt ab und zu, je nachdem sich die Curve dem Puncte Null nähert oder von ihm entfernt, hat aber schliesslich im Puncte $-x$ bei l^- denselben Werth als im Ausgangspuncte $-x$ bei l^+. Um die Figur, die auf Seite 59 steht, noch einmal verwenden zu können, wollen wir Z für z schreiben und $z = \lg Z$ setzen.

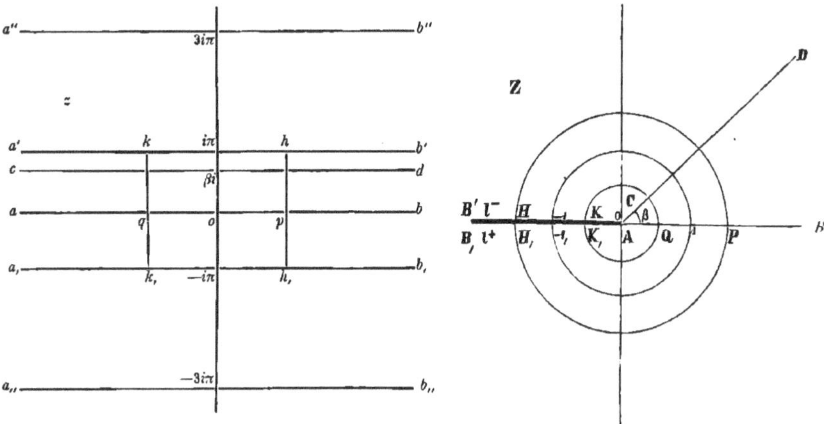

(Der Massstab der Figur links ist ein kleinerer als der der Figur rechts).

Durchläuft Z den Kreis $H, \ldots H$ mit dem Radius $P = e^p$ positiv herum, so durchläuft z die Gerade $h, \ldots h$ von unten nach oben. Dabei ist $h,$ der Träger der Zahl $p - i\pi$, h Träger der Zahl $p + i\pi$. Durchläuft Z den Kreis $K, \ldots K$ mit dem Radius $Q = e^q$, und ist $Q < 1$, so ist q negativ, und z durchläuft die Gerade $k, \ldots k$. Nähert sich Z dem obern Ufer der Linie l, ist also $Z = -X + \varepsilon i$, wo X positiv und ε sehr klein positiv ist, so nähert sich z der Linie $a' \ldots b'$, welche in der Entfernung π der reellen Achse parallel gezogen ist. Ist aber ε negativ, nähert sich Z dem Ufer l^+, so nähert sich z der Linie $a, \ldots b,$, welche der reellen Achse parallel ist, und sich in der Entfernung $-\pi$ von ihr befindet, die also Träger der Zahlen $x - i\pi$ ist.

§ 90. Die Riemann'sche Fläche. Nimmt man einen andern Zweig des Logarithmus, z. B. den ersten, $\lg Z = z + 2i\pi = \lg R + (\Theta + 2\pi)i$, wenn $R = abs\, Z$, $\Theta = \angle Z$ ist, und $\lg R$ reell genommen wird, so erhält man dasselbe Bild, als das welches durch Abbildung des Hauptzweiges entstand, nämlich einen unendlichen der reellen Achse parallelen Streifen von der Breite 2π. Beschreibt Z eine bestimmte Figur, so beschreiben der Hauptzweig $\lg Z$ und der erste Zweig $\lg Z + 2i\pi$ congruente Figuren, die gegen einander verschoben sind, und zwar durch der imaginären Achse parallele Verschiebung um die Strecke 2π. Auch dieser Zweig ist längs der negativ reellen Achse, längs l unstetig, auf dem negativen Ufer um $2i\pi$ grösser als auf dem positiven. Ebenso bildet sich der 2te, 3te, . ., $n$te, —1te, —2te, . ., —$n$te, . . Zweig auf congruente Parallelstreifen ab, deren Gesammtheit die ganze z-Ebene bedecken, wenn n über alle Grenzen wächst, und die sich continuirlich an einander anschliessen. Jedem Zweige von $\lg Z$ kann man nun eine Z-Ebene für sich zuweisen, die man mit Hilfe irgend einer Marke zählt, oder auf die man schreibt Hauptzweig, erster Zweig, u. s. w. Dann entspricht jedem Parallelstreifen zwischen $(2n+1)i\pi$ und $(2n+3)i\pi$ eine bestimmte Ebene. Jedes Mal wenn z an den Rand eines solchen Streifens gelangt und ihn überschreitet, springt Z aus einem Blatte (einer Ebene) in ein anderes. **Riemann** fügt deshalb, um ein ebenso continuirliches Gebiet für die Darstellung von $\lg Z$ zu erhalten, wie es die Werthe von $\lg z$ bilden die Ebenen längs der Linie l an einander. Er legt die verschiedenen Z-Ebenen aufeinander, so dass sich ihre Achsen decken. Die Linie l wird im $n$ten Blatt mit l_n, im —$n$ten mit l_{-n} bezeichnet, ihre Ufer mit l_n^-, l_n^+, l_{-n}^-, l_{-n}^+. Nun denkt man sich das Ufer l^- an das Ufer l_1^+ continuirlich anschliessend, so dass dort die beiden Blätter zusammenhängen*), sich continuirlich ineinander fortsetzen. Ebenso werden l_1^- und l_2^+ aneindergefügt, . . l_n^- und l_{n+1}^+. Weiter werden l^+ und l_{-1}^- zusammengefügt l_{-1}^+ und l_{-2}^- etc. Auf diese Weise erhält man eine continuirliche Fläche, welche sich um den Punct Null unendlich oft schraubenflächenförmig herumwindet. Die Höhe eines Schraubenganges kann man sich unendlich (beliebig) klein, denken. Eine Kreislinie, die den Punct Null zum Mittelpunct hat, ist in dieser Fläche keine geschlossene Linie, sie kann rückwärts und vorwärts weiter und weiter fortgesetzt werden, so dass sie den Punct 0 beliebig oft umkreist. Die Linien l sind für diese Fläche im Grunde gar nicht mehr vorhanden. Da aber das Bedürfniss vorliegt, die Blätter zu zählen, so kann man sich dieser Linien als Marken bedienen, welche die Ordnungszahl der Blätter bestimmen. Sowie die so entstandene Fläche eine continuirliches geometrisches Gebilde ist, die nur im Puncte Null eine singuläre Stelle besitzt, ebenso ist $\lg Z$ eine continuirliche Function, die nur im Puncte 0 singulär und unstetig ist. Denn wenn auch jeder einzelne Zweig von $\lg Z$ unstetig ist, weil er, längs l an beiden Seiten um $2i\pi$ differirt, so giebt es doch dort einen Werth von $\lg Z$, der stetig sich an diesen Zweig anschliesst. Ueberschreitet Z im $n$ten Blatte die Linie l_n in der Richtung von oben nach unten, so bildet offenbar der $n+1$te Zweig die stetige Fortsetzung des $n$ten Zweiges, was auch n sein mag. Der Logarithmus an sich ist längs l ebenso stetig als sonst, ausser für $Z = 0$, nur seine Zweige sind unstetig. Die Riemann'sche Fläche, die sich überall continuirlich fortsetzt, charakterisirt mithin die Function $\lg Z$ ganz vorzüglich. Für jeden Punct dieser Fläche ist $\lg Z$ eindeutig bestimmt, denn durch die Lage des Punctes über der Z-Ebene ist die zugehörige Zahl Z bestimmt, und durch seine Lage in der Fläche ist das Blatt der Fläche, der Zweig der Function, völlig bestimmt. Zu jedem Puncte der Z-Ebene gehört ein und nur ein Punct der Riemann'schen Fläche, und umgekehrt. Die Differenz der Werthe von $\lg Z$ im $n$ten und $m$ten Blatte ist $2(n-m)i\pi$. Aendert man $\lg Z$ mit Z continuirlich, so wächst $\lg Z$ bei jedem positiven Umgange der Zahl Z um den Nullpunct um $2i\pi$, und nimmt bei jedem negativen Umgange um $2i\pi$ ab, von welchem Puncte man auch ausgehen mag.

---

*) In meinen Vorlesungen pflege ich etwa fünf kreisförmige Papierstücke mit zu bringen. Sie sind sämmtlich von links nach rechts horizontal, vom Rande bis zum Mittelpuncte durch einen geraden Schnitt mit der Scheere aufgeschlitzt. Auf einem Blatte steht Hauptblatt, auf den andern 1tes, 2tes, —1tes, —2tes Blatt. Auf dem obern Ufer im Hauptblatt steht l^- auf dem untern l^+ ebenso l_1^-, l_1^+ etc. Nun lege ich unter l^- des Hauptblattes und l_1^+ des ersten Blattes einen schmalen gummirten Streifen, und klebe mittels des feuchtgemachten Streifens das Hauptblatt und erste Blatt aneinander, so dass sich die 0Puncte und Achsen decken. Ein zweiter Gummistreifen verbindet das Ufer l_1^- mit l_2^+, ein andrer l^+ mit l_{-1}^-, und endlich ein letzter l_{-1}^+ mit l_{-2}^-. Damit hat man einen Theil der Riemann'schen Fläche hergestellt, nämlich fünf Blätter die man leicht fortgesetzt denkt. Will man die Blätter leichter von einander unterscheiden, so kann man verschieden gefärbtes Papier nehmen.

Willkürlichkeit der Zweige. Dem Anfänger ist zu rathen, eine feste Bestimmung eines Zweiges von $\lg Z$ seinen Vorstellungen zu Grunde zu legen. Dass aber in dieser Bestimmung eine gewisse Willkür liegt, darf ihm nicht entgehen. Wir hätten ebenso gut den Hauptzweig von $\lg Z$ so definiren können, dass der imaginäre Theil von $\lg Z \geqq 0$ und $< 2i\pi$ sein sollte, und den $n$ten Zweig dadurch, dass der imaginäre Theil von $\lg Z \geqq 2ni\pi$ und $< 2(n+1)i\pi$ sein sollte. Dann würde die Linie l mit der positiven reellen Achse zusammengefallen sein. Die Riemann'sche Fläche freilich ändert dadurch ihre Gestalt gar nicht, nur die Marke für die Ordnungszahlen der Blätter wäre verlegt. Ebenso gut hätten wir aber für l eine beliebige gerade oder krumme sich nicht schneidende, die Ebene also nicht zerstückelnde Linie wählen können, welche von 0 ausgeht, und ins Unendliche läuft. Immer würde der Werth von $\lg Z$ auf ihren beiden Ufern in gegenüberliegenden Puncten um $2i\pi$ verschieden sein. Der Punct Null und ihre Unendlichkeit sind wesentlich für die Linie l, denn wie klein, oder wie gross auch ein Kreis sei, der um Null gezogen wird, $\lg Z$ wächst, wenn dieser Kreis von Z positiv durchlaufen wird, um $2i\pi$. Bei der Wahl der Linie l lässt man sich meist von äusseren Gesichtspuncten leiten, man sucht z. B. eine gewisse Symmetrie herzustellen, wie es bei der hier getroffenen Wahl, wo sie mit der negativ reellen Achse zusammenfällt, in Bezug auf's Imaginäre statt hat.

§ 91. Die Functionalgleichung. Sind z und z' zwei complexe Zahlen, so ist

$$e^{\lg z} = z, \quad e^{\lg z'} = z', \quad e^{\lg z} \,.\, e^{\lg z'} = e^{\lg z + \lg z'} = z \,.\, z' = e^{\lg (z \,.\, z')},$$

$$\lg z + \lg z' = \lg (z \,.\, z'), \quad \lg z - \lg z' = \lg (z : z'), \quad \lg (z^n) = n \lg z, \quad \lg (1 : z) = -\lg z.$$

Ist $(\lg z)$ der Hauptwerth von $\lg z$ und sind z, z' reelle Zahlen, so ist $(\lg z) + (\lg z')$ reell und demnach ist $(\lg z) + (\lg z') = (\lg (z \,.\, z'))$. Ist nur eine der Zahlen etwa z' reell, so ist $\lg z + (\lg z') = \lg (z \,.\, z')$ und für $\lg (z, z')$ ist derselbe Zweig als für $\lg z$ zu wählen. Sind beide Zahlen z, z' complex, so ist $(\lg z) + (\lg z') = \lg (z \,.\, z')$ und auf der rechten Seite befindet sich entweder der Hauptwerth, oder ein Werth des 1ten oder $-$1ten Zweiges. Sind die Winkel der Zahlen z und z' bez. ϑ und ϑ' zusammen grösser als π, so ist der erste Zweig zu wählen, kleiner als π oder gleich π und grösser als $-\pi$, so ist der Hauptwerth zu wählen, ist aber $\vartheta + \vartheta' \leqq -\pi$, so ist der $-$1te Zweigwerth zu wählen. Andere Fälle können nicht eintreten. Ist $\lg_n z$ der $n$te Zweig von $\lg z$, so ist $\lg_n z + \lg_m z' = \lg_\mu (z \,.\, z')$ und $\mu = n + m + 1$ oder $n + m$ oder $n + m - 1$, je nachdem bez. $\angle (z + z') > \pi$, oder $\leqq \pi$ oder $\leqq -\pi$ in der Hauptdarstellung von z, z' ist. In jedem Falle, d. h. wie die Zweige auch gewählt werden mögen, besteht die Congruenz

$$\lg z + \lg z' \equiv \lg (z \,.\, z') \quad (\text{modulo } 2i\pi),$$

d. h. die rechte Seite unterscheidet sich von der Linken nur um ein Multiplum von $2i\pi$. (Das Zeichen $\equiv$ wird gelesen „congruent"). Der praktische Gebrauch der zur Abkürzung der Multiplication, Division, Potenzirung und Radicirung von der Functionalgleichung des Logarithmus gemacht wird, ist bekannt und braucht hier nicht erörtert zu werden. Als Lemma wollen wir jedoch einen Satz über den Logarithmus der Quadratwurzel anfügen.

Wenn eine Function $f(z)$ die Functionalgleichung befriedigt, $f(z) + f(z') = f(z \,.\, z')$, und wenn sie mit $\lg z$ für $z = 1 + x$ übereinstimmt, wenn x positiv reell ist, so stimmt $f(z)$ mit $\lg z$ für Werthe einer regulären unendlichen Folge $1 + x_1$, $1 + x_2$, $1 + x_3$, . ., $1 + x_n$, . . überein, deren Terme gegen Eins convergiren ($\lim x_n = 0$). Da nämlich $f(z) + f(z) = 2f(z) = f(z^2)$ ist, so muss auch $f(z) = 2f(\sqrt{z})$ wenigstens für eine der beiden Wurzeln sein. Nehmen wir noch an, dass für positiv reelle z $f(z)$ reell sei, für negative z nicht reell, so folgt, dass wenn $f(1 + x) = \lg 1 + x$ ist, auch $f(\sqrt{1 + x}) = f(1 + x_1)$ $= \lg \sqrt{1 + x} = \lg (1 + x_1)$ ist, wenn x_1 positiv ist, also die positive Quadratwurzel genommen ist. Setzen wir weiter $\sqrt{1 + x_1} = 1 + x_2$, $\sqrt{1 + x_2} = 1 + x_3$, . ., $\sqrt{1 + x_n} = 1 + x_{n+1}$, . . immer die positive Wurzel nehmend, so folgt successive

$$f(1 + x_2) = \lg (1 + x_2), \quad f(1 + x_3) = \lg (1 + x_3), \quad . ., \quad f(1 + x_n) = \lg (1 + x_n), \quad . .$$

Nun ist aber

$$(1 + \tfrac{1}{2}x)^2 > 1 + x, \quad 1 + \tfrac{1}{2}x > \sqrt{1 + x}, \quad 1 < 1 + x_1 < 1 + \tfrac{1}{2}x, \; 0 < x_1 < \tfrac{1}{2}x,$$

$$0 < x_2 < \tfrac{1}{2}x_1 < \tfrac{1}{4}x, \quad 0 < x_3 < \tfrac{1}{2}x_2 < \tfrac{1}{8}x, \quad .\,., \quad 0 < x_n < \tfrac{1}{2}x_{n-1} < \frac{1}{2^n}x, \quad .\,.$$

und mithin ist $x_1, x_2, .\,., x_n, .\,.$ eine reguläre Folge und $\lim x_n = 0$, w. z. b. w..

§ 92. Die binomische Reihe für negative ganze Exponenten. Die, so lange $abs\, z < 1$ ist, convergente Reihe

$$\frac{1}{1+z} = 1-z+z^2-z^3+z^4- . + .\,. +(-1)^n z^n + .\,.$$

ist die binomische Reihe für den Exponenten -1. Mit dem Schlusse von n auf $n+1$ erweist man leicht die Richtigkeit der Entwickelung

$$\frac{1}{(1+z)^n} = (1+z)^{-n} = 1+(-n)_1 z+(-n)_2 z^2 + .\,. +(-n)_m z^m + .\,.$$

$$(-n)_m = \frac{(-n)}{1}\,\frac{(-n-1)}{2}\,.\,.\,\frac{(-n-m+1)}{m} = (-1)^m . \frac{n}{1} . \frac{(n+1)}{2} . \frac{(n+2)}{3}\,.\,.\,\frac{(n+m-1)}{m}.$$

Auch für diese Binomialcoefficienten besteht die im § 56 abgeleitete, und für jedes n giltige Beziehung

$$(-n)_m + (-n)_{m-1} = (-n+1)_m = (-(n-1))_m.$$

Schreiben wir nun für die für $(1+z)^{-n}$ hypothetisch aufgestellte Reihe S_n, und bilden das Produkt $S_n(1+z)$, so erhalten wir

$$S_n(1+z) = 1+((-n)_1+1)z+((-n)_2+(-n)_1)z^2 + .\,. +((-n)_m+(-n)_{m-1})z^m + .\,.$$
$$= 1+(-\overline{n-1})_1 z+(-\overline{n-1})_2 z^2 + .\,. +(-\overline{n-1})_m z^m + .\,. = S_{n-1},$$
$$S_n = S_{n-1}:(1+z) = S_{n-2}:(1+z)^2 = S_{n-3}:(1+z)^3 = .\,. \; S_1:(1+z)^{n-1} = (1+z)^{-n},$$

w. z. b. w.

§ 93. Die logarithmische Reihe. Wir fragen nun, ob eine Function der complexen Veränderlichen z existirt, die der Functionalgleichung $f(z)+f(z') = f(z.z')$ Genüge leistet. Ob $\lg z$ eine solche im Sinne des § 58 ist, steht noch in Frage. Soll $f(z)$ existiren, so muss eine Potenzentwickelung in irgend einem von Null verschiedenen*) Puncte, etwa in z_0 vorhanden sein, durch welche die Function definirt wird. Es muss also

$$f(z) = B_0+B_1(z-z_0)+B_2(z-z_0)^2 + .\,. +B_n(z-z_0)^n + .\,.$$

eine convergente Reihe sein, wobei z_0 eine noch unbekannte Grösse ist. Existirt die Reihe, so ist

$$f(z_0+\overline{z-z_0}) = f\left(1+\frac{z-z_0}{z_0}\right)+f(z_0) = B_0+A_1\frac{z-z_0}{z_0}+A_2\left(\frac{z-z_0}{z_0}\right)^2 + .\,. +A_n\left(\frac{z-z_0}{z_0}\right)^n + .\,.,$$

wenn A_n für $B_n z_0^n$ gesetzt wird. Die Gleichung $f(z)+f(z') = f(z.z')$ ergiebt für $z' = 1$, $f(1) = 0$ und mithin muss $B_0 = f(z_0)$ sein. Schreiben wir ζ für $(z-z_0):z_0$, so erhalten wir

$$f(1+\zeta) = A_1\zeta+A_2\zeta^2 + .\,. +A_n\zeta^n + .\,.$$
$$f(z) = A_1(z-1)+A_2(z-1)^2 + .\,. +A_n(z-1)^n + .\,.,$$

d. h., lässt sich $f(z)$ nach Potenzen von $z-z_0$ entwickeln, so lässt sich diese Function auch nach Potenzen von $z-1$ entwickeln, oder $f(1+z)$ nach Potenzen von z. Nun ergiebt die Functionalgleichung

$$f(1+z+z') = f(1+z)+f\left(1+\frac{z'}{1+z}\right) = A_1(z+z')+A_2(z+z')^2 + .\,. +A_n(z+z')^n + .\,.$$
$$= A_1 z+A_2 z^2 + .\,. +A_n z^n + .\,. +A_1 z'(1+z)^{-1}+A_2 z'^2(1+z)^{-2} + .\,. +A_n z'^n(1+z)^{-n} + .\,.$$

Vergleichen wir nach der Methode der unbestimmten Coefficienten das, was beiderseits mit z'^{μ} multiplicirt ist, indem wir das Binomialtheorem anwenden, so finden wir

$$A_\mu+A_{\mu+1}(\mu+1)_1 z+A_{\mu+2}(\mu+2)_2 z^2 + .\,. +A_{\mu+n}(\mu+n)_n z^n + .\,.$$
$$= A_\mu(1+z)^{-\mu} = A_\mu+(-\mu)_1 A_\mu z+(-\mu)_2 A_\mu z^2 + .\,. +(-\mu)_n A_\mu z^n + .\,.,$$

*) Existirt eine Entwickelung im Puncte Null, (was übrigens nicht der Fall ist,) so muss im Convergenzkreise auch ein von Null verschiedener Punct vorhanden sein, in welchem sich $f(z)$ entwickeln lässt.

und durch nochmalige Anwendung der Methode der unbestimmten Coefficienten

$$A_{n+\mu}(\mu+n)_n = A_\mu(-\mu)_n, \quad A_{n+\mu} = A_\mu(-1)^n.\mu:(n+\mu).$$

Für $\mu = 0$ ist diese Rechnung nicht erlaubt. Allein man erkennt unmittelbar, dass in unserer Gleichung die Terme, die beiderseits mit z'^0 multiplicirt, von z' frei sind, einander identisch gleich sind, und also für die Grössen A keine Relation liefern. Für $\mu = 1$ finden wir

$$A_{n+1} = (-1)^n A_1 : (n+1) = (-1)^n a : (n+1)$$

wenn a für die unbestimmt bleibende Zahl A_1 geschrieben wird. Setzt man dies Resultat in die allgemeinen Gleichungen, in denen μ beliebig ist, ein, so werden sie identisch erfüllt, so dass also die unendliche Anzahl dieser Gleichungen miteinander verträglich sind, keinen Wiederspruch liefern. Somit finden wir, dass im Innern des Convergenzkreises, der den Radius Eins besitzt, die Potenzreihe

$$f(z) : a = (z-1) - \frac{(z-1)^2}{2} + \frac{(z-1)^3}{3} - \frac{(z-1)^4}{4} + \,..\, + \frac{(-1)^{n-1}(z-1)^n}{n} + \,..$$

eine Function definirt, welche der Functionalgleichung $f(z)+f(z') = f(z.z')$ Gegnüge leistet.

In dieser Function lässt sich die noch willkürliche Constante a so einrichten, dass sie mit $\lg z$ völlig übereinstimmt. Es ist nämlich nach § 68

$$e^{f(1+z)} = e^{a(z-\frac{z^2}{2}+\frac{z^3}{3}-+\,..)} = 1+az+P_2z^2+\,..\,+P_nz^n+\,..$$

eine Potenzreihe, die jedenfalls convergirt, so lange $abs\, z < 1$ ist, was auch a sein mag. Wir bezeichnen die Reihe der Kürze halber mit $P(z)$. Für $z = x$, wo x positiv reell und < 1 ist, sei $z-\frac{1}{2}z^2+\frac{1}{3}z^3-+\,.. = X$, so ist X offenbar reell. Alsdann giebt es einen reellen Werth von a, der die Gleichung befriedigt

$$e^{aX} = 1+x = e^{f(1+x)} = P(x) = e^{\lg(1+x)}.$$

Ist a dieser Bedingung gemäss bestimmt, so ist

$$f(1+x) = \lg(1+x), \quad f(1+x_1) = \lg(1+x_1), \quad .., \quad f(1+x_n) = \lg(1+x_n), \quad ..,$$

wenn $\sqrt{1+x} = 1+x_1$, $\sqrt{1+x_1} = 1+x_2$, .. gesetzt wird, und für $\lg(1+x_1)$, $\lg(1+x_2)$ .. immer der Hauptwerth genommen wird. Hieraus folgt weiter $P(x) = 1+x$ für $x = x, x_1, x_2, .., x_n, ..$ und es bilden die $x, x_1, ..$ eine reguläre Folge mit der Grenze Null. Nun haben wir zwei Potenzreihen $1+x$ und $P(x)$, welche in einer unendlichen gegen Null convergirenden Folge von Zahlen x miteinander übereinstimmen (§ 91), sie müssen also so lange sie convergiren überhaupt übereinstimmen, und es muss $a = 1$, $P_2 = 0$, $P_3 = 0$, .., $P_n = 0$, .. sein. Da also

$$e^{\lg(1+z)} = e^{z-\frac{1}{2}z^2+\frac{1}{3}z^3-\frac{1}{4}z^4+\,.-.+\,..}$$

ist, so ist (§ 79) für reelle Werthe von z wegen der Realität der Reihe der Hauptwerth

$$\lg(1+z) = z-\tfrac{1}{2}z^2+\tfrac{1}{3}z^3-\tfrac{1}{4}z^4+\tfrac{1}{5}z^5-\,.+\,..,$$

und für complexe Werthe von z kann sich die Reihe, so lange $abs\, z < 1$ ist, von $\lg(1+z)$ nur um ein Multiplum von $2i\pi$ unterscheiden. Ist aber für irgend einen Werth von z im Innern des Convergenzkreises $\lg(1+z)$ der Reihe gleich, so kann man z um eine dem absoluten Betrage nach kleine aber bestimmte Zahl h vermehren, so dass, die Hauptwerthe genommen, $\lg(1+z+h)-\lg(1+z)$ klein ist, und ebenso die Differenz der entsprechenden Reihen klein ist. Es muss daher der Hauptwerth $\lg(1+z+h)$ durch die Reihe dargestellt werden, weil nur dieser sich vom Hauptwerthe $\lg(1+z)$ wenig unterscheidet, während die übrigen um mindestens $2i\pi$ davon verschieden sind, und weil die Reihe im Convergenzkreise stetig ist. Somit müssen der Hauptwerth von $\lg(1+z)$ und die Reihe im Innern des Convergenzkreises überall übereinstimmen. Die Reihen

$$\lg(1-z) = -(z+\tfrac{1}{2}z^2+\tfrac{1}{3}z^3+\tfrac{1}{4}z^4+\,..),$$

$$\tfrac{1}{2}\lg(1+z)-\tfrac{1}{2}\lg(1-z) = \tfrac{1}{2}\lg\frac{1+z}{1-z} = z+\tfrac{1}{3}z^3+\tfrac{1}{5}z^5+\,..\,+\frac{1}{2n+1}z^{2n+1}+\,..$$

sind unmittelbare Folgen der Entwickelung von $\lg(1+z)$.

§ 94. Die Fortsetzung der logarithmischen Reihe. Ist $\lg z$ irgend ein Zweig dieser Function, etwa der $n$te Zweig, so können wir, wenn z_0 von Null verschieden ist, in der Gleichung

$$\lg z = \lg z_0 + \lg\left(1 + \frac{z-z_0}{z_0}\right)$$

dem Terme $\lg z_0$ einen solchen Werth beilegen, dass in dieser Gleichung für $\lg\left(1+\frac{z-z_0}{z_0}\right)$ der Hauptwerth zu nehmen ist. Der Convergenzkreis der Entwickelung

$$\lg\left(1+\frac{z-z_0}{z_0}\right) = \frac{z-z_0}{z_0} - \tfrac{1}{2}\left(\frac{z-z_0}{z_0}\right)^2 + \tfrac{1}{3}\left(\frac{z-z_0}{z_0}\right)^3 - \tfrac{1}{4}\left(\frac{z-z_0}{z_0}\right)^4 + \ldots$$

hat $abs\, z_0$ zum Radius, und geht durch den Punct 0, da z_0 sein Mittelpunct ist. Schneidet dieser Convergenzkreis, der mit K bezeichnet werden soll, die Linie l (die negativ reelle Achse) **nicht**, so ist die Reihe

$$\lg z = \lg z_0 + \sum_{n=1}^{n=\infty} (-1)^{n-1}(z-z_0)^n : nz_0^n$$

eine Entwickelung des $n$ten Zweiges von $\lg z$, der ($n = 0$) auch der Hauptzweig sein kann, und es hat dieser Zweig in dem ganzen Convergenzkreise den Charakter einer **ganzen** Function. Da nämlich in einem Kreise, welcher l nicht schneidet, der $n$te Zweig von $\lg z$ stetig ist, so stimmt die gegebene Entwickelung mit ihm im ganzen Kreise überein, wenn sie in einem Puncte mit ihm übereinstimmt. Schneidet aber K die Linie l, so zerlegt diese Linie den Kreis K in zwei Theile, von denen der eine Theil H den Punct z_0 enthält, der andere H' ihn **nicht** enthält. Liegt z im Theile H, und wird für $\lg z_0$ der Werth des $n$ten Zweiges genommen, so ist $\lg z_0 + \Sigma(-1)^{n-1}(z-z_0)^n : nz_0^n$ der Werth des $n$ten Zweiges von $\lg z$. Dies findet nämlich für Werthe von z die sehr wenig von z_0 verschieden sind offenbar statt, oder auch für Werthe von z die auf dem Radiusvector von z_0 und dessen Verlängerung liegen, weil dort $z-z_0 : z_0$ reell ist. Mithin stimmt $\lg z$ mit der Reihe $\lg z_0 + \Sigma(-1)^{n-1}(z-z_0)^n : nz_0^n$ in H völlig überein. Im Theile H' aber liefert die Reihenentwickelung den $n+1$ten Zweig von $\lg z$ oder den $n-1$ten, je nachdem H' auf dem untern (positiven) Ufer von l liegt oder auf dem obern (negativen), denn die Reihe setzt die Function über l hinweg **stetig** fort. Es lassen sich demnach Theile zweier benachbarten Zweige der Function $\lg z$ so zusammensetzen, dass sie eine Function liefern, die den Charakter einer ganzen Function hat. Stellt man die Verzweigung der Function $\lg z$ durch die **Riemann'sche** Fläche dar, so wird der Kreis K überhaupt nicht zerschnitten, denn die Linie l hat dort nur noch die Bedeutung einer Zählmarke, die abgesehen von ihrem Grenzpuncte 0 beliebig verschoben werden kann, deshalb ist man berechtigt zu sagen, dass $\lg z$ in jedem von 0 verschiedenen Puncte dieser Fläche den Charakter einer ganzen Function besitze.

Eine Entwickelung von $\lg z$ nach Potenzen von z kann nicht vorhanden sein, weil $\lg z$ für $z = 0$ unendlich gross ist, und also nicht durch eine Function dargestellt werden kann, die in der Umgebung des Punctes Null den Charakter einer ganzen Function hat. Obschon aber, wie wir sogleich beweisen werden, $z \lg z$ sich mit abnehmendem z der Null nähert, so kann doch auch diese Function im Puncte Null nicht entwickelbar sein. Wäre sie es, so müsste die Entwickelung mit einer von der 0ten verschiedenen ganzen Potenz von z beginnen, weil nur eine solche für abnehmende z beliebig kleine Werthe erhalten kann. Dividirte man diese Reihe durch z, so erhielt man eine Entwickelung von $\lg z$ nach ganzen Potenzen von z, was nicht möglich ist. Man erkennt die Unmöglichkeit aber leicht auch direkt. Die Function $z \lg z$ wächst nämlich, wenn z den Punct 0 positiv umkreist um $2zi\pi$, eine Potenzreihe aber, wenn für z eine stetige Folge von Werthen gesetzt wird, welche längs einer den Punct 0 einschliessenden geschlossenen Curve liegen, nimmt den ursprünglichen Werth wieder an, weil sie eindeutig ist.

Nun beweisen wir noch den Satz, dass für dem absoluten Betrage nach abnehmende z das Produkt $z . \lg z$ gegen Null convergirt. — Der reelle Theil von $-\lg z$ nimmt mit abnehmendem absoluten Betrage von z fortwährend zu, so dass $-\lg\varrho > -\lg\varrho' > -\lg\varrho''$, wenn $\varrho < \varrho' < \varrho''$ ist, und $\varrho, \varrho', \varrho''$ absolute Zahlen sind. Nun ist

$$-\lg\frac{1}{2} = -\lg\left(1-\frac{1}{2}\right) = \frac{1}{2} + \frac{1}{2.4} + \frac{1}{3.8} + \frac{1}{4.16} + \ldots < 1,$$

und also $-\left(\frac{1}{2}\right)^n \lg\left(\frac{1}{2}\right)^n = -\frac{n}{2^n}\lg\frac{1}{2} < \frac{n}{2^n}$. Ferner wird

$$\frac{n}{2^n} = \frac{n}{(1+1)^n} = \frac{n}{1+n+n.\frac{1}{2}(n-1)+\ldots} = \frac{2}{n-1+P},$$

wo P eine positive Zahl ist, mit wachsendem n beliebig klein. Also wird auch $\left(n\lg\frac{1}{2}\right):2^{n-1}$ oder $\left(\overline{n+1}\lg\frac{1}{2}\right):2^n$ mit wachsendem n beliebig klein. Liegt nun die reelle Zahl ϱ zwischen $1:2^n$ und $1:2^{n+1}$, so ist $-\varrho\lg\varrho < -\varrho\lg\frac{1}{2^{n+1}} < -\frac{1}{2^n}\lg\frac{1}{2^{n+1}}$, und dieser Ausdruck wird mit zunehmendem n beliebig klein, w. z. b. w. — Man hätte zu demselben Resultat auch durch die Substitution $\lg z = 1:\zeta$ gelangen können.

§ 95. Herstellung des Logarithmus aus einem Functionselemente. Wäre eine Function $\lg z$ durch ein Functionselement, durch die Potenzreihe

$$\lg z = (z-1) - \tfrac{1}{2}(z-1)^2 + \tfrac{1}{3}(z-1)^3 - \tfrac{1}{4}(z-1)^4 + . - . .$$

gegeben, so würde die Function, die vorerst mit $f(z)$ bezeichnet werde, zunächst nur für jeden Werth von z im Innern des Convergenzkreises gegeben sein, sie würde jedoch durch stetige Fortsetzung nach der Methode des § 65 für jeden Werth von z erhalten werden können. Dabei können aber mehrere Fortsetzungen hervortreten. Eine durch ein Element (eine in einem beschränkten Gebiete convergente Potenzreihe) gegebene Function lässt sich zwar in gewissem Sinne nur auf eine Weise als Function der complexen Veränderlichen z stetig fortsetzen, allein trotzdem kann die Function für denselben Werth von z verschiedene Werthe annehmen, die alle durch stetige Fortsetzung erhalten werden, wofür der Logarithmus ein einfaches und instruktives Beispiel ist. Zunächst ist $f(z)$ in einem Kreise gegeben, dessen Mittelpunct Eins, und dessen Radius Eins ist. Es liege z_1 in diesem Kreise, so ist (§ 61)

$$f(z) = f(z_1) + f'(z_1)(z-z_1) + f''(z_1)\frac{(z-z_1)^2}{1.2} + \ldots + f^{(n)}(z_1)\frac{(z-z_1)^n}{n!} + \ldots$$

Da aber (§ 61 und § 92)

$$f'(z) = 1-(z-1)+(z-1)^2-(z-1)^3+(z-1)^4 - . + . . = 1:z,$$
$$f''(z) = -1+2(z-1)-3(z-1)^2+4(z-1)^3 - . + . . = -1:z^2$$
$$f'''(z) = 2\left(1-\frac{3}{1}(z-1)+\frac{4.3}{1.2}(z-1)^2-\frac{5.4}{1.2}(z-1)^3+\ldots\right) = 2:z^3,$$

. . . .

$$f^{(n)}(z) = (-1)^{n-1}.(n-1)!.(1+(-n)_1\overline{z-1}+(-n)_2(z-1)^2+(-n)_3(z-1)^3+\ldots) = (-1)^{n-1}(n-1)!:z^n$$

. . . .

ist, so ergiebt sich

$$f(z) = f(z_1) + \frac{z-z_1}{z_1} - \tfrac{1}{2}\left(\frac{z-z_1}{z_1}\right)^2 + \tfrac{1}{3}\left(\frac{z-z_1}{z_1}\right)^3 - \tfrac{1}{4}\left(\frac{z-z_1}{z_1}\right)^4 + \ldots,$$

welche Reihe in einem Kreise K_1 convergirt, dessen Mittelpunct z_1 und dessen Radius $abs\, z_1$ ist. Soweit dieser Kreis mit K zusammenfällt, soweit stimmt diese Entwickelung mit $f(z)$ identisch überein (§ 64), soweit K_1 aus K heraustritt, ist die Reihe die Fortsetzung von $f(z)$ und wird weiter mit $f(z)$ bezeichnet. Das Gebiet der Kenntniss der Function $f(z)$ ist erweitert. Ist z_2 ein Punct in K_1, so hat man wieder

$$f(z) = f(z_2) + \frac{z-z_2}{z_2} - \tfrac{1}{2}\left(\frac{z-z_2}{z_2}\right)^2 + \tfrac{1}{3}\left(\frac{z-z_2}{z_2}\right)^3 - . + . .,$$

wie man sofort erkennt, wenn man $f^{(n)}(z_2)$ aus der in K_1' giltigen Reihe bildet, und es convergirt diese Reihe in einem Kreise K_2 mit dem Mittelpuncte z_2 und dem Radius $abs\, z_2$. So wählen wir weiter in K_2' einen Punct z_3, dann einen Punct z_n und bilden die Entwickelung; zum Puncte z_n gehöre der Convergenzkreis K_n', sein Radius ist $abs\, z_n$. Dadurch erhalten wir eine Schaar von Kreisen, $K_1, K_2, \ldots, K_n, \ldots$, die alle durch den Nullpunct gehen, und die Convergenzkreise von Potenzreihen sind, welche alle als Fortsetzungen von $f(z)$ aus K heraus gelten wollen. Offenbar braucht der Mittelpunct jedes folgenden nicht gerade im vorhergehenden zu liegen, sondern kann im Innern irgend eines der vorhergehenden, oder in K angenommen werden. Man kann die Mittelpuncte so wählen, dass durch die Schaar die ganze Ebene bedeckt wird, und dass jeder Punct z (ausser $z = 0$) im Innern eines Convergenzkreises liegt, oder dass er selbst Mittelpunct eines solchen ist. Es fragt sich aber, da die verschiedenen Kreise sich vielfach bedecken und schneiden, ob die verschiedenen Fortsetzungen, die man so erhält, in einem Puncte z für $f(z)$ denselben Werth liefern oder nicht. Um dies zu entscheiden, benutzen wir einen im § 65 bewiesenen Satz. Ist $f(z)$ in einem Ebenenstücke T vom Charakter einer ganzen Function, also überall in T eindeutig bestimmt, und wird dies Gebiet dadurch vergrössert, dass in zwei Puncten z_1, z_2 in T Potenzentwickelungen von $f(z)$ gegeben werden, die auch noch in Stücken ausserhalb T convergiren, und haben die Convergenzkreise K_1, K_2 dieser Entwickelungen ein Gebiet gemein, welches theils innerhalb theils ausserhalb T liegt, so stimmen diese Entwickelungen, sowie selbstverständlich innerhalb T, so auch ausserhalb T in dem Gebiete gemeinsamer Convergenz überein. Haben aber die beiden Kreise wohl ausserhalb, aber nicht innerhalb T ein Stück gemein, so brauchen die Fortsetzungen die durch diese Entwickelungen gegeben sind in dem gemeinsamen Stücke von K_1 und K_2 nicht übereinzustimmen. Die zu $K_1, K_2, \ldots, K_\mu, \ldots$ gehörenden Entwickelungen sollen bez. mit $f_1(z), f_2(z), \ldots, f_\mu(z), \ldots$ bezeichnet werden, $f(z)$ sei die Reihe $z-1-\frac{1}{2}(z-1)^2+- \ldots$ Die beiden Kreise K_ϱ und $K_{\varrho'}$ mögen sich schneiden. Haben sie ein Stück U, welches in der Figur schattirt ist, miteinander gemein, und liegt dies Stück U zum Theil in K, so stimmen $f_\varrho(z)$ und $f_{\varrho'}(z)$ überall in U völlig überein. Sind K_μ und K_ν zwei Kreise die sich schneiden, und liegt kein Theil von V (abgesehen vom Puncte 0, der aber nicht im Innern, sondern auf dem Rande von V und von K liegt) in K, so können in diesem Gebiete V $f_\mu(z)$ und $f_\nu(z)$ sehr wohl verschiedene Werthe besitzen. Ziehen wir vom Puncte 1 nach z_μ eine Curve c, bei der Null immer zur Linken und in endlicher Entfernung bleibt, und eine Curve c' von 1 nach z_ν, bei der Null ebenso zur Rechten bleibt, so können wir auf c Puncte $z_1, z_2, \ldots, z_{\mu-1}, z_\mu$ so nahe aneinander wählen, dass sie Mittelpuncte von Convergenzkreisen $K_1, K_2, \ldots, K_{\mu-1}, K_\mu$ werden, deren folgender immer im Innern des vorhergehenden Kreises liegt. Die Entwickelungen $f_1(z), f_2(z), \ldots, f_{\mu-1}(z)$, $f_\mu(z)$ sind die stetigen Fortsetzungen von einander und von $f(z)$, und so ist $f_\mu(z)$ die stetige Fortsetzung von $f(z)$ um Null positiv herum. Ebenso kann $f_\nu(z)$ als die stetige Fortsetzung von $f(z)$ um Null negativ herum angesehen werden. Unser Beispiel, in welchem die Reihe der Function $\lg z$ gleich ist, lehrt, dass $f_\mu(z)$ und $f_\nu(z)$, da wo

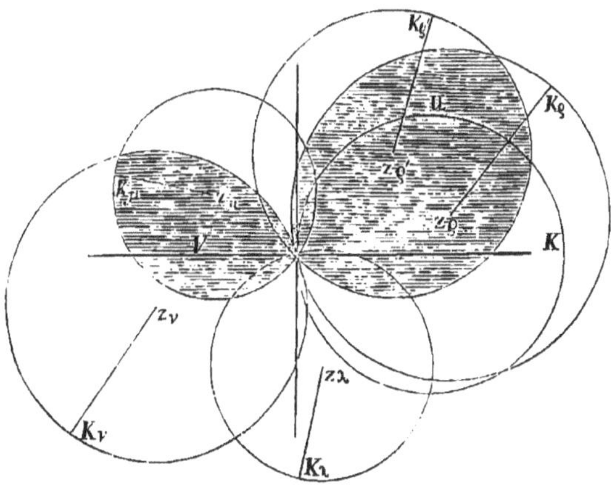

beide Entwickelungen gelten, (und es kann auch z_ν auf z_μ fallen, so dass K_μ und K_ν ganz zusammenfallen) um $2i\pi$ verschiedene Werthe haben.

Ist $\lg z$ im Kreise K durch die Reihe gegeben, und setze ich $\lg z$ durch Reihen in den Puncten $z_1, z_2, \ldots, z_n, \ldots$ fort, so dass jeder folgende im Convergenzkreise des vorhergehenden liegt, so ist jede Fortsetzung z. B. im Kreise K_n eine völlig bestimmte, und insofern lässt sich $\lg z$ nur auf eine Weise stetig fortsetzen. Gelangt man aber in einer solchen Folge von Puncten $z_1, z_2, \ldots z_n, \ldots$ um Null herum in einen früheren Punct zurück, so kann diese Fortsetzung sehr wohl andere Werthe als die frühere liefern. Die Function kann also, bei verschiedenen Arten der Fortsetzung in jedem Puncte möglicher Weise verschiedene Werthe erlangen, und zwar wächst der Logarithmus jedesmal, wenn er um Null positiv herum fortgesetzt wird, um $2i\pi$.

§ 96. Allgemeinere Betrachtungen über die Fortsetzung einer Function. Gelingt es eine Function $\varphi(z)$, die in einem Ebenenstücke T eindeutig gegeben ist, und dort überall den Charakter einer ganzen Function hat, durch Potenzreihen aus T heraus fortzusetzen, so kann es sich ereignen, dass die Convergenzkreise einer Fortsetzung, und deren weiteren Fortsetzungen alle durch einen Punct gehen, der aber niemals ins Innere eines Convergenzkreises fällt. Ein solcher Punct ist ein singulärer Punct; die Entwickelungen werden so zu sagen durch ihn gehemmt. Erhält man nun durch weitere und weitere Fortsetzungen eine Schaar von Kreisen, deren letzter wieder Stücke mit T gemein hat oder ganz hineinfällt, deren aufeinanderfolgende Mittelpuncte sich durch eine jenen Punct, der P heissen mag, umlaufendes Polygon verbinden lassen, so sagt man, man habe $f(z)$ um P herum fortgesetzt, und es kann die letzte Entwickelung Werthe liefern, die von $f(z)$ verschieden sind. Findet dies wirklich statt, so bildet diese Fortsetzung einen neuen Zweig der Function, der bei nochmaliger Fortsetzung um P herum wieder in einen neuen Zweig übergehen kann, wie dies beim Logarithmus im Puncte Null immer und immer wieder geschieht. Der singuläre Punct heisst, wenn um ihn herum zwei oder mehrere Zweige sich ineinander fortsetzen, ein Verzweigungspunct der Function $\varphi(z)$. Lässt man jedem Zweige verschiedene Ebenenstücke entsprechen, indem man den Kreis, der zuerst wieder Theile mit T gemein hat, wenn er neue Werthe zu $f(z)$ liefert, in ein neues Blatt fortsetzt, so erhält man eine Riemann'sche Fläche. Da sich diese um den Punct P herumwindet, so wird er auch ein Windungspunct der Fläche genannt. Bei dieser Art der Darstellung ist das schattirte Stück T' der Figur auf voriger Seite ein Gebiet, welches die z-Ebene doppelt bedeckt.

Stimmen $\varphi(z)$ und $\psi(z)$ in K' überein, so verschwindet $\varphi(x)-\psi(x)$ in K, und auch jede Fortsetzung dieser Function ist Null. Also lässt sich $\varphi(z)$ nur auf eine Weise als Function der complexen Veränderlichen z fortsetzen, gleichviel ob sie eine eindeutige Function ist, oder ob sie mehrere (auch unendlich viele) Zweige besitzt. Dass sie sich jedesmal fortsetzen lasse aus einem Gebiete T heraus, ist nicht gesagt, man kennt Beispiele vom Gegentheil.

Ob eine Function bei Fortsetzung um einen singulären Punct herum in einen neuen Zweig übergehe oder nicht, ist nicht jedesmal so leicht zu entscheiden, wie beim Logarithmus, bei dem man aus der Reihe leicht die Functionalgleichung herleitet. Man gelangt zur Kenntniss dieser Eigenschaft in der Regel dadurch, dass man für mehrere Puncte z, welche den verschiedenen Fortsetzungen zugleich angehören, aus den Reihen die numerischen Werthe ausrechnet. Indessen könnte der Zufall wollen, dass die Zweige gerade in diesen einzelnen Puncten in ihrem Werthe übereinstimmen, obgleich sie im Allgemeinen verschieden sind. Dann muss man die Anzahl der zu berechnenden Werthe vermehren.

§ 97. Der cosinus und der sinus eines Multiplums von ϑ lässt sich durch $\cos\vartheta$ bez. $\sin\vartheta$ ausdrücken. Zu diesen Darstellungen gelangt man mittels der logarithmischen Reihe. So lange $\operatorname{abs} z < 1$ ist, gelten die Entwickelungen

$$-\lg(1-e^{\vartheta i}z)-\lg(1-e^{-\vartheta i}z) = 2z\cos\vartheta + z^2\cos 2\vartheta + \frac{2}{3}z^3\cos 3\vartheta + \ldots + \frac{2}{n}z^n\cos n\vartheta + \ldots$$

$$= -\lg(1-z(2\cos\vartheta - z)) = z(2\cos\vartheta - z) + \tfrac{1}{2}z^2(2\cos\vartheta - z)^2 + \tfrac{1}{3}z^3(2\cos\vartheta - z)^3 + \ldots$$

Vergleicht man, nachdem die letzte Reihe mittels des binomischen Satzes geordnet ist, was mit z^n beiderseits multiplicirt ist, so findet man

$$\frac{2\cos n\vartheta}{n} = \frac{(2\cos\vartheta)^n}{n} - \frac{n-1}{1}\frac{(2\cos\vartheta)^{n-2}}{n-1} + \frac{n-2}{1}\frac{n-3}{2}\frac{(2\cos\vartheta)^{n-4}}{n-2} - \frac{n-3}{1}\frac{n-4}{2}\frac{n-5}{3}\frac{(2\cos\vartheta)^{n-6}}{n-3} + . - ..,$$

und wenn n ungerade ist, auf welchen Fall wir uns beschränken, so erhalten wir durch Umordnung

$$(-1)^{\frac{1}{2}(n-1)}\cos n\vartheta = n\cos\vartheta - \frac{n+1}{1}\frac{n}{2}\frac{n-1}{3}(\cos\vartheta)^3 + \frac{(n+3)}{1}\frac{(n+1)}{2}\frac{n}{3}\frac{(n-1)}{4}\frac{(n-3)}{5}(\cos\vartheta)^5 - . + ..,$$

und hieraus wenn wir $\frac{1}{2}\pi-\vartheta$ für ϑ setzen

$$\sin n\vartheta = n\sin\vartheta - \frac{n+1}{1}\frac{n}{2}\frac{n-1}{3}(\sin\vartheta)^3 + \frac{n+3}{1}\frac{n+1}{2}\frac{n}{3}\frac{n-1}{4}\frac{n-3}{5}(\sin\vartheta)^5 - . + ..$$

Diese Gleichung ist erwiesen für ganze ungerade n. Allein wir werden später zeigen, dass sie für jedes beliebige complexe n gilt, so lange ϑ zwischen $-\frac{1}{2}\pi$ und $\frac{1}{2}\pi$ liegt. Dabei wird der hier gegebene Specialfall mit Nutzen angewandt werden.

§ 98. Convergenz einiger Potenzreihen auf dem Convergenzkreise. Sind a_0, a_1, a_2, .., a_n, .. von einem bestimmten n ab niemals zunehmende positiv reelle Zahlen, und ist $\lim a_n = 0$ für wachsende n, so sind die Reihen

$$S = \tfrac{1}{2}a_0 + a_1\cos\vartheta + a_2\cos 2\vartheta + \,..\, + a_n\cos n\vartheta + \,..$$
$$T = a_1\sin\vartheta + a_2\sin 2\vartheta + \,..\, + a_n\sin n\vartheta + \,..$$

convergente (wenn auch nicht absolut convergente) Reihen. Die Summe der ersten Terme dieser Reihen bis $a_n\cos n\vartheta$ bez. $a_n\sin n\vartheta$ einschliesslich sei S_n bez. T_n. Dann ist

$$2S_n\sin\tfrac{1}{2}\vartheta = a_0\sin\tfrac{1}{2}\vartheta + a_1(\sin\tfrac{3}{2}\vartheta - \sin\tfrac{1}{2}\vartheta) + \,..\, + a_n\left(\sin\frac{2n+1}{2}\vartheta - \sin\frac{2n-1}{2}\vartheta\right)$$
$$= (a_0-a_1)\sin\tfrac{1}{2}\vartheta + (a_1-a_2)\sin\tfrac{3}{2}\vartheta + \,..\, + (a_{n-1}-a_n)\sin\frac{2n-1}{2}\vartheta + a_n\sin\frac{2n+1}{2}\vartheta$$
$$2T_n\sin\tfrac{1}{2}\vartheta = a_1(\cos\tfrac{1}{2}\vartheta - \cos\tfrac{3}{2}\vartheta) + a_2(\cos\tfrac{3}{2}\vartheta - \cos\tfrac{5}{2}\vartheta) + \,..\, + a_n\left(\cos\frac{2n-1}{2}\vartheta - \cos\frac{2n+1}{2}\vartheta\right)$$
$$= a_1\cos\tfrac{1}{2}\vartheta - (a_1-a_2)\cos\tfrac{3}{2}\vartheta - (a_2-a_3)\cos\tfrac{5}{2}\vartheta - \,..\, - (a_{n-1}-a_n)\cos\frac{2n-1}{2}\vartheta - a_n\cos\frac{2n+1}{2}\vartheta.$$

Lässt man hierin n wachsen, so convergirt a_n gegen 0 und da

$$(a_0-a_1) + (a_1-a_2) + \,..\, + (a_{n-1}-a_{n-2}) + \,..$$

nach § 13 eine absolut convergente Reihe ist, so streben S_n, T_n mit wachsendem n einem bestimmten Grenzwerthe zu, so lange ϑ von 0, 2π, -2π, 4π, -4π etc. verschieden ist. Die Reihen S und T sind also jedenfalls convergent, so lange ϑ nicht 0 oder ein Multiplum von 2π ist. Im letzten Falle reducirt sich T auf Null, T ist also überall convergent. S aber kann divergent sein.

Schreibt man $\vartheta+\pi$ statt ϑ, so findet man, dass auch die Reihen

$$\tfrac{1}{2}a_0 - a_1\cos\vartheta + a_2\cos 2\vartheta - a_3\cos 3\vartheta + a_4\cos 4\vartheta - . + ..$$
$$a_1\sin\vartheta - a_2\sin 2\vartheta + a_3\sin 3\vartheta - a_4\sin 4\vartheta + . - ..$$

unter denselben Voraussetzungen über die reellen Zahlen a wie vorhin convergiren. Die Möglichkeit der Divergenz tritt dann für die erste Reihe ein, wenn ϑ ein ungerades Multiplum von $\pm\pi$ ist.

Sind a_0, a_1, .., a_n, .. complexe Zahlen, so convergiren die Reihen S und T, wenn die reellen und imaginären Theile für sich die obigen Bedingungen erfüllen. Uebrigens sind diese Bedingungen wohl ausreichende aber nicht nothwendige.

§ 99. Die logarithmische Reihe auf dem Convergenzkreise. Nach dem vorigen Paragraphen ist die logarithmische Reihe auf dem Convergenzkreise, d. h. für $z = \cos\vartheta + i\sin\vartheta$ convergent, ausgenommen im Puncte $z = -1$, wo $\vartheta = \pm\pi$ ist. Setzen wir $z = \varrho(\cos\vartheta + i\sin\vartheta)$, so ist

$$\lg(1+\varrho\cos\vartheta+i\varrho\sin\vartheta) = \tfrac{1}{2}\lg(1+2\varrho\cos\vartheta+\varrho^2)+\lg\left(\frac{1+\varrho\cos\vartheta}{\sqrt{1+2\varrho\cos\vartheta+\varrho^2}}+i\frac{\varrho\sin\vartheta}{\sqrt{1+2\varrho\cos\vartheta+\varrho^2}}\right)$$
$$= \varrho\cos\vartheta-\tfrac{1}{2}\varrho^2\cos2\vartheta+\tfrac{1}{3}\varrho^3\cos3\vartheta-\tfrac{1}{4}\varrho^4\cos4\vartheta+\,.\,-\,.\,.$$
$$+i(\varrho\sin\vartheta-\tfrac{1}{2}\varrho^2\sin2\vartheta+\tfrac{1}{3}\varrho^3\sin3\vartheta-\tfrac{1}{4}\varrho^4\sin4\vartheta+\,.\,-\,.\,.).$$

Für $\varrho=1$ genügen der reelle und imaginäre Theil dieser Reihe den Bedingungen des vorigen Paragraphen, woraus die Convergenz folgt. Ausserdem sind die Logarithmen, den Hauptwerth vorausgesetzt, den die Reihe darstellt, $\vartheta=\pm\pi$ ausgenommen, stetige Functionen von ϱ, es müssen deshalb nach dem Abel-Dirichlet'schen Satze (§ 69) linke und rechte Seite unserer Gleichung auch noch auf dem Convergenzkreise übereinstimmen. Dort ist aber

$$\lg(1+\cos\vartheta+i\sin\vartheta) = \lg 2\cos\tfrac{1}{2}\vartheta(\cos\tfrac{1}{2}\vartheta+i\sin\tfrac{1}{2}\vartheta) = \lg(2\cos\tfrac{1}{2}\vartheta)+i\tfrac{1}{2}\vartheta,$$

woraus für $-\pi<\vartheta<\pi$ folgt

$$\lg 2\cos\tfrac{1}{2}\vartheta = \cos\vartheta-\tfrac{1}{2}\cos2\vartheta+\tfrac{1}{3}\cos3\vartheta-\tfrac{1}{4}\cos4\vartheta+\tfrac{1}{5}\cos5\vartheta-\,.\,+\,.\,.$$
$$\tfrac{1}{2}\vartheta = \sin\vartheta-\tfrac{1}{2}\sin2\vartheta+\tfrac{1}{3}\sin3\vartheta-\tfrac{1}{4}\sin4\vartheta+\tfrac{1}{5}\sin5\vartheta-\,.\,+\,.\,.$$

Diese letztere Reihe convergirt auch noch für $\vartheta=\pm\pi$ und ist dort $=0$, während sie für $\pi-0$ und für $-\pi+0$ bez. die Werthe $\frac{1}{2}\pi$ und $-\frac{1}{2}\pi$ hat. Für Werthe von ϑ die ausser den Grenzen $-\pi$, $+\pi$ liegen, gelten die Gleichungen, namentlich die zweite, nicht. Dass diese Reihe an der Stelle $\pm\pi$ das Phänomen der unendlich verzögerten Convergenz zeigen muss, ist leicht nachzuweisen. Wir betrachten jedoch nachher einen noch einfacheren Fall, bei welchem das Princip der Untersuchung dasselbe ist wie hier.

Einen etwas allgemeineren Satz schliessen wir hier an. Ist die Potenzreihe

$$A_0+A_1z+A_2z^2+\,.\,.\,+A_nz^n+\,.\,.$$

auf dem Convergenzkreise mit dem Radius R convergent, wovon auch einzelne Puncte ausgenommen sein können, und wird durch die Reihe eine Function $f(z)$ dargestellt, die sich stetig einem bestimmten Werthe nähert, wenn in $f(\varrho(\cos\vartheta+i\sin\vartheta))=f(\varrho e^{\vartheta i})$ sich ϱ dem Werthe R stetig nähert, so stimmen die Werthe der Reihe $\Sigma A_nR^n(\cos n\vartheta+i\sin\vartheta)$ und der $\lim f(\varrho e^{\vartheta i})$, $\lim\varrho=R$ überein. Ist $f(z)$ in der Umgebung des Punctes $Re^{\vartheta i}$ in und auf dem Convergenzkreise stetig, so kann für $\lim f(\varrho e^{\vartheta i})$ auch einfach $f(Re^{\vartheta i})$ gesetzt werden. Dieser Satz bedarf nach den vorangegangenen Untersuchungen (§ 69) keines Beweises mehr.

§ 100. Umordnung der logarithmischen Reihe. Die Gleichung

$$\lg(1+z) = z+\frac{1}{3}z^3-\frac{1}{2}z^2+\frac{1}{5}z^5+\frac{1}{7}z^7-\frac{1}{4}z^4+\frac{1}{9}z^9+\frac{1}{11}z^{11}-\frac{1}{6}z^6+\,.\,+\,.\,-\,.\,.$$

ist eine identische (§ 18), so lange $abs\,z<1$ ist. Anders verhält es sich auf dem Convergenzkreise. Wir beschränken die Untersuchung auf den Fall $z=1$. Die Gleichung

$$\tfrac{1}{4}\lg\frac{1+z}{1-z}+\tfrac{1}{4}\lg(1-z^4) = \tfrac{1}{4}\lg((1+z)(1+z+z^2+z^3))$$
$$= z+\frac{1}{3}z^3-\frac{1}{2}z^4+\frac{1}{5}z^5+\frac{1}{7}z^7-\frac{1}{4}z^8+\frac{1}{9}z^9+\frac{1}{11}z^{11}-\frac{1}{6}z^{12}+\,.\,+\,.\,-\,.\,+\,.\,.$$

besteht nicht blos für $abs\,z<1$, sondern nach § 69 auch für $z=1$ und liefert die Gleichung

$$\tfrac{3}{4}\lg 2 = 1+\frac{1}{3}-\frac{1}{2}+\frac{1}{5}+\frac{1}{7}-\frac{1}{4}+\frac{1}{9}+\frac{1}{11}-\frac{1}{6}+\,.\,+\,.\,-\,.\,+\,.\,.,$$

während

$$\lg 2 = 1-\frac{1}{2}+\frac{1}{3}-\frac{1}{4}+\frac{1}{5}-\frac{1}{6}+\frac{1}{7}-\frac{1}{8}+\,.\,-\,.\,+\,.\,.$$

ist. Nehmen wir daher für x positive reelle Werthe zwischen 0 und 1 einschliesslich, so ist die Function

$$f(x) = x+\frac{1}{3}x^3-\frac{1}{2}x^2+\frac{1}{5}x^5+\frac{1}{7}x^7-\frac{1}{4}x^4+\frac{1}{9}x^9+\frac{1}{11}x^{11}-\frac{1}{6}x^6+\,.\,+\,.\,-\,.\,+\,.\,.$$

eine **unstetige** Function. Denn es ist, wie klein auch ε sei, $f(1-\varepsilon) = \lg(2-\varepsilon)$, also $f(1-0) = \lg 2$ und $f(1) = \frac{3}{2}\lg 2$, also um $\frac{1}{2}\lg 2$ grösser. Auch diese Reihe muss bei Annäherung von x an Eins das Phänomen der unendlich verzögerten Convergenz bieten. Denn ist N eine beliebig grosse Zahl, so kann man offenbar ε so klein machen, dass die Summe der ersten N Glieder der Reihe $f(1-\varepsilon)$ sich von $\frac{3}{2}\lg 2$ beliebig wenig unterscheidet. Da aber der Werth der Reihe nahe $\lg 2$ ist, so müssen die Glieder, die nach dem Nten kommen noch einen Einfluss auf die Summe ausüben, der beinahe $\frac{1}{2}\lg 2$ ist. Man kann demnach keine Zahl N so gross angegeben, dass für jeden Werth von x zwischen 0 und 1 sich der Werth der ersten N Glieder der Reihe von $f(x)$ um weniger als eine kleine Zahl σ (die nur $< \frac{1}{2}\lg 2$ zu sein braucht) unterscheide.

§ 101. **Die Mascheronische Constante.** Die Summe der ersten n Glieder der Reihe $\Sigma z^n : n$ wächst über alle Grenzen, wenn für z Eins gesetzt wird. Es kann aber bemerkt werden, dass diese Summe endlich bleibt, wenn $\lg n+1$ von ihr abgezogen wird. Es sei

$$M_n = 1 + \frac{1}{2} + \frac{1}{3} + \;..\; + \frac{1}{n} - \lg(n+1),$$

so kann dafür geschrieben werden

$$M_n = 1 - \lg\frac{2}{1} + \frac{1}{2} - \lg\frac{3}{2} + \frac{1}{3} - \lg\frac{4}{3} + \;..\; + \frac{1}{\mu} - \lg\frac{1+\mu}{\mu} + \,..\, + . - \lg\frac{n}{n-1} + \frac{1}{n} - \lg\frac{n+1}{n}.$$

Nun ist aber

$$\frac{1}{\mu} - \lg\left(1 + \frac{1}{\mu}\right) = \frac{1}{2}\frac{1}{\mu^2} - \frac{1}{3}\frac{1}{\mu^3} + \frac{1}{4}\frac{1}{\mu^4} - . + \,..\, = \frac{1}{2\mu^2}\left(1 - \frac{2}{3}\frac{1}{\mu} + \frac{2}{4}\frac{1}{\mu^2} - . + ..\right) = \tfrac{1}{2}\xi_\mu : \mu\mu,$$

wenn μ eine beliebige ganze Zahl und ξ_μ ein von dieser abhängiger echter Bruch ist. Die Reihe

$$\frac{\frac{1}{2}\xi_1}{1^2} + \frac{\frac{1}{2}\xi_2}{2^2} + \frac{\frac{1}{2}\xi_3}{3^2} + \frac{\frac{1}{2}\xi_4}{4^2} + \;..$$

ist (§ 24) absolut convergent. Mithin nähert sich $\lim M_n = M$ einer bestimmten Zahl, welche zuerst von **Mascheroni** auf eine grössere Zahl von Stellen berechnet ist. In **Gauss** Werken III pag. 154 ist ihr Werth

$$M = 0{,}57721\;56649\;01532\;86060\;65120\;90082\;40243\;10421$$

angegeben. Sie spielt bei mehreren analytischen Functionen eine Rolle, wofür sich auch hier ein Beispiel ergeben wird.

§ 102. **Die künstlichen Logarithmen.** Die Functionalgleichung $f(z)+f(z') = f(z.z')$ definirt eine Function bis auf einen willkürlichen Factor als $a\lg z$. Dieser Factor a kann für praktische Zwecke so eingerichtet werden, dass $f(z)$ für $z = z_0$ einen bestimmten Werth etwa 1 annimmt. Ist $f(z_0) = 1$, so sagt man $f(z)$ sei der Logarithmus von z für die Basis z_0. Es ist also

$$\lg z\,(\text{Basis } z_0) = \lg z : \lg z_0,$$

und $1 : \lg z_0$ heisst der Modul des Logarithmensystems, welches zu einer bestimmten Basis gehört. Für das **Rechnen** ist es praktisch für z_0 die Zahl 10 zu wählen, so dass

$$\lg z\,(\text{Basis } 10) = \lg z : \lg 10$$

ist. Die Logarithmen mit der Basis 10 werden daher beim **Rechnen**, der **natürliche** Logarithmus in der **Analysis** meistens angewandt, was wegen der Bezeichnung zu beachten ist.

§ 103. **Die allgemeine Exponentialfunction.** Die Functionalgleichung der Exponentialfunction, $f(z).f(t) = f(z+t)$ bestimmt dieselbe bis auf eine willkürliche Constante. Es war $f(z) = e^{\alpha z}$, wo α constant ist. Setzt man nun $\alpha = \lg a$, so hat man

$$f(z) = 1 + \frac{z\lg a}{1} + \frac{(z\lg a)^2}{1.2} + \;..\; + \frac{(z\lg a)^n}{n!} + \;..\; = e^{z\lg a}.$$

Ist z eine ganze Zahl, so kann man dafür $(e^{\lg a})^z = a^z$ schreiben. Diese Schreibweise

$$f(z) = a^z \text{ für } e^{z\lg a}$$

behält man für beliebige z bei, und nennt diese Function auch noch Exponentialfunction mit der Basis a. Dabei ist zu beachten, dass diese Function wenn a gegeben ist, nicht völlig bestimmt ist, sondern erst, wenn $\lg a$ gegeben ist. Wird nichts näheres über diesen Logarithmus angegeben, so pflegt man für denselben den Hauptwerth anzunehmen.

Die allgemeine Potenz.

§ 104. Die Functionalgleichung der Potenz. Die Potenz erweiterten wir zur Exponentialfunction, indem wir die Functionalgleichung $a^m . a^n = a^{m+n}$, die für ganze positive oder negative Zahlen m, n bestand, für allgemeine Zahlen gelten liessen. Eine andere der Verallgemeinerung fähige Eigenschaft der Potenz ist aber die, dass

$$t^m . z^m = (t . z)^m$$

ist, für jede ganze positive oder negative Zahl m. Man kann nämlich nach der allgemeinen Function fragen, welche der Functionalgleichung der Potenz Genüge leistet

$$f(t) . f(z) = f(t . z).$$

Aus dieser Gleichung zieht man sogleich einige Folgerungen. Setzt man zuerst $t = 1$, so folgt $f(z) f(1) = f(z)$, $f(1) = 1$, setzt man weiter in den unmittelbar aus ihr folgenden Beziehungen

$$f(z_1) . f(z_2) . f(z_3) . \dots . f(z_n) = f(z_1 . z_2 . z_3 . \dots z_n), \quad f\left(\frac{1}{z}\right) f(z) = f(1), \quad f\left(\frac{1}{z}\right) = 1 : f(z),$$

$z_1 = z_2 = \dots = z_n$, so fliesst daraus

$$(f(z))^n = f(z^n), \quad (f(z))^{-n} = f\left(\frac{1}{z^n}\right) = f(z^{-n}).$$

Aus der Gleichung

$$f(z) . f(0) = f(0)$$

folgt $f(0) = 0$, wenn die Gleichung einen Sinn hat, was nicht nothwendig der Fall ist. In der That wird sich zeigen, dass unter den durch die obige Functionalgleichung definirten Functionen solche sind, für welche $f(z)$ mit abnehmendem z über alle Grenzen wächst, oder sich keinem bestimmten Werthe nähert.

§ 105. Die Lösung der Functionalgleichung. Die Lösung der Functionalgleichung ist leicht, weil sie sich auf die des Logarithmus sogleich zurückführen lässt. Setzen wir nämlich die unbekannte Function gleich $f(z)$ und $\lg f(z) = \varphi(z)$, so ist

$$\lg f(z) + \lg f(t) = \lg f(z . t), \quad \varphi(z) + \varphi(t) = \varphi(z . t),$$

mithin ist (§ 91), wenn a eine willkürliche Constante bedeutet,

$$\varphi(z) = a \lg z, \quad f(z) = e^{a \lg z}.$$

Ist a eine beliebige ganze positive oder negative Zahl, gleich $\pm n$, so ist

$$e^{\pm n \lg z} = (e^{\lg z})^{\pm n} = z^{\pm n}.$$

Diese Schreibweise behält man für jedes a bei, und nennt diese Function die $a$te Potenz von z (z^a gelesen z hoch a oder z zur Potenz a), und es ist also diese Potenz durch die Gleichung

$$z^a = e^{a \lg z}$$

definirt. Aus dieser Gleichung ergiebt sich sogleich

$$(z^a)^b = e^{b \lg z^a} = e^{b \lg (e^{a \lg z})} = e^{ba \lg z} = e^{ab \lg z} = z^{ab} = (z^b)^a.$$

Hierbei ist jedoch zu beachten, dass wenn z und a gegeben sind, im Grunde z^a im Allgemeinen und umsomehr $(z^a)^b$ noch gar nicht einen völlig bestimmten Sinn haben, weil $\lg z$ und $\lg z^a$ vieldeutige Functionen sind. So ist z. B. $(z^3)^{\frac{1}{3}}$ ein dreiwerthiger, $(z^{\frac{1}{3}})^3 = z$ ein einwerthiger Ausdruck. Dadurch wird man genöthigt sich so auszudrücken. Einer der Werthe von $(z^a)^b$ kann einem der Werthe von $(z^b)^a$ gleich sein. Die Formel $(z^a)^b = (z^b)^a$ ist daher im Allgemeinen zu vermeiden.

§ 106. Das allgemeine Binomialtheorem. Die Function $f(z) = z^a = e^{a \lg z}$ hat in der Umgebung jedes von 0 verschiedenen Punctes den Charakter einer ganzen Function. Denn $\lg z$ ist in eine Reihe $\Sigma(z-z_0)^n B_n$ entwickelbar, die so lange convergirt als $abs(z-z_0) \leqq abs\, z_0$ ist. Mithin (§ 68) convergirt die Entwickelung

$$z^a = e^{a \lg z} = \sum_{n=0}^{n=\infty} \frac{1}{n!} \left\{ \sum_{m=0}^{m=\infty} (z-z_0)^m B_m \right\}^n,$$

wenn sie nach Potenzen von $z-z_0$ geordnet wird, ebenfalls so lange $abs(z-z_0) < abs\, z_0$ ist, absolut. Die einfachste Entwickelung des Logarithmus war die im Puncte Eins, die Entwickelung von $\lg(1+z)$ nach Potenzen von z, deshalb mag auch hier $1+z$ für z gesetzt, und die Entwickelung nach Potenzen von z zunächst untersucht werden. Der allgemeine Fall ist daraus leicht abzuleiten. Wir sind also berechtigt zu schreiben

$$(1+z)^a = A_0 + A_1 z + A_2 z^2 + \ldots + A_n z^n + \ldots,$$

und wir wissen a priori dass die Reihe jedenfalls convergirt, so lange $abs\, z < 1$ ist. Zu dieser Reihe gelangen wir, wenn wir in

$$e^{a \lg(1+z)} = 1 + \frac{a}{1} \lg(1+z) + \frac{a^2}{1.2} (\lg(1+z))^2 + \ldots + \frac{a^n}{n!} (\lg(1+z))^n + \ldots$$

$z(1-\frac{z}{2}+\frac{z^2}{3}-\frac{z^4}{4}+\ldots)$ für $\lg(1+z)$ einsetzen, woraus sogleich $A_0 = 1$, $A_1 = a$ fliesst. Was die übrigen Grössen A_2, A_3, .. betrifft, so sehen wir sogleich ein, dass A_n eine ganze Function von a vom $n$ten Grade ist. Da nämlich die Entwickelung von $\lg(1+z)$ mit z, die von $(\lg(1+z))^n$ mit z^n beginnt, so liefert zum Coefficienten A_μ die Entwickelung von $a^n(\lg(1+z))^n$ nur dann einen Beitrag, wenn $n \leqq \mu$ ist, und dieser Beitrag ist a^n multiplicirt mit einem rein numerischen Factor. Mithin ist $A_\mu = g_\mu(a)$ eine ganze Function von a vom μten Grade. Eine solche Function ist aber durch $\mu+1$ Werthe die sie für $\mu+1$ verschiedene a annimmt vollständig bestimmt. Ist nun a eine ganze Zahl m, so wissen wir, dass

$$e^{m \lg(1+z)} = (e^{\lg(1+z)})^m = (1+z)^m = 1 + m_1 z + m_2 z^2 + \ldots + m_\mu z^\mu + \ldots + z^m$$

ist, wo $m_\mu = m.(m-1) \ldots (m-\mu+1) : \mu!$, und m_μ Null ist, wenn $m < \mu$ ist. Daraus folgt, dass $g_\mu(a)$ Null ist, für $a = 0$, $a = 1$, $a = 2$, .., $a = \mu-1$, aber gleich Eins, für $a = \mu$, und somit muss (§ 51)

$$g_\mu(a) = A_\mu = \frac{a}{1} \cdot \frac{(a-1)}{2} \cdot \frac{(a-2)}{3} \ldots \frac{(a-\mu+1)}{\mu} = a_\mu$$

für jedes beliebige a sein. Auch diese Binomialcoefficienten a_0, a_1, .., a_μ, .. genügen der Eigenschaft

$$a_{\mu-1} + a_\mu = (a+1)_\mu.$$

Damit haben wir also die allgemeine binomische Entwickelung gewonnen

$$(1+z)^a = 1 + az + \frac{a}{1} \cdot \frac{a-1}{2} z^2 + \frac{a}{1} \cdot \frac{a-1}{2} \cdot \frac{a-2}{3} z^3 + \frac{a}{1} \cdot \frac{a-1}{2} \cdot \frac{a-2}{3} \cdot \frac{a-3}{4} z^4 + \ldots,$$

oder

$$z^a = 1 + a_1(z-1) + a_2(z-1)^2 + a_3(z-1)^3 + \ldots + a_n(z-1)^n + \ldots,$$
$$a_n = a(a-1) \ldots (a-n+1) : n!.$$

Soll z^a nach Potenzen von $(z-z_0)$ entwickelt werden, so schreibt man

$$z^a = (z_0 + \overline{z-z_0})^a = z_0^a \cdot \left(1 + \frac{z-z_0}{z_0}\right)^a = z_0^a \Sigma a_n \left(\frac{z-z_0}{z_0}\right)^n,$$

welche Reihe convergirt, so lange $abs(z-z_0) < abs\, z_0$ ist. Es hat also abgesehen vom Puncte Null z^a überall den Charakter einer ganzen Function, und ist daher auch überall stetig und endlich.

Bei diesen Entwickelungen haben wir für die Darstellung des Logarithmus den Hauptwerth zu Grunde gelegt, deshalb wollen wir auch die Entwickelung von z^a nach Potenzen von $z-1$, wie sie hier steht, als den Hauptwerth dieser Function gelten lassen. Nur die zuletzt gegebene Entwickelung kann, wegen der Vieldeutigkeit von z_0^a, auch andere Zweigwerthe als den Hauptwerth darstellen, worüber wir erst später sprechen.

§ 107. Die singuläre Stelle Null. Im Puncte Null hat z^a, ausgenommen wenn a eine ganze positive Zahl oder Null ist, niemals den Charakter einer ganzen Function. Wir können drei Fälle für die Untersuchung dieses Punctes unterscheiden, indem wir einmal annehmen, der reelle Theil von a sei positiv, sodann er sei negativ, endlich er sei Null. Im ersten Falle verchwindet z^a im Allgemeinen mit z. Es ist nämlich $z = \varrho(\cos\vartheta + i\sin\vartheta)$, $a = \alpha + \beta i$ gesetzt

$$z^a = e^{a(\vartheta i + \lg\varrho)} = e^{(\alpha\vartheta + \beta\lg\varrho)i + \alpha\lg\varrho - \beta\vartheta} = e^{\alpha\lg\varrho - \beta\vartheta}.(\cos(\alpha\vartheta + \beta\lg\varrho) + i\sin(\alpha\vartheta + \beta\lg\varrho)),$$

und da $\lg\varrho$ mit abnehmenden ϱ, also auch mit (absolut genommen) abnehmenden z, negativ über alle Grenzen wächst, so verschwindet, weil α positiv ist, $e^{\alpha\lg\varrho - \beta\vartheta}$, vorausgesetzt, dass ϑ endlich bleibt.

Wenn aber ϑ bei abnehmendem z positiv oder negativ unendlich gross wird, wenn also der Punct z sich dem Puncte Null spiralförmig, den Punct unendlich oft positiv oder negativ umkreisend, nähert, so kann ϑ, wenn β von Null verschieden ist, für jedes noch so kleine ϱ so gross genommen werden, dass $\beta\vartheta$ die Grösse $\alpha\lg\varrho$ um beliebig viel übertrifft, und es kann dann $e^{\alpha\lg\varrho - \beta\vartheta}$ jedweden Werth annehmen, selbst über alle Grenzen wachsen. Ist aber $\beta = 0$, so verschwindet z^α bei positivem α immer mit z.

Ist zweitens $a = -\alpha + \beta i$, so ist

$$z^{-\alpha + \beta i} = 1 : z^{\alpha - \beta i},$$

und es wird demnach, weil der Nenner mit abnehmendem z namentlich dann, wenn bei dieser Abnahme der Winkel von z endlich, vielleicht constant bleibt, verschwindet, dieser Ausdruck über alle Grenzen gross. Es lassen sich aber, wenn β von Null verschieden ist, spiralige Annäherungen aussinnen, bei denen er jedweden Werth annimmt.

Ist drittens a rein imaginär, also gleich βi, so ist zuerst z^a constant, wenn β Null ist. — Da

$$z^{\beta i} = e^{i\beta\lg z} = \varrho^{i\beta\lg\varrho - \beta\vartheta} = e^{-\beta\vartheta}(\cos(\beta\lg\varrho) + i\sin(\beta\lg\varrho))$$

ist, so bleibt der Ausdruck endlich, wenn ϑ endlich bleibt, kann aber durch passende Bestimmung von ϑ jedweden Werth annehmen, und kann bei spiraliger Annäherung über alle Grenzen wachsen oder Null werden.

Lässt man jedem Zweige (§ 88) von $\lg z$ einen Zweig von z^a entsprechen, so ist z^a mit abnehmendem z allemal Null, Unendlich oder Endlich und unbestimmt, wenn der reelle Theil von a bez. > 0, < 0, $= 0$ ist, und wenn z beim Abnehmen immer in demselben Zweige verläuft.

§ 108. Die Wurzeln. Ist a eine rationale Zahl gleich $p:q$, so hat dieFunction z^a also $z^{\frac{p}{q}}$ nur eine endliche Anzahl von Zweigen, nämlich q Zweige, wenn p und q keinen Theiler gemein haben. Denn führt man die Variabele z des Ausdruckes

$$z^{\frac{p}{q}} = e^{\frac{p}{q}\lg z}$$

um den Punct Null m-mal positiv herum, wodurch $\lg z$ um $2mi\pi$ wächst, so gewinnt $z^{\frac{p}{q}}$ den Factor $e^{\frac{2pmi\pi}{q}}$. Dieser Factor ist aber jedesmal derselbe, wenn m einen der Werthe m, $m+q$, $m+2q$, . ., $m-q$, $m-2q$, . ., $m-nq$, . . annimmt, oder für alle ganze Zahlen m die einander nach dem Modul q congruent sind. Somit nimmt die Function $z^{\frac{p}{q}}$ für einen gegebenen Werth von z nur q verschiedene Werthe an, und wenn $p = m.p'$, $q = m.q'$ ist, wenn also p und q den gemeinsamen Theiler m haben, so nimmt die Function nur $q' = q:m$ Werthe an. Um die Function in eindeutige Zweige zu zerlegen, verfahren wir ganz wie im § 89 beim Logarithmus. Wir ziehen in der z-Ebene eine Linie l von 0 nach $-\infty$ längs der reellen Achse. In der so begrenzten Ebene ist jeder Zweig von $\lg z$ völlig bestimmt. Dadurch ist auch jeder Zweig von $z^{\frac{p}{q}} = e^{\frac{p}{q}\lg z}$ völlig bestimmt, und er ist auf dem negativen Ufer von l (dem obern) $e^{\frac{2p\pi i}{q}} = \left(\cos\frac{2p\pi}{q} + i\sin\frac{2p\pi}{q}\right)$-mal so gross als auf dem positiven. Der Hauptzweig ist für positiv reelle Werthe von z positiv reell. Es ist nun aber nicht nöthig, wie beim Logarithmus, unendlich viele Zweige zu bilden. Denn der $q$te Zweig dieser Function stimmt genau mit dem 0ten überein, ebenso der $2q$te, $3q$te, . ., $-q$te, $-2q$te, . . . Weist man jedem Zweige der Function $z^{\frac{p}{q}}$ ein besonderes Ebenenblatt an, und fügt sie wie im § 90 zu einer Riemann'schen Fläche zusammen, so hat man für dieselbe nicht mehr unendlich viele Blätter nöthig, sondern nur q Blätter. Führen wir eine insofern veränderte Zählung ein, als wir, wie es hier üblich ist, den Hauptzweig den ersten Zweig nennen, so hängt längs l das obere Ufer dieser Linie im ersten Blatte mit dem untern im zweiten Blatte zusammen, u. s. w. Das obere Ufer von l im $q$ten Blatte kann man nun durch die übrigen Blätter hindurch fortgesetzt denken ins untere Ufer von l des ersten Blattes zurück. So entsteht ein geschlossenes Blättersystem, das sich um den Punct 0 q-mal herumwindet, so dass bei jedem Umgange um Null das μte Blatt ins $\mu+1$te, und das $q$te ins erste continuirlich sich fortsetzt. Es ist gleichgiltig, ob man das 2te Blatt ans erste so ansetzt, dass es über diesem liegt, oder so, dass es unter diesem liegt. Letztere Vorstellung ist die gebräuchlichere. Dies vorausgesetzt legen wir senkrecht zur negativ reellen Achse einen Schnitt, so dass das Flächen- (oder Ebenen-)System aufgeschnitten wird, dann versinnlicht nebenstehende Figur, in der die Blätter mit ihrer Ordnungszahl versehen sind, diesen Aufschnitt vom Puncte 0 aus gesehen, wenn $q = 4$ und $p = 1$ oder 3 ist. Nennt man die Riemannsche Fläche T_1 in der $f(z)$ eine eindeutige Function ist, wie $f(z)$ verzweigt, so ist $z^{\frac{p}{q}}$ wie $z^{\frac{1}{q}}$ verzweigt, wenn p und q keinen gemeinsamen Theiler haben. Für $z^{\frac{1}{q}}$ schreibt man zuweilen auch $\sqrt[q]{z}$, gelesen $q$te Wurzel aus z, namentlich wird die Lösung der Gleichung $z^q = a$ mit $\sqrt[q]{a}$ bezeichnet. Auch schreibt man $\sqrt[\frac{q}{p}]{z}$ für $z^{\frac{p}{q}}$, woraus dann auch noch die Gleichung fliesst $\sqrt[\frac{q}{p}]{z} = \sqrt[q]{(z^p)}$. Man muss jedoch bei diesen Ausdrücken wegen ihrer Vieldeutigkeit darauf achten, mit welchem Functionszweige man es zu thun hat. So hat z. B. der Ausdruck $\sqrt[4]{(z^2)}$ vier, $\sqrt[\frac{4}{2}]{z} = \sqrt{z}$ nur zwei Werthe, und die in ihrer Bezeichnung wenig glückliche Gleichung $\sqrt[4]{z^2} = \sqrt[\frac{4}{2}]{z} = \sqrt{z}$ ist nicht immer richtig. Vielmehr muss es heissen $\sqrt[4]{z^2} = \sqrt{\pm z}$. Wir werden Wurzelzeichen mit gebrochenen Wurzelexponenten überhaupt vermeiden. Ist aber eine $q$te Wurzel aus einer $p$ten Potenz zu ziehen $(\sqrt[q]{z^p})$, so schreiben wir dafür auch nicht ohne Weiteres $z^{\frac{p}{q}}$, weil der erste Ausdruck mehr Werthe als der zweite haben kann. Wohl aber ist dies zulässig, wenn p und q theilerfremd sind.

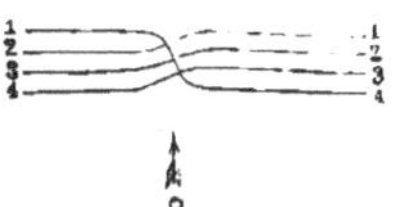

Dass die Gleichung $z^q = a$ immer lösbar ist, und q Lösungen hat, nämlich

$$\sqrt[q]{a} = e^{\frac{1}{q}\lg a},\quad e^{\frac{1}{q}\lg a + \frac{2i\pi}{q}},\quad e^{\frac{1}{q}\lg a + \frac{4i\pi}{q}},\ \ldots,\ e^{\frac{1}{q}\lg a + \frac{2(q-1)i\pi}{q}}$$

ist evident, denn die $q$ten Potenzen dieser Ausdrücke geben eben a. Dass aber andere Lösungen nicht vorhanden sind, folgt aus (§ 50), weil die gefundenen Lösungen von einander verschieden sind.

§ 109. Die Wurzeln der Einheit. Die Gleichung $z^n = 1$ hat n verschiedene Lösungen (Wurzeln), nämlich, wenn k eine ganze Zahl ist

$$1,\ \cos\frac{2\pi}{n} + i\sin\frac{2\pi}{n},\ \cos\frac{4\pi}{n} + i\sin\frac{4\pi}{n},\ \ldots,\ \cos\frac{2k\pi}{n} + i\sin\frac{2k\pi}{n},\ \ldots,\ \cos\frac{2(n-1)\pi}{n} + i\sin\frac{2(n-1)\pi}{n},$$

von denen je zwei und zwei conjugirt sind bis auf eine oder wenn n gerade ist zwei unter ihnen nämlich 1 und bez. 1 und —1. Die conjugirten Wurzeln sind

$$\cos\frac{2k\pi}{n}+i\sin\frac{2k\pi}{n},\quad \cos\frac{2(n-k)\pi}{n}+i\sin\frac{2(n-k)\pi}{n}=\cos\frac{2k\pi}{n}-i\sin\frac{2k\pi}{n}.$$

Das Produkt solcher conjugirten Wurzeln ist Eins ihre Summe $2\cos\frac{2k\pi}{n}$. Ist k relativ prim (theilerfremd) zu n, so heisst $\cos\frac{2k\pi}{n}+i\sin\frac{2k\pi}{n}$ eine Primitivwurzel. Setzen wir sie gleich α_k, so sind die Potenzen

$$\alpha_k^0,\ \alpha_k^1,\ \alpha_k^2,\ldots,\ \alpha_k^{n-1}$$

wieder die n verschiedenen Wurzeln 1, $\cos\frac{2\pi}{n}+i\sin\frac{2\pi}{n}$, .. in veränderter Reihenfolge. Es ist nämlich $\alpha_k^m=\cos\frac{2km\pi}{n}+i\sin\frac{2km\pi}{n}$ offenbar wieder eine Einheitswurzel, nimmt man von km ein passendes Multiplum von n fort, wodurch die Einheitswurzel ungeändert bleibt, ($\cos\frac{2(km\pm pm)\pi}{n}+i\sin\frac{2(km\pm pn)\pi}{n}=\cos\frac{2km\pi}{n}+i\sin\frac{2km\pi}{n}$, p ganz), so ist α_k^m auch genau wieder in die Form der oben aufgestellten Einheitswurzeln zu bringen. Ist aber $m\gtreqless m'$ und sind $m, m'<n$, so ist auch $\alpha_k^m\gtreqless\alpha_k^{m'}$. Denn es ist $\alpha_k^m:\alpha_k^{m'}=\alpha_k^{m-m'}=\cos\frac{2(m-m')k\pi}{n}+i\sin\frac{2(m-m')k\pi}{n}$ von Eins verschieden, wenn k mit n keinen Theiler gemein hat, weil $m-m'$ von 0 und jedem Multiplum von n verschieden ist. Es sind demnach die Grössen

$$\alpha_k^0,\ \alpha_k^1,\ \alpha_k^2,\ldots,\ \alpha_k^{n-1}$$

$n$te Einheitswurzeln und alle von einander verschieden, und daher wieder die sämmtlichen $n$ten Einheitswurzeln. Da ferner, wenn auch k mit n einen Theiler hat,

$$\alpha_k^0+\alpha_k^1+\alpha_k^2+\ldots+\alpha_k^{n-1}=(\alpha_k^n-1):(\alpha_k-1)$$

ist, so ist, wenn α_k nicht Eins ist, diese Summe gleich Null ($\alpha_k^n-1=0$). Für $k=1$ ergiebt sich: Die Summe der verschiedenen $n$ten Einheitswurzeln ist Null. Ist k nicht 0 oder ein Multiplum von n, aber sonst eine beliebige positive oder negative ganze Zahl, so folgt auch, dass die Summe der $k$ten Potenzen der $n$ten Einheitswurzeln Null ist. Ist k ein Multiplum von n, so ist $\alpha_k^m=1$ und also die Summe n.

Die (engere) Zahlentheorie widmet den Einheitswurzeln grössere Kapitel. Aber auch in der Functionentheorie werden wir noch vielfach Gewinn von ihnen haben. Um hiervon sogleich ein Beispiel zu haben, beweisen wir den schon früher (§ 85) ausgesprochenen Satz.

§ 109. In einer ganzen transcendenten Function $f(z)$ kann man die Veränderliche z so wachsen lassen, dass $f(z)$ über alle Grenzen wächst, und zwar so, dass auch noch $f(z):z^n$ für jedes noch so grosse n über alle Grenzen wächst. — Es sei

$$f(z)=a_0+a_1z+a_2z^2+\ldots+a_nz^n+a_{n+1}z^{n+1}+\ldots$$

Da die Reihe nach der Definition ganzer transcendenten Functionen für jeden Werth von z absolut convergent ist, so können wir, wie gross die absolute Zahl R auch sein mag n so gross nehmen, dass der Ausdruck

$$R^n\,abs\,a_n+R^{n+1}\,abs\,a_{n+1}+R^{n+2}\,abs\,a_{n+2}+\ldots=F_n(R)$$

kleiner als jede noch so kleine vorgegebene Zahl wird. Dies findet umsomehr mit $F_n(R):R^n$ statt. — Angenommen nun $abs\,f(z)$ sei für jeden Werth von $z=R(\cos\vartheta+i\sin\vartheta)$, wie gross auch R sein mag, absolut genommen kleiner, höchstens gleich M, so ist, weil der absolute Betrag einer Summe kleiner als die Summe der absoluten Beträge ist,

$$abs\,\frac{1}{n}\left\{\frac{f(R)}{R^m}+\frac{f(Re^{\varepsilon i})}{R^m e^{\varepsilon m i}}+\frac{f(Re^{2\varepsilon i})}{R^m e^{2\varepsilon m i}}+\ .\ .\ +\frac{f(Re^{(n-1)\varepsilon i})}{R^m e^{(n-1)\varepsilon m i}}\right\}\leqq\frac{M}{R^m},$$

wie gross auch n und R, und welche reelle Zahl ε sein mag. Setzen wir nun $\varepsilon=2\pi:n$, nehmen ν sehr gross jedenfalls grösser als m an, so ist

$$\frac{1}{n}\left\{\frac{f(R)}{R^m}+\frac{f(Re^{\varepsilon i})}{R^m e^{m\varepsilon i}}+\frac{f(Re^{2\varepsilon i})}{R^m e^{2m\varepsilon i}}+\ .\ .\ +\frac{f(Re^{(n-1)\varepsilon i})}{R^m e^{(n-1)m\varepsilon i}}\right\}=$$

$$\frac{1}{n}\sum_{\nu=0}^{\nu=n-1}\left\{\frac{a_0e^{-\nu m\varepsilon i}}{R^m}+\frac{a_1e^{-\nu(m-1)\varepsilon i}}{R^{m-1}}+\ .\ .\ +\frac{a_{m-1}e^{-\nu\varepsilon i}}{R}+a_m+a_{m+1}Re^{\nu\varepsilon i}+.\ .\ +a_{m+\mu}R^\mu e^{\nu\mu\varepsilon i}+\ .\ .\right\}.$$

Da nach der über n gemachten Annahme $-m$, $-(m-1)$, $-(m-2)$, . . grösser als $-n$ sind, so ist nach dem vorigen Paragraphen

$$\sum_{\nu=0}^{\nu=n-1}\frac{a_0e^{-\nu m\varepsilon i}}{R^m}=0,\quad\sum\frac{a_1e^{-\nu(m-1)\varepsilon i}}{R^{m-1}}=0,\quad .\ .\ .,\quad\sum\frac{a_{m-1}e^{-\nu\varepsilon i}}{R}=0.$$

Ist aber μ positiv, und kein Multiplum von n, so haben wir, wenn p eine ganze Zahl ist

$$\frac{1}{n}\sum_{\nu=0}^{\nu=n-1}a_{m+\mu}R^\mu e^{\nu\mu\varepsilon i}=0,\quad\frac{1}{n}\sum_{\nu=0}^{\nu=n-1}a_m=a_m,\quad\frac{1}{n}\sum_{\nu=0}^{\nu=n-1}a_{m+pn}R^{pn}e^{pn\nu\varepsilon i}=a_{m+pn}R^{pn},$$

so dass also

$$\frac{1}{n}\sum_{\nu=0}^{\nu=n-1}\frac{f(Re^{\varepsilon\nu i})}{R^m e^{m\varepsilon\nu i}}=a_m+a_{m+n}R^n+a_{m+2n}R^{2n}+a_{m+3n}R^{3n}+\ .\ .$$

ist. Nehmen wir nun R so gross, dass die linke Seite gleich $\frac{1}{2}\sigma'$, absolut genommen kleiner als $\frac{1}{2}\sigma$ wird, wo σ beliebig klein vorgegeben ist, was immer möglich ist, wenn m von Null verschieden ist, weil ja dieser Ausdruck $< M:R^m$ dem absoluten Betrage nach ist, was auch n sein mag, so können wir dann weiter n so gross nehmen, dass auch

$$abs(a_{m+n}R^n+a_{m+2n}R^{2n}+a_{m+3n}R^{3n}+\ .\ .)=\tfrac{1}{2}\sigma''<\tfrac{1}{2}\sigma$$

wird, weil dieser Ausdruck kleiner als der oben untersuchte $F_{m+n}(R):R^m$ ist. So erhalten wir die Gleichung $a_m=\frac{1}{2}(\sigma'-\sigma'')$, also ist a_m dem absoluten Betrage nach kleiner als jede noch so klein vorgegebene Zahl σ, also Null. Dies gilt für jedes von Null verschiedene m. Damit ist der Satz gegewonnen. *Ist eine ganze transcendente Function $f(z)$ für jeden Werth $z=Re^{\vartheta i}$ endlich, d. h. dem absoluten Betrage nach kleiner als eine bestimmte Zahl M, so bricht ihre Entwickelung nach Potenzen von z mit dem Anfangsgliede ab, die Function ist eine Constante.* Es liegt nahe den Satz dahin auszudehnen. Eine eindeutige Function, die in der ganzen z-Ebene den Charakter einer ganzen Function hat, ist eine Constante, wenn sie für keinen Werth von z dem absoluten Betrage nach grösser als eine gewisse bestimmte (übrigens beliebig grosse) Zahl M hinausgeht. Dieser Satz besteht auch wirklich, und ist einer der wichtigsten Sätze der allgemeinen Functionentheorie. Um aber diesen Satz aus dem hier bewiesenen abzuleiten, würde es nöthig sein nachzuweisen, dass eine eindeutige Function der complexen Veränderlichen z, die in jedem Puncte der z-Ebene den Charakter einer ganzen Function hat (d. h. durch eine Potenzreihe dargestellt werden kann, welche in einer, wenn auch kleinen Umgebung jedes Punctes convergirt) eine ganze transcendente Function ist, d. h. durch eine Potenzreihe dargestellt werden kann, welche überall convergirt. Dieser Nachweis soll später geliefert werden.

Eine ganze transcendente Function

$$f(z)=a_0+a_1z+a_2z^2+\ .\ .\ +a_nz^n+\ .\ .$$

muss also, wenn sie nicht constant ist, nothwendig Werthe annehmen, welche grösser als jeder vorgegebene sind. Die Function $f(z):z^n$, wie gross auch n sein mag, zerfällt in zwei Theile $\varphi(z)+\psi(z)$,

$$\varphi(z) = \frac{a_{n-1}}{z} + \frac{a_{n-2}}{z^2} + \frac{a_{n-3}}{z^3} + \ldots + \frac{a_0}{z^n},$$

$$\psi(z) = a_n + a_{n+1}z + a_{n+2}z^2 + \ldots + a_{n+m}z^m + \ldots$$

Der letzte Theil $\psi(z)$ ist wieder eine ganze transcendente Function. Während der erste Theil $\varphi(z)$ für Werthe von z die auf irgend eine Weise über alle Grenzen wachsen zu Null herabsinkt, muss im zweiten Theile z dem absoluten Betrage nach so vergrössert werden können, dass er, und also auch $f(z):z^n$, über alle Grenzen wächst w. z. b. w.

§ 110. Die Verzweigung der allgemeinen Potenz. Ist a keine rationale, sondern eine irrationale oder complexe Zahl, so hat die Function $z^a = e^{a \lg z}$ unendlich viele Zweige. Sie ist ganz so wie der Logarithmus verzweigt, und daher in der im § 90 beschriebenen Riemann'schen Fläche eindeutig, so dass jedem Puncte der Fläche ein Zweigwerth von z^a und jedem Werth von z^a, wenn z gegeben ist, ein Punct der Fläche entspricht. Der Werth des $n$ten Zweiges $e^{a(\lg z)+2an\pi i}$ unterscheidet sich von dem des $m$ten Zweiges $e^{a(\lg z)+2am\pi i}$ ($(\lg z)$ Hauptzweig) durch den Factor $e^{2a(n-m)\pi i}$. Hier tritt nun, wenn a eine reelle irrationale Zahl ist, der merkwürdige Umstand ein, dass für denselben aber beliebigen Werth von z verschiedene Zweige so bestimmt werden können, dass diese Zweigwerthe sich von einander um weniger als jede noch so kleine Zahl unterscheiden. Man kann dann nämlich die ganze Zahl $n-m=q$ so bestimmen, dass $e^{2aq\pi i}$ beliebig wenig von Eins verschieden ist. Hierzu ist nur nöthig, dass aq nahe eine ganze Zahl ist. Wir nehmen die ganze Zahl N so gross an, dass $1:N<\sigma$ ist. Dann zerlegen wir das Intervall von 0 bis 1, in N gleiche Theile mit den Theilpuncten 0, $1:N$, $2:N$, $3:N$, .., $(N-1):N$, 1, ebenso das Intervall von 1 bis 2 mit den Theilpuncten $(N+1):N$, $(N+2):N$, $(2N-1):N$, 2, ebenso das Intervall von 2 bis 3 u. s. w. Dann nennen wir das Intervall von $(\mu-1):N$ bis $\mu:N$ ein μtes Intervall, ebenso das Intervall von $1+((\mu-1):N)$ bis $1+(\mu:N)$, .. ferner das Intervall zwischen $m+((\mu-1):N)$ und $m+(\mu:N)$ ein μtes Intervall. Darauf bilden wir die Reihe von Zahlen

$$a, \quad 2a, \quad 3a, \quad \ldots, \quad Na, \quad (N+1)a,$$

so müssen von den $N+1$ Zahlen dieser Reihe wenigstens in ein gleichgezähltes Intervall, etwa in das μte zwei hineinfallen, weil es $N+1$ Zahlen, und nur N Intervalle sind. Auf einen Theilpunct selbst kann keine Zahl fallen, weil a irrational ist. Nun seien die beiden Zahlen m und m' diejenigen, deren Produkte mit a, also am, am', in ein μtes Intervall fallen. So ist

$$am = n + \frac{\mu}{N} - \varepsilon, \quad am' = n' + \frac{\mu}{N} - \varepsilon',$$

wo n, n' ganze Zahlen, ε, ε' kleiner als σ sind. Durch Subtraktion folgt

$$(m-m')a = (n-n') + \varepsilon' - \varepsilon,$$

d. h. multiplicirt man a mit der ganzen Zahl $q = m-m'$, so ist das Produkt um weniger als σ von einer ganzen Zahl verschieden, weil $abs(\varepsilon'-\varepsilon) < \sigma$ ist. Dabei ist σ beliebig klein.

Zu bemerken ist noch, dass die Werthe der verschiedenen Zweige von z^a, wenn a reell ist, also auch wenn a rational ist, für dasselbe z denselben absoluten Betrag haben.

§ 111. Uebergang von der Potenz zur Exponentialfunction. Ist w eine beliebige complexe Zahl, und wächst der absolute Betrag von w über alle Grenzen, was durch das Zeichen lim angedeutet werden soll, so folgt aus der Identität

$$\left(1+\frac{z}{w}\right)^w = e^{w \lg\left(1+\frac{z}{w}\right)} = e^{z - \frac{1}{2}\frac{z^2}{w}(1-\varepsilon)},$$

worin ε dem absoluten Betrage nach kleiner als 1 ist,

$$\lim\left(1+\frac{z}{w}\right)^w = e^z,$$

für jedes beliebige z. Wäre die Potenz durch die binomische Reihe definirt, so ist der Nachweis dieser Identität complicirter zu führen, soll aber erbracht werden. — So lange $abs\, z < abs\, w$ ist, hat man

$$\left(1+\frac{z}{w}\right)^w = 1+\frac{w\,.\,z}{w}+\frac{w(w-1)}{1\,.\,2}\frac{z^2}{w^2}+\,.\,.\,+\frac{w}{1}\,\frac{(w-1)}{2}\,.\,.\,\frac{(w-\mu+1)}{\mu}\frac{z^\mu}{w^\mu}+\,.\,.,$$

$$= 1+z+\frac{1-\frac{1}{w}}{2}z^2+\,.\,.\,+\frac{1-\frac{1}{w}}{2}\,\frac{1-\frac{2}{w}}{3}\,.\,.\,\frac{1-\frac{\mu-1}{w}}{\mu}z^\mu+\,.\,.\,.$$

Um mit möglichst einfachen Betrachtungen auszukommen, wollen wir vorerst annehmen es sei $abs\,z < 1$, dann ist in der letzten Reihenentwichelung der Coefficient von z^μ, wenn $abs\,w > 1$ ist,

$$\frac{w}{1}\,\frac{w-1}{2}\,.\,.\,\frac{w-\mu+1}{\mu}\,\frac{1}{w^\mu} = \frac{1}{\mu}\,\frac{(w-1)}{w}\,\frac{\frac{1}{2}(w-2)}{w}\,\frac{\frac{1}{3}(w-3)}{w}\,.\,.\,\frac{\frac{1}{\mu-1}(w-\mu+1)}{w},$$

absolut genommen kleiner als Eins, die Reihe convergirt stärker als die geometrische, und man kann deshalb unabhängig von w, also wie gross der absolute Betrag von w auch sein mag, von der Reihe eine bestimmte Anzahl, $N+1$ Glieder abschneiden, so dass der Rest R_N absolut genommen kleiner als die beliebig klein vorgegebene Zahl σ ist. Haben wir ein solches N gefunden, so genügt auch jedes grössere N derselben Bedingung, und wir können daher N so gross annehmen, dass die Differenz

$$e^z-1-\frac{z}{1}-\frac{z^2}{2!}-\,.\,.\,-\frac{z^N}{N!} = D_N,$$

absolut genommen kleiner als σ wird. Endlich aber können wir den absoluten Betrag von w so gross nehmen, dass

$$\left(\frac{w}{1}\,\frac{w-1}{2}\,.\,.\,\frac{w-\mu+1}{\mu}\,\frac{1}{w^\mu}-1\right) = \tau_\mu,$$

so lange $\mu \leqq N+1$ ist, dem absoluten Betrage nach kleiner als $\sigma : N$ wird. Dann haben wir

$$\left(1+\frac{z}{w}\right)^w = 1+z+\frac{(1+\tau_2)z^2}{1\,.\,2}+\frac{(1+\tau_3)z^3}{3!}+\,.\,.\,+\frac{(1+\tau_N)z^N}{N!}+R_N$$

$$= e^z-D_n+R_n+\frac{\tau_2 z^2}{2!}+\frac{\tau_3 z^3}{3!}+\,.\,.\,+\frac{\tau_N z^N}{N!}.$$

Da aber $abs\,\tau_\mu < \sigma : N$, $abs\,z < 1$ ist, so ist der Werth der $N-1$gliedrigen Summe $\Sigma\tau_\mu z^\mu : \mu! = S_N$ absolut genommen kleiner σ. Es lässt sich demnach der absolute Betrag von w so gross annehmen, dass

$$\left(1+\frac{z}{w}\right)^w - e^z = R_N+S_N-D_N$$

absolut genommen kleiner als 3σ, kleiner als jede noch so kleine vorgegebene Zahl wird, mithin ist

$$\lim\left(1+\frac{z}{w}\right)^w = e^z.$$

Weil aber für ein ganzes μ

$$\lim\left(1+\frac{z}{w}\right)^{\mu w} = \left(\lim\left(1+\frac{z}{w}\right)^w\right)^\mu = e^{\mu z} = \lim\left(1+\frac{\mu z}{\mu w}\right)^{\mu w} = \lim\left(1+\frac{\mu z}{w}\right)^w$$

ist, so kann die Beschränkung $abs\,z < 1$ fallen gelassen werden.

§ 112. Die ganze negative Potenz. Ist a eine ganze negative Zahl gleich $-m$, so ist $z^a = z^{-m} = 1 : z^m$ eine eindeutige Function die in der ganzen Ebene, ausgenommen im Puncte $z = 0$ (oder wenn man $(z-z_0)^{-m}$ betrachtet, im Puncte z_0), wo sie unendlich wird, also im Grunde keinen Werth hat. Entwickelt man z^{-m} nach Potenzen von $z-c$ so geht der Convergenzkreis allemal durch den Punct Null, und dieser liegt niemals im Innern der Convergenz einer Potenzentwickelung, er ist für die Function z^{-m} ein singulärer Punct. Allein die Function verzweigt sich nicht um diesen Punct herum, und wie man auch z gegen Null abnehmen lässt, der absolute Betrag von z^{-m} wächst immer über alle Grenzen, während z. B. $e^{\frac{1}{z}}$ für positiv abnehmende z über alle Grenzen wächst, für negative abnehmende z gegen Null convergirt. Eine solche Singularität einer Function $f(z)$ in einem Puncte z', welche durch Multiplication, mit einer ganzen Potenz gehoben werden kann, so dass $f(z).(z-z')^m$ im Puncte z' den Charakter einer ganzen Function hat*), wird nach Herrn Weierstrass eine ausserwesentliche Singularität genannt.

§ 113. Abbildung durch reciproke Radii-Vectores. Die negative erste Potenz, also der Ausdruck $1:(z-z_0)$, wird vielfach zu Substitutionen verwendet, namentlich dazu, das Verhalten einer Function im Unendlichen zu studiren. Setzt man z. B. $\lg Z = \lg\frac{1}{z} = -\lg z$, $Z = \frac{1}{z}$, so erkennt man sogleich, dass $\lg Z$ im Unendlichen ein ganz ähnliches Verhalten zeigt, als im Puncte Null. Legt man in der z-Ebene um den Punct 0 einen sehr kleinen Kreis, auf welchen $abs\, z = \delta$ ist, so ist in den entsprechenden Puncten der Z-Ebene $abs\, Z = \frac{1}{\delta}$, also liegen sie auf einem sehr grossen Kreise. Es lohnt sich, diese Abbildungsweise $Z = 1:z$ näher zu untersuchen. Ist $z = x+yi = \varrho(\cos\vartheta + i\sin\vartheta)$, $Z = X+Yi = R(\cos\Theta + i\sin\Theta)$, so ist

$$Z = \frac{1}{\varrho}(\cos\vartheta - i\sin\vartheta),\quad X = \frac{1}{\varrho}\cos\vartheta = \frac{x}{x^2+y^2},\quad Y = -\frac{1}{\varrho}\sin\vartheta = -\frac{y}{x^2+y^2},\quad R = \frac{1}{\varrho},\quad \Theta = -\vartheta.$$

Durchläuft nun z einen Kreis, dessen Mittelpunct der Nullpunct ist, so durchläuft Z einen Kreis, dessen Mittelpunct der Nullpunct der Z-Ebene ist, und der den Radius $1:abs\, z$ hat. Hat z den Bogen $\varrho\vartheta$ zurückgelegt, so hat Z den Bogen $R\Theta = -\frac{1}{\varrho}\vartheta$ zurückgelegt, läuft aber z um Null positiv herum, so läuft Z um Null negativ herum. Dem Einheitskreise entspricht der Einheitskreis, und dem Puncte 1 entspricht 1, dem Puncte -1 entspricht -1, die beiden Puncte entsprechen sich also selber, wenn man die Bilder aufeinander legt, so dass die Achsen sich decken. Jedem Puncte im Innern des Einheitskreises der z-Ebene entspricht ein Punct ausserhalb des Einheitskreises der Z-Ebene, und umgekehrt, wovon nur die Puncte 0 beider Ebenen eine Ausnahme machen, weil diese dem Unendlichen, so zu sagen, entsprechen. Der Umstand nun, dass man durch die einfache Substitution $Z = 1:z$, das Wachsen von Z über alle Grenzen ersetzen kann durch das Abnehmen von z gegen Null (oder wenn man $Z = 1:(z-z_0)$ setzt, gegen z_0), also gegen einen Punct, hat es bewirkt, dass man bei der Darstellung complexer Zahlen durch Ebenen oder Riemann'sche Flächen von unendlich fernen Puncten redet, so dass jede Ebene einen unendlich fernen Punct enthält, und also geschlossen ist. Man denkt sich die Ebene als eine unendlich grosse Kugel, den Pol eines im Endlichen liegenden Punctes als den unendlich fernen Punct auf ihr. Eine Riemann'sche Fläche bedeckt diese Kugel mehrere Male. Es ist dies aber weiter nichts als eine Redeweise, welche die Terminologie beqem macht, und welche weiter nichts bedeutet, als dass die Untersuchung einer Function $f(z)$ für wachsende z durch die Substitution $z = 1:(Z-Z_0)$ auf die Untersuchung gegen Z_0 convergirender Z, also auf die Untersuchung eines Punctes zurückgeführt werden kann. Aehnliche Gründe sind es ja, welche die Geometrie zu der Redeweise bringt, die Ebene werde durch eine unendlich ferne Gerade begrenzt. Hier ist die Ebene unbegrenzt, geschlossen. So ist es gestattet, statt „das Aeussere eines Kreises" zu sagen „das Innere eines Kreises um dem Punct Unendlich". Die Begrenzung eines Gebietes durchläuft man positiv, wenn dabei das begrenzte Stück immer zur Linken bleibt, durchläuft daher ein Punct einen Kreis um z_0 positiv, so durchläuft derselbe Punct diesen Kreis, wenn er als Kreis um den Punct Unendlich aufgefasst wird, negativ. Durchläuft z einen kleinen Kreis um den Punct Null positiv, so durchläuft $1:Z$ einen grossen Kreis um den Punct Unendlich ebenfalls positiv, und es wächst daher $\lg Z = -\lg z$, wenn Z den Punct Unendlich positiv umkreist, um $-2i\pi$, der unendlich ferne Punct ist für die Function $\lg z$ ebenso ein unendlich vielfacher Verzweigungspunct als der Punct Null.

*) Wenn $f(z)$ bei Annäherung von z an z' über alle Grenzen wächst, so hat eigentlich $f(z).(z-z')^m$ dort keinen Sinn. Es ist jedoch allgemein Gebrauch, für $z = z'$ in diesem Produkte den Werth zu setzen, welchem es sich stetig nähert, wenn ein solcher Werth vorhanden ist.

Um die Abbildung durch reciproke Radii-Vectores noch weiter zu verfolgen, lassen wir z eine vom Puncte 0 ausgehende gerade Strecke durchlaufen. Auf ihr ist ϑ constant, während ϱ alle positiven Werthe annimmt. Z durchläuft daher auch einen geraden Strahl, $R = 1:\varrho$ nimmt alle positiven Werthe an, und Θ ist $= -\vartheta$. Legt man die Bilder aufeinander, so halbirt die reelle Achse den Winkel der sich entsprechenden Strahlen. Wenn man aber die Bilder aufeinander legt, nachdem man die Z-Ebene um die reelle Achse um 180^0 gedreht, sie umgeklappt hat, so fallen die entsprechenden Strahlen aufeinander. Diese letztere Lage der beiden Bilder ist diejenige, welche eigentlich die Abbildung durch reciproke Radii-Vectores genannt wird, der Unterschied ist jedoch nicht sehr bedeutend.

Zieht man in der z-Ebene eine beliebige nicht durch den Nullpunct gehende Gerade g und trifft das von diesem Puncte auf sie gefällte Loth p die Gerade in einem Puncte $z = a$, so schreiben wir für

$$Z = \frac{1}{z}, \quad Z - \frac{1}{2a} = \frac{1}{z} - \frac{1}{2a} = \frac{1}{2a}\,\frac{2a-z}{z}.$$

Die Entfernung eines Punctes z auf g von Null und von $2a$ ist nun dieselbe, es ist also $abs\,(2a-z) = abs\,z$, und es ist deshalb $abs\left(Z - \frac{1}{2a}\right) = abs\,\frac{1}{2a}$, oder es liegen die der Geraden g der z-Ebene in der Z-Ebene entsprechenden Puncte auf einem Kreise K, dessen Radius $abs\,(1:2a)$, dessen Mittelpunct $1:2a$ ist, und der daher durch den Nullpunct geht, welcher natürlich dem unendlich fernen Puncte der Geraden g entspricht. Dem Puncte a auf g entspricht der diametral dem Nullpuncte auf K gegenüberliegende Punct. Die Radii-Vectores von z auf g bilden mit der reellen Achse Winkel zwischen $-\frac{1}{2}\pi + \angle a$ und $+\frac{1}{2}\pi + \angle a$. Die Winkel der entsprechenden Radii-Vectores liegen zwischen $+\frac{1}{2}\pi - \angle a$, und $-\frac{1}{2}\pi - \angle a$ ($\angle a = -\angle(1:a)$). Die Puncte der Halbebene, welche durch g begrenzt wird, und den Punct 0 nicht enthält, werden durch Puncte im Innern von K abgebildet, die der andern Halbebene, durch die Puncte ausserhalb K. Die Aufgabe, die Puncte einer Halbebene auf das Innere eines Kreises conform, d. h. mittels einer Function der complexen Veränderlichen z abzubilden ist somit gelöst.

Auf weitere Eigenschaften dieser interessanten Abbildungsart können wir hier nicht eingehen.

Weitere Sätze über ganze Functionen. Rationale Functionen. Transcendente rationale Functionen. Unendliche Produkte.

§ 114. **Begriff der rationalen Functionen.** Sind $F(z)$ und $G(z)$ ganze Functionen, und lässt sich eine Function von z auf die Form bringen $F(z):G(z)$, so nennt man sie eine **rationale** Function von z. Sind aber $F(z)$ und $G(z)$ oder wenigstens eine von ihnen ganze transcendente Functionen, so nennt man den Quotienten eine **rationale transcendente** Function. Eine rationale Function lässt sich immer durch Absonderung einer ganzen Function so in zwei Theile zerlegen, dass der eine eine ganze Function, der andere eine rationale Function ist, bei der der Grad der Zählerfunction um **mindestens** eine Einheit niedriger ist, als der der Nennerfunction. Ist nämlich $F(z) = a_0 + a_1 z + a_2 z^2 + \ldots + a_m z^m$, $G(z) = b_0 + b_1 z + \ldots + b_n z^n$ und $m \geqq n$, so ist

$$\frac{F(z)}{G(z)} = \frac{F(z) - \frac{a_m}{b_m} G(z)\, z^{m-n}}{G(z)} + \frac{a_m}{b_m} z^{n-m} = \frac{H(z)}{G(z)} + \frac{a_m}{b_m} z^{n-m},$$

und $H(z)$ ist vom m—ten, oder niederem Grade. $\frac{a_m}{b_m} z^{n-m}$ aber ist eine ganze Function, oder constant, wenn $n = m$ ist. Ist H noch von höherem Grade als G, so kann dasselbe Verfahren wieder angewandt werden, bis man zu dem Resultate gelangt

$$\frac{F(z)}{G(z)} = \frac{R(z)}{G(z)} + M(z),$$

worin $M(z)$ eine ganze Function von m—$n$ten Grade, $R(z)$ aber eine ganze Function höchsteus vom n—1ten Grade ist. Man kann die Gleichung auch so schreiben

$$F(z) = M(z).G(z)+R(z).$$

Man hat die Division mit $G(z)$ ausgeführt, die grösste in $F:G$ enthaltene ganze Function $M(z)$ und den Rest $R(z)$ erhalten. Ist $R(z)$ identisch Null, so ist die Division aufgegangen und $G(z)$ ist ein Factor von $F(z)$. Ist $H(z)$ dem Grade nach kleiner als $G(z)$, so soll $H(z):G(z)$ eine ächt gebrochene Function heissen.

Nennt man der Kürze des Ausdruckes halber eine ganze Function grösser, wenn sie von höherem Grade ist, so kann man durch eine Wiederholung dieses Verfahrens den grössten gemeinsamen Theiler von $F(z)$ und $G(z)$ finden, indem man immer die Division mit dem Reste in dem vorhergehenden Divisor ausführt. Man setzt also

$$\begin{array}{lll} F(z) & = M(z).G(z) & +R(z) \\ G(z) & = M_1(z).R(z) & +R_1(z) \\ R(z) & = M_2(z).R_1(z) & +R_2(z) \\ R_1(z) & = M_3(z).R_2(z) & +R_3(z) \\ \cdots & \cdots & \cdots \\ \cdots & \cdots & \cdots \\ R_{\mu-2}(z) & = M_\mu(z).R_{\mu-1}(z) & +R_\mu(z) \end{array}$$

Da $R(z)$, $R_1(z)$, $R_2(z)$, . . sämmtlich ganze Functionen sind, und ihr Grad der Reihe nach um mindestens eine Einheit abnimmt, so muss einmal ein Rest $R_\mu(z)$ eintreten, der eine Constante oder Null ist. Im ersten Falle haben $F(z)$ und $G(z)$ keinen gemeinsamen Theiler. Die Constante nämlich, durch welche jede Function theilbar ist, (wie jede ganze Zahl durch die Eins) rechnet man nicht zu Theilern. Im zweiten Falle ist $R_{\mu-1}$ der grösste gemeinsame Theiler. Dies folgt daraus, dass jeder Theiler von $F(z)$ und $G(z)$ auch Theiler von $R(z)$, $R_1(z)$, . . , $R_\mu(z)$ sein muss. Ist nämlich $F(z) = F_1(z)S(z)$, $G(z) = G_1(z)S(z)$, also $S(z)$ ein gemeinsamer Theiler von F und G, so ist

$$F(z) = M(z)\,G(z)+R(z), \quad F_1(z) = M(z)\,G_1(z)+R(z):S(z).$$

Setzt man noch $R(z):S(z) = L(z)+(T(z):S(z))$, so dass $T(z):S(z)$ ächt gebrochen ist, so muss T nothwendig identisch Null, also R durch S theilbar sein, weil sonst die ächt gebrochene Function

$$T(z):S(z) = F_1(z)-M(z)\,G(z)-L(z) = P(z)$$

einer ganzen Function identisch gleich wäre, was nicht möglich ist. Denn $P(z)$ ist entweder identisch 0, und also, da S nicht identisch 0 ist, auch $T(z)$, oder mindestens vom 0ten Grade, und dann ist $S(z).P(z)$ von höherem Grade als $T(z)$ und kann daher dieser Function nicht identisch gleich sein. Ebenso wie R müssen nun auch R_1, R_2, . . , $R_{\mu-1}$, R_μ den Theiler S haben, so dass wenn R_μ constant ist, F und G keinen gemeinsamen Theiler haben, wenn aber R_μ Null ist, den grössten gemeinsamen Theiler $R_{\mu-1}$ haben.

Haben Zähler und Nenner des Quotienten $F(z):G(z)$ keinen gemeinsamen Theiler, so sagen wir, er sei auf seine kleinste Benennung gebracht.

§ 115. Verschwindet der Nenner $G(z)$ der rationalen oder transcendenten rationalen Function $F(z):G(z)$ im Puncte z_0 nicht, so hat er dort den Charakter einer ganzen Function. Ordnen wir, was nach § 64 immer möglich ist, $G(z)$ nach Potenzen von $z-z_0$, so dass $G(z) = g(1+g_1(z-z_0)+g_2(z-z_0)^2+ \,..\, +g_n(z-z_0)^n+ \,..)$, und, wie vorausgesetzt wurde, g von Null verschieden ist, so ist

$$\frac{F(z)}{G(z)}=\frac{F(z)}{g}\,(1-\{g_1(z-z_0)+g_2(z-z_0)^2+\,.\,.\}+\{g_1(z-z_0)+\,.\,.\}^2-\{g_1(z-z_0)+\,.\,.\}^3+\,.\,-\,.\,.),$$

und diese Reihe convergirt so lange als

$$abs\,(g_1(z-z_0))+abs\,(g_2(z-z_0)^2)+\,.\,.\,+abs\,(g_n(z-z_0)^n)+\,.\,.$$

kleiner als Eins ist, was nach § 68 stets in einem vielleicht kleinen den Punct z_0 umgebenden Gebiete statt hat, so dass der Satz erwiesen ist.

§ 116. Eine rationale Function besitzt nur ausserwesentlich singuläre Stellen, und zwar in endlicher Anzahl. Die Function $G(z)$ kann, wenn sie vom $n$ten Grade ist, nicht in mehr als n Puncten (§ 50) verschwinden, und wenn z_μ ein solcher Werth von z ist, so ist $z-z_\mu$ ein Theiler von $G(z)$. Es kann aber auch $z-z_\mu$ ein mehrfacher Theiler von G sein, etwa ein r-facher, so ist die ganze Zahl $r \leqq n$. Alsdann wird die Function $(z-z_\mu)^r.F(z):G(z)$ im Puncte z_μ nicht unendlich, sie hat dort den Charakter einer ganzen Function. Der Punct ist also ein ausserwesentlich singulärer. Solcher Puncte können nicht mehr als n vorhanden sein, und es fragt sich nur noch, wie der Punct ∞ aufzufassen ist. Um diese Stelle zu untersuchen setzen wir $z=\frac{1}{\zeta}$, so wird

$$F\left(\frac{1}{\zeta}\right)=\frac{1}{\zeta^m}\,(a_m+a_{m-1}\zeta+a_{m-2}\zeta^2+\,.\,.\,+a_0\zeta^m)$$

$$G\left(\frac{1}{\zeta}\right)=\frac{1}{\zeta^n}\,(b_n+b_{n-1}\zeta+\,.\,.\,+b_0\zeta^n)$$

$$F\left(\frac{1}{\zeta}\right):G\left(\frac{1}{\zeta}\right)=\zeta^{n-m}.\frac{a_m+a_{m-1}\zeta+a_{m-2}\zeta^2+\,.\,.}{b_n+b_{n-1}\zeta+b_{n-2}\zeta^2+\,.\,.}.$$

Hierin hat der als gebrochene Function geschriebene Theil für $\zeta=0$, $(z=\infty)$ den Charakter einer ganzen Function, ζ^{n-m} aber nur dann, wenn $n \geqq m$ ist. Wir können deshalb das Verhältniss so auffassen, dass $F(z):G(z)$ im Unendlichen den Charakter einer ganzen Function habe, wenn $n \geqq m$ ist, dass aber im andern Falle der Punct ∞ ein ausserwesentlich singulärer Punct ist.

Es fragt sich noch, ob die ganze Function $G(z)$ nothwendig verschwinden, ob $F(z):G(z)$ nothwendig irgendwo unendlich gross werden muss. Zum Beweise dieses für die Algebra fundamentalen Satzes brauchen wir den

§ 117. Hilfsatz. Hat $f(z)$ in der Umgebung des Punctes z_0 den Charakter einer ganzen Function, und ist $f(z_0)$ von Null verschieden, so lässt sich die complexe Zahl h durch hinlänglich kleine Annahme ihres absoluten Betrages so bestimmen, dass $abs\,f(z_0+h) < abs\,f(z_0)$ ist, so dass also $abs\,(f(z_0))$ kein Minimum von $abs\,(f(z))$ ist.

Da $f(z_0)$ nicht Null ist, und $f(z)$ dort den Charakter einer ganzen Function hat, so können wir setzen

$$f(z_0+h)=f(z_0)+h^\mu g_\mu+h^{\mu+1}g_{\mu+1}+\,.\,.$$

worin μ eine ganze Zahl, mindestens Eins ist. Hierfür können wir schreiben

$$\frac{f(z^0+h)}{f(z_0)}=1+\frac{g_\mu h^\mu}{f(z_0)}\,(1+\frac{g_{\mu+1}}{g_\mu}\,h+\,.\,.),$$

h lässt sich so bestimmen, dass $g_\mu h^\mu:f(z_0)=-s$ negativ reell wird (§ 108), hat man h so bestimmt, und ändert nur den absoluten Betrag, nicht den Winkel von h, so bleibt dieser Ausdruck negativ reell, denn es ändert sich nur der absolute Betrag des Ausdruckes $g_\mu h^\mu:f(z_0)$ nicht der Winkel. Weiter lässt sich der absolute Betrag von h so klein machen, dass der absolute Betrag von $g_{\mu+1}h:g_\mu+g_{\mu+2}h^2:g_\mu+\,.\,.=\delta(\cos\varphi+i\sin\varphi)$ beliebig klein wird. Ist h dieser Bedingung gemäss bestimmt, so ist

$$\frac{f(z_0+h)}{f(z_0)}=1-s\,(1+\delta\cos\varphi)-is\delta\sin\varphi,\quad abs\,\frac{f(z_0+h)}{f(z_0)}=\sqrt{(1-2s\,(1+\delta\cos\varphi)+ss(1+2\delta\cos\varphi+\delta\delta))},$$

und dieser Ausdruck ist, wenn δ und s klein genug genommen werden, kleiner als Eins. Hieraus folgt, dass der Winkel von h so bestimmt werden kann, und hiernach der absolute Betrag von h so klein angenommen werden kann, dass $abs\, f(z_0+h) < abs\, f(z_0)$ ist, w. z. b. w.

Aus denselben Gründen kann ebensowenig $abs\, f(z_0)$ ein Maximum sein, selbst wenn $f(z_0) = 0$ ist.

§ 118. Eine ganze Function $G(z)$ von z muss für einen bestimmten Werth von z verschwinden. In einer ganzen Function vom Grade n lässt sich der absolute Betrag von z so gross, etwa gleich R annehmen, dass $abs(G(Re^{\vartheta i})) > M$ ist, wo M eine beliebig grosse positiv reelle Zahl ist, und dass diese Gleichung umsomehr statt hat, wenn $abs\, z > R$ ist. Für $z = 0$ aber sei $abs\, G(z) = g$ und es werde $M > g$ angenommen. Dann giebt es Werthe von z für welche die Ungleichung erfüllt ist, $abs\, z < R$, und für welche $abs\, G(z) < M$ ist, oder um die aus der graphischen Darstellung entspringende Terminologie zu gebrauchen, es giebt im Innern des Kreises mit dem Radius R und dem Mittelpuncte Null Puncte, für welche $abs\, G(z) < M$ ist. Da nun $z = x+yi$ gesetzt, $abs\, G(z)$ im Innern und am Rande des Kreises R eine stetige Function von x und y ist (§ 61), so muss sie ihre untere Grenze die jedenfalls kleiner als M ist, und daher nicht auf dem Rande von R liegen kann, einmal wirklich annehmen (§ 43), sie besitzt ein Minimum. Nach dem vorigen Paragraphen muss dies Minimum 0 sein. Es muss also einen bestimmten Werth von z geben, für welchen $abs\, G(z) = 0$ ist, für welchen mithin $G(z) = 0$ ist, w. z. b. w. Ist z_1 dieser Werth, so ist $G(z) = (z-z_1)\, G_1(z)$ und (§ 50) $G_1(z)$ vom $n-1$ten Grade. $G_1(z)$ muss wieder eine Wurzel haben, u. s. w. woraus der Satz entspringt: Eine ganze Function $G(z)$ vom $n$ten Grade lässt sich in n lineare Factoren zerlegen, (ein constanter Factor pflegt nicht gezählt zu werden). Von diesen Factoren können einige einander gleich sein, so dass eine ganze Function vom $n$ten Grade jedesmal in der Form enthalten sein muss,

$$G(z) = A(z-z_1)^{m_1}(z-z_2)^{m_2} \,.\,.\, (z-z_\mu)^{m_\mu},$$

worin die Summe der ganzzahligen Exponenten $m_1+m_2+\,.\,.\,+m_\mu$ gleich n ist.

Für ganze transcendente Functionen besteht die Nothwendigkeit des Verschwindens nicht, denn die Gleichung $e^z = 0$ hat keine (eigentliche) Wurzel, und es ist daher nicht blos e^z, sondern auch $1:e^z$ eine ganze transcendente Function.

§ 119. Partialbrüche. Hat die ganze Function $G(z)$ den Theiler $(z-z_1)^m$, ist sie gleich $(z-z_1)^m \,.\, P(z_1)$, und ist $P(z_1)$ von Null verschieden, so hat die rationale Function

$$\frac{(z-z_1)^m \,.\, F(z)}{G(z)} = \frac{F(z)}{P(z)} = a_0+a_1(z-z_1)+a_2(z-z_1)^2+\,.\,.$$

in der Umgebung des Punctes z_1 den Charakter einer ganzen Function. Es ist mithin

$$\frac{F(z)}{G(z)} - \frac{a_0}{(z-z_1)^m} - \frac{a_1}{(z-z_1)^{m-1}} - \,.\,.\, - \frac{a_{m-1}}{z-z_1} = a_m+a_{m+1}(z-z_1)+\,.\,.$$

eine Function, vom Charakter einer ganzen Function um z_1, die für $z = z_1$ endlich bleibt. Dieselbe lässt sich, (durch sogenanntes Gleichnamigmachen auf gemeinsamen Nenner bringen) in die Form einer rationalen Function bringen, deren Nenner den Factor $z-z_1$ nicht mehr hat, sondern $P(z)$ ist. Wendet man dasselbe Verfahren auf diese rationale Function an, indem man aus $P(z)$ einen linearen Factor, so oft er darin vorkommt, aussondert, und so fort, so gelangt man zu dem Satze. Die rationale Function $F(z):G(z)$ lässt sich auf die Form bringen

$$\frac{a_0}{(z-z_1)^m} + \frac{a_1}{(z-z_1)^{m-1}} + \,.\,.\, + \frac{a_{m-1}}{z-z_1} + \frac{b_0}{(z-z_2)^n} + \frac{b_1}{(z-z_2)^{n-1}} + \,.\,.\, + \frac{b_{n-1}}{z-z_2}$$
$$+ \frac{c_0}{(z-z_3)^r} + \frac{c_1}{(z-z_3)^{r-1}} + \,.\,.\, + \frac{c_{r-1}}{z-z_3} + \,.\,. + H(z),$$

wo $H(z)$ eine ganze Function ist. War $F(z):G(z)$ eine ächt gebrochene Function, so muss $H(z)$ Null sein, weil $F(z):G(z)$ für wachsende z verschwindet. Man kann demnach den Theil $H(z)$, welcher ganz ist, von vornherein aus $F(z):G(z)$ absondern. Dass diese Darstellung von $F(z):G(z)$, welche man Partialbruchzerlegung nennt, nur auf eine Weise möglich ist, erhellt daraus, dass $F(z)\,(z-z_1)^m:G(z)$ nur auf eine Weise nach Potenzen von $z-z_1$ entwickelt werden kann, so dass also $a_0, a_1, \ldots, a_{m-1}$ vollständig bestimmte Zahlen sind. Entwickelt man die Function $f(z)$, wenn $f(z)\,(z-z_0)^m$ den Charakter einer ganzen Function hat in die Reihe

$$\frac{A_0}{(z-z_0)^m}+\frac{A_1}{(z-z_0)^{m-1}}+\ldots+\frac{A_{m-1}}{z-z_0}+A_m+A_{m+1}(z-z_0)+\ldots,$$

so nennt man die Zahl A_{m-1} das Residuum der Function $f(z)$ im Puncte z_0. Hat $f(z)$ im Puncte z_0 den Charakter einer ganzen Function, so ist ihr Residuum dort Null. Die Residuen von $F(z):G(z)$ sind a_{m-1}, b_{n-1}, c_{r-1} etc. Auch dann, wenn $F:G$ für $z=z_1$ unendlich gross wird, kann zuweilen das Residuum von $F:G$ im Puncte z_1 Null werden. Sind die Factoren von $G(z)$ alle von einander verschieden, so ist die Partialbruchzerlegung besonders einfach. Es sei $F(z):G(z)$ ächt gebrochen, ferner sei $G(z)=A(z-z_1)(z-z_2)\ldots(z-z_n)$, und $(z-z_1)(z-z_2)\ldots(z-z_{\mu-1})(z-z_{\mu+1})\ldots(z-z_n)=\Delta_\mu(z)$, so ist, wenn $F(z):G(z)=\sum_{\mu=1}^{\mu=n}A_\mu:(z-z_\mu)$ gesetzt wird,

$$\lim_{z=z_\mu}\frac{F(z)\,(z-z_\mu)}{G(z)}=\lim_{z=z_\mu}\frac{F(z)}{A\,\Delta_\mu(z)}$$

$$=\lim_{z=z_\mu}\left\{\frac{A_1(z-z_\mu)}{z-z_1}+\ldots+\frac{A_{\mu-1}(z-z_\mu)}{z-z_{\mu-1}}+A_\mu+\frac{A_{\mu+1}(z-z_\mu)}{z-z_{\mu+1}}+\ldots\right\},\quad A_\mu=F(z_\mu):A\,\Delta_\mu(z_\mu).$$

Es lässt sich aber $A\,\Delta_\mu(z_\mu)$ noch einfacher ausdrücken. Da nämlich (§ 57)

$$G(z)=G(z_\mu)+G'(z_\mu)(z-z_\mu)+G''(z_\mu)\frac{(z-z_\mu)^2}{1.2}+\ldots$$

ist, und $G(z_\mu)$ verschwindet, so ist

$$G(z):(z-z_\mu)=A\,\Delta_\mu(z)=G'(z_\mu)+G''(z_\mu)\frac{(z-z_\mu)}{1.2}+\ldots,$$

$$A\,\Delta_\mu(z_\mu)=G'(z_\mu).$$

Also ist

$$\frac{F(z)}{G(z)}=\frac{F(z_1)}{G'(z_1)(z-z_1)}+\frac{F(z_2)}{G'(z_2)(z-z_2)}+\frac{F(z_3)}{G'(z_3)(z-z_3)}+\ldots+\frac{F(z_n)}{G'(z_n)(z-z_n)}.$$

Ein anderer einfacher Fall ist der, in welchem $F(z)=G'(z)$ die Ableitung von $G(z)$ ist. Dann ist, wenn $G(z)$ den Factor $(z-z_0)^m$ hat

$$\frac{G'(z)}{G(z)}=\frac{G'(z_0)+G''(z_0)(z-z_0)+\ldots+G^{(m-1)}(z_0)\frac{(z-z_0)^{m-2}}{(m-2)!}+G^{(m)}(z_0)\frac{(z-z_0)^{m-1}}{(m-1)!}+G^{(m+1)}(z_0)\frac{(z-z_0)^m}{m!}+\ldots}{G(z_0)+G'(z_0)(z-z_0)+G''(z_0)\frac{(z-z_0)^2}{2!}+\ldots+G^{(m)}(z_0)\frac{(z-z_0)^m}{m!}+\ldots}$$

$$=\frac{G^{(m)}(z_0)\frac{(z-z_0)^{m-1}}{(m-1)!}+G^{(m+1)}(z_0)\frac{(z-z_0)^m}{m!}+\ldots}{G^{(m)}(z_0)\frac{(z-z_0)^m}{m!}+G^{m+1}(z_0)\frac{(z-z_0)^{m+1}}{(m+1)!}+\ldots}=\frac{m}{z-z_0}\cdot\frac{G^{(m)}(z_0)+G^{m+1}(z_0)(z-z_0)+\ldots}{G^{(m)}(z_0)+G^{(m+1)}(z_0)\frac{z-z_0}{m+1}+\ldots},$$

weil $G(z_0)=G'(z_0)=\ldots=G^{(m-1)}(z_0)=0$ ist. Diese rationale Function besitzt also, wenn $m\geqq 1$ ist, im Zähler und Nenner den gemeinsamen Factor $(z-z_0)^{m-1}$, und es tritt daher, nach Fortschaffung solcher gleichen Factoren der soeben behandelte Fall ein, dass der Nenner nur verschiedene lineare Factoren enthält. Das Residuum von $G'(z):G(z)$ im Puncte z_0 ist m, wodurch die Zerlegung erhalten wird,

$$\frac{G'(z)}{G(z)} = \frac{m_1}{z-z_1} + \frac{m_2}{z-z_2} + \ldots + \frac{m_\mu}{z-z_\mu}, \quad G(z) = A(z-z_1)^{m_1}(z-z_2)^{m_2} \ldots (z-z_\mu)^{m_\mu}.$$

§ 120. Unendliche Partialbruchreihen. Sind $F(z)$ und $G(z)$, ganze transcendente Functionen, und kennt man sämmtliche Werthe z, für welche $G(z)$ verschwindet, so gelingt es zuweilen, $F(z):G(z)$ in Partialbrüche zu zerlegen, die rationale transcendente Function durch eine unendliche convergente Summe von Partialbrüchen darzustellen, doch treten dabei bei Weitem verwickeltere Verhältnisse ein, als wenn F, G gewöhnliche ganze Functionen sind. Denn um nur den einfachsten Fall zu nehmen, in welchem $G(z):(z-z_\mu)$ von 0 verschieden bleibt, und sich für $z = z_\mu$ dem Werthe A_μ nähert, und in welchem die Summe, $\Sigma A_\mu : z-z_\mu$, die sich über alle Werthe $z_1, z_2, \ldots, z_\mu, \ldots$ erstreckt, in welchen $G(z)$ verschwindet, absolut convergent ist, so kann man doch von der Differenz

$$\frac{F(z)}{G(z)} - \Sigma \frac{A_\mu}{z-z_\mu}$$

nur sagen, dass sie, was leicht zu beweisen ist, überall den Charakter einer ganzen Function hat, dass aber $F(z):G(z) = \Sigma A_\mu : z-z_\mu$ sei, folgt daraus keineswegs. Trotzdem glückt es zuweilen, eine solche Identität mit elementaren Mitteln zu erweisen, wofür wir als Beispiel den Quotienten $\sin z : \cos z = \operatorname{tg} z$ (gelesen tangens z) ausführen.

§ 121. Zerlegung von $\operatorname{tg} z$ in eine endliche Reihe von Partialbrüchen. Grenzübergang. Wenden wir den binomischen Satz für ein ganzes m auf die Identität an $\cos mz + i \sin mz = (\cos z + i \sin z)^m$ und vergleichen Reelles mit Reellem, Imaginäres mit Imaginärem, so erhalten wir, die Relationen

$$\cos mz = \cos^m z - m_2 \cos^{m-2} z \sin^2 z + m_4 \cos^{m-4} z \sin^4 z - . + \ldots,$$

$$\sin mz = m_1 \cos^{m-1} z \sin z - m_3 \cos^{m-3} z \sin^3 z + m_5 \cos^{m-5} z \sin^5 z - . + \ldots,$$

welche Relationen, obschon für reelle z hergeleitet, nach der im § 62 gegebenen Beweismethode allgemein gelten. Durch Division mit $\cos^m z$ und Anordnung nach aufsteigenden Potenzen von $\operatorname{tg} z$ fliessen hieraus (unter $m_1, m_2, \ldots$ Binomialcoefficienten verstanden) die Gleichungen

$$\frac{\cos mz}{\cos^m z} = 1 - m_2 \operatorname{tg}^2 z + m_4 \operatorname{tg}^4 z - m_6 \operatorname{tg}^6 z + . - \ldots,$$

$$\frac{\sin mz}{\cos^m z} = m_1 \operatorname{tg} z - m_3 \operatorname{tg}^3 z + m_5 \operatorname{tg}^5 z - . + \ldots,$$

Für ein gerades m ist die rechte Seite der ersteren in Bezug auf $\operatorname{tg} z$ vom $m$ten Grade, die der zweiten vom $m-1$ten Grade. Der Quotient $\sin mz : \cos mz = \operatorname{tg} mz$ ist demnach für ein gerades m eine ächt gebrochene Function von $\operatorname{tg} z$, deren Nenner vom $m$ten Grade ist, und für $\operatorname{tg} z = \pm \operatorname{tg} \frac{1}{2}\pi$, $\pm \operatorname{tg} \frac{3}{2}\pi$, $\pm \operatorname{tg} \frac{5}{2}\pi, \ldots, \pm \operatorname{tg} \frac{2m-1}{2}\pi$ verschwindet, man kann deshalb die rationale Function in Partialbrüche zerlegen und die Gleichung ansetzen

$$\operatorname{tg} mz = \sum_{\mu=-\frac{1}{2}m+1}^{\mu=\frac{1}{2}m} \frac{A_\mu}{\operatorname{tg} z - \operatorname{tg} \frac{2\mu-1}{2m}\pi}.$$

Um A_μ zu bestimmen multipliciren wir mit $\operatorname{tg} z - \operatorname{tg} \frac{2\mu-1}{2m}\pi$ und setzen $z = \frac{2\mu-1}{2m}\pi$, wo μ zwischen $-\frac{1}{2}m+1$ und $\frac{1}{2}m$ liegt. So ergiebt sich, wenn $z' = z - \frac{2\mu-1}{2m}\pi$ gesetzt wird,

$$A_\mu = \lim_{z=\frac{1}{2}(2\mu-1)\pi:m} \operatorname{tg} mz . \left(\operatorname{tg} z - \operatorname{tg} \frac{2\mu-1}{2m}\pi\right) = \lim \frac{\sin mz}{\cos mz} \; \frac{\sin\left(z - \frac{\frac{1}{2}(2\mu-1)}{m}\pi\right)}{\cos z \; \cos \frac{2\mu-1}{2m}\pi}$$

$$= \lim_{z'=0} \frac{-\cos z'm}{\sin z'm} \frac{\sin z'}{\cos\left(z' + \frac{\frac{1}{2}(2\mu-1)}{m}\pi\right)\cos\frac{\frac{1}{2}(2\mu-1)}{m}\pi} = \frac{-1}{m\cos^2\frac{2\mu-1}{2m}\pi}.$$

Zieht man die Terme die dem Werthe μ gleich μ und μ gleich $-\mu+1$ entsprechen zusammen, so ist

$$\frac{-\dfrac{1}{m\cos^2\frac{2\mu-1}{2m}\pi}}{\operatorname{tg} z - \operatorname{tg}\frac{2\mu-1}{2m}\pi} + \frac{-\dfrac{1}{m\cos^2\frac{2\mu-1}{2m}\pi}}{\operatorname{tg} z + \operatorname{tg}\frac{2\mu-1}{2m}\pi} = \frac{-2\operatorname{tg} z}{m\cos^2\frac{2\mu-1}{2m}\pi} \cdot \frac{1}{\operatorname{tg}^2 z - \operatorname{tg}^2\frac{2\mu-1}{2m}\pi},$$

und somit, wenn mz durch z ersetzt wird

$$\operatorname{tg} z = \sum_{\mu=1}^{\mu=\frac{1}{2}m} \frac{-2\operatorname{tg}\frac{z}{m}}{m\cos^2\frac{2\mu-1}{2m}\pi} \frac{1}{\operatorname{tg}^2\frac{z}{m} - \operatorname{tg}^2\frac{2\mu-1}{2m}\pi}.$$

Lässt man hierin die gerade Zahl m grösser und grösser werden, über alle Grenzen wachsen, so findet sich

$$\operatorname{tg} z = -\sum_{\mu=1}^{\mu=\infty} \frac{2z}{z^2 - \frac{(2\mu-1)^2}{4}\pi^2} = \sum_{\mu=1}^{\mu=\infty} \frac{2z}{\frac{1}{4}(2\mu-1)^2\pi^2 - z^2},$$

welche Reihe absolut convergent ist, für jedes z, ausser solchen Werthen, für welche $\operatorname{tg} z$ unendlich wird, und für $z = 0$ die bekannte Relation

$$\frac{\pi\pi}{8} = 1 + \frac{1}{3.3} + \frac{1}{5.5} + \frac{1}{7.7} + \frac{1}{9.9} + \ldots$$

liefert.

Dieser Grenzübergang ist nun freilich weit davon entfernt, ein strenger genannt werden zu dürfen. Da sich aber später ein ganz ähnlicher Fall ergiebt, bei der Darstellung des Sinus durch ein unendliches Produkt, wo der Grenzübergang streng ausgeführt wird, wodurch das Methodische dabei hinlänglich ins Licht tritt, so wollen wir uns hier, um Raum zu ersparen, mit dem Gegebenen begnügen.

§ 122. Die Facultät. Untersucht*) man den Werth, welchem ein Binomialcoefficient z_k für wachsende k zustrebt, so gelangt man, wenn man mit einer Potenz von k und mit $(-1)^k$ multiplicirt zu einer ganzen transcendenten Function, deren reciproker Werth, welcher also eine rationale transcendente Function ist, in der Analysis häufig vorkommt. Setzen wir $-z-1$ für z und multipliciren mit $(-1)^k$, so haben wir

$$(-1)^k.(-z-1)_k = \frac{z+1}{1}\cdot\frac{z+2}{2}\cdot\frac{z+3}{3}\cdot\frac{z+4}{4}\cdots\frac{z+k}{k}.$$

Ist $z = \mu$, μ eine ganze Zahl, so ergiebt sich

$$(-1)^k.(-\mu-1)_k = \frac{k+1}{1}\cdot\frac{k+2}{2}\cdots\frac{k+\mu}{\mu},$$

eine ganze Function von k vom μten Grade, die demnach mit $k^{-\mu}$ multiplicirt, für wachsende k endlich bleibt, und sich dem Werthe $1:\mu!$ nähert. Es liegt nahe, zu untersuchen, ob dieser Satz für andere als ganze μ noch bestehen bleibt. Bei dieser Untersuchung wollen wir den Ausdruck

$$(-1)^k(-z-1)_k.k^{-z} = \Psi(k,z), \quad \Psi(1,z) = z+1$$

setzen. Dann ist

$$\Psi(k+1,z):\Psi(k,z) = (z+k+1)(k+1)^{-z}:(k+1)k^{-z} = (z+k+1)k^z:(k+1)^{1+z}.$$

*) Die Bemerkung, dass der reciproke Werth einer Gammafunction oder der Facultät eine ganze transcendente Function sei, verdankt man Herrn Weierstrass, siehe Crelle's Journal B. 51.

$$\Psi(k,z) = \frac{\Psi(k-1,z)\,(z+k)\,(k-1)^z}{k^{1+z}},\quad \Psi(2,z) = \frac{z+1}{1}\cdot\frac{(z+2)\,1^z}{2\,.\,2^z},$$

$$\Psi(3,z) = \frac{z+1}{1}\,\frac{(z+2)\,.\,1^z}{2\,.\,2^z}\,\frac{(z+3)\,.\,2^z}{3\,.\,3^z},\ \ldots,\ \Psi(k,z) = \frac{z+1}{1}\,\frac{(z+2)\,.\,1^z}{2\,.\,2^z}\,\frac{(z+3)\,.\,2^z}{3\,.\,3^z}\,\ldots\,\frac{(z+k)\,(k-1)^z}{k\,.\,k^z},$$

$$\Psi(k,z) = \frac{1+z}{(1+1)^z}\cdot\frac{1+\frac{1}{2}z}{\left(1+\frac{1}{2}\right)^z}\cdot\frac{1+\frac{1}{3}z}{\left(1+\frac{1}{3}\right)^z}\,\ldots\,\frac{1+\frac{1}{k}z}{\left(1+\frac{1}{k}\right)^z}\cdot\left(\frac{k+1}{k}\right)^z.$$

Lassen wir nun k über alle Grenzen wachsen, so erhalten wir in der That für jedes (complexe oder reelle) z einen endlichen Grenzwerth, weil das unendliche Produkt

$$\lim_{k=\infty}\Psi(k,z) = \frac{1+z}{(1+1)^z}\cdot\frac{1+\frac{1}{2}z}{\left(1+\frac{1}{2}\right)^z}\cdot\frac{1+\frac{1}{3}z}{\left(1+\frac{1}{3}\right)^z}\cdot\frac{1+\frac{1}{4}z}{\left(1+\frac{1}{4}\right)^z}\,\ldots$$

convergent ist. Der μte Factor ist (nach dem binomischen Lehrsatze)

$$\left(1+\frac{1}{\mu}z\right)\left(1+\frac{1}{\mu}\right)^{-z} = \left(1+\frac{z}{\mu}\right)\left(1-z\frac{1}{\mu}+\frac{z}{1}\,\frac{z+1}{2}\,\frac{1}{\mu^2}(1+\zeta_\mu)\right) = \left(1-\frac{z(z+1)}{2\mu^2}(1+\zeta'_\mu)\right),$$

worin ζ und ζ' (§ 58) dadurch beliebig klein etwa kleiner als 1 gemacht werden können, dass μ gross genug genommen wird. Auch für kleinere μ sind ζ_μ und ζ'_μ endliche Zahlen, und da die Reihe

$$\frac{z(z+1)}{2}\cdot\left(\frac{1+\zeta'_1}{1^2}+\frac{1+\zeta'_2}{2^2}+\frac{1+\zeta'_3}{3^2}+\ldots+\frac{1+\zeta'_\mu}{\mu^2}+\ldots\right)$$

absolut convergent ist, so ist auch das Produkt ein absolut convergentes.

Da für ganze z $\lim \Psi(k,z)$ gleich $1:z!$ ist, also den reciproken Werth von z-Facultät liefert, so wollen wir den Namen Facultät für $1:\lim \Psi(k,z)$ für jedes z beibehalten, dafür aber nicht $z!$ sondern $fac\,z$ schreiben und Facultät z lesen. Es ist sonst überall in der Mathematik Gebrauch den Namen einer Function wie sinus, logarithmus u. s. w. früher als das Argument, die Veränderliche derselben zu nennen und zu schreiben, weshalb wir $fac\,z$ Facultät z lesen wollen. Das Zeichen !, abgesehen davon dass es hinter der Veränderlichen steht, kann oft zu Verwechselungen Anlass geben. Gauss, der die obige Form der Darstellung einer allgemeinen Facultät durch ein unendliches Produkt gegeben hat*), schreibt $\Pi(z)$ für $fac\,z$, was deswegen nicht ganz gut erscheint, weil das Zeichen Π für ein Produkt (vergl. § 31) stereotyp geworden ist. Endlich ist noch zu bemerken, dass die Gammafunction so mit der Facultät verwandt ist, dass $\Gamma(z) = fac\,(z-1)$ ist. Herr Weierstrass nennt den reciproken Werth der Facultät „Factorielle", und setzt $1:fac\,z = Fc\,z$.

§ 123. Die Function $1:fac\,z$ ist eine ganze transcendente Function. Dem von Gauss gegebenen absolut convergenten unendlichen Produkte für $1:fac\,z$ hat Herr Weierstrass eine etwas andere Form gegeben, welche für einige Untersuchungen bequemer ist, und ausserdem für gewisse allgemeinere Sätze über unendliche Produkte den Weg zeigt. Wird nämlich, wenn für k^{-z} der Hauptwerth genommen wird,

$$\Psi(k,z) = (1+z)\,.\,(1+\tfrac{1}{2}z)\,\ldots\,(1+\tfrac{1}{k}z)\,.\,k^{-z}$$

$$= (1+z)e^{-z}\,.\,(1+\tfrac{1}{2}z)e^{-\frac{1}{2}z}\,.\,(1+\tfrac{1}{3}z)e^{-\frac{1}{3}z}\,.\,\,.\,(1+\tfrac{1}{k}z)e^{-\frac{z}{k}}\,.\,e^{z(1+\frac{1}{2}+\frac{1}{3}+\ldots+\frac{1}{k}-\lg k)}$$

gesetzt, und nun zur Grenze $k=\infty$ übergegangen, so fliesst daraus die Darstellung

*) Diese Darstellung rührt vielmehr von Euler her.

$$\frac{1}{fac\,z} = e^{Mz}.(1+z)e^{-z}.(1+\tfrac{1}{2}z)e^{-\frac{1}{2}z}.(1+\tfrac{1}{3}z)e^{-\frac{1}{3}z}.(1+\tfrac{1}{4}z)e^{-\frac{1}{4}z}\ldots,$$

worin M die Mascheronische Constante (§ 101) bedeutet, und das Produkt absolut convergent ist. Der μte Factor kann nämlich geschrieben werden

$$(1+\frac{1}{\mu}z)e^{-\frac{z}{\mu}} = (1+\frac{1}{\mu}z)\,(1-\frac{z}{\mu}+\frac{1}{2!}\frac{z^2}{\mu^2}-\frac{1}{3!}\frac{z^3}{\mu^3}+\frac{1}{4!}\frac{z^4}{\mu^4}-.+..)$$

$$= 1-\frac{1}{2}\frac{z^2}{\mu^2}+\frac{1}{2!}\frac{2}{3}\frac{z^3}{\mu^3}-\frac{1}{3!}\frac{3}{4}\frac{z^4}{\mu^4}+\frac{1}{4!}\frac{4}{5}\frac{z^5}{\mu^5}-.+..,$$

was eine für jedes z absolut convergente Reihe ist, die in die Form geschrieben werden kann

$$1-\frac{1}{2}\frac{z^2}{\mu^2}(1+\zeta_\mu),$$

worin ζ_μ für wachsende μ gegen Null convergirt. Aus dieser Form des μten Factors folgt (wie im vorigen Paragraphen), dass das Produkt für jedes z absolut convergent ist.

Um nun zu erweisen, dass das Produkt eine ganze transcendente Function von z ist, scheint es das bequemste zu sein, die Theorie des Logarithmus zu Hilfe zu nehmen. Es ist nämlich

$$-\lg fac\,z = Mz+(\lg(1+z)-z)+(\lg(1+\frac{1}{2}z)-\frac{1}{2}z)+\ldots+(\lg(1+\frac{1}{n}z)-\frac{1}{n}z)+\ldots$$

$$= Mz+(\lg(1+z)-z)+\ldots+(\lg(1+\frac{1}{\mu}z)-\frac{1}{\mu}z)+\ldots$$

$$-\frac{1}{2}\left(\frac{z}{\mu+1}\right)^2+\frac{1}{3}\left(\frac{z}{\mu+1}\right)^3-\frac{1}{4}\left(\frac{z}{\mu+1}\right)^4+\frac{1}{5}\left(\frac{z}{\mu+1}\right)^5-.+..$$

$$-\frac{1}{2}\left(\frac{z}{\mu+2}\right)^2+\frac{1}{3}\left(\frac{z}{\mu+2}\right)^3-\frac{1}{4}\left(\frac{z}{\mu+2}\right)^4+\frac{1}{5}\left(\frac{z}{\mu+2}\right)^5-.+..$$

$$-\frac{1}{2}\left(\frac{z}{\mu+3}\right)^2+\frac{1}{3}\left(\frac{z}{\mu+3}\right)^3-\frac{1}{4}\left(\frac{z}{\mu+3}\right)^4+\frac{1}{5}\left(\frac{z}{\mu+3}\right)^5-.+..$$

$$-\;.$$

$$-\;.$$

So lange nun $abs\,z < \mu+1$, und nicht gerade gleich $-1, -2, .., -\mu$ ist, (wo die Logarithmen unendlich werden) convergirt diese Doppelreihe, wenn zuerst horizontal, und dann vertikal summirt wird, auch noch dann, wenn für jeden ihrer Terme der absolute Betrag gesetzt wird, sie ist absolut convergent, und man kann sie beliebig umordnen, in eine einfache Potenzreihe umformen, so dass also

$$-\lg fac\,z = Mz+(\lg(1+z)-z)+(\lg(1+\frac{1}{2}z)-\frac{1}{2}z)+\ldots+(\lg(1+\frac{1}{\mu}z)-\frac{1}{\mu}z)$$

$$+a_2z^2+a_3z^3+a_4z^4+\ldots+a_mz^m+\ldots$$

ist, worin die Reihe $a_2z^2+a_3z^3+\ldots$ so lange absolut convergent ist, als $abs\,z < \mu+1$ ist. Mithin ist

$$e^{a_2z^2+a_3z^3+a_4z^4+\ldots} = A_0+A_2z^2+A_3z^3+\ldots$$

so lange convergent (§ 68) als $abs\,z < \mu+1$ ist. Andrerseits ist

$$e^{Mz}(1+z)e^{-z}.(1+\frac{1}{2}z)e^{-\frac{1}{2}z}\ldots(1+\frac{1}{\mu}z)e^{-\frac{1}{\mu}z} = B_0+B_1z+B_2z^2+\ldots$$

als Produkt überall convergenter Reihen (§ 67) überall convergent, und somit endlich ist

$$\frac{1}{fac\,z} = (A_0+A_2z^2+A_3z^3+\ldots)(B_0+B_1z+C_2z^2+\ldots) = C_0+C_1z+C_2z^2+C_3z^3+\ldots$$

convergent, so lange $abs\,z < \mu+1$ ist, d. h. da μ beliebig gross genommen werden kann, überall convergent*), die Function ist eine ganze transcendente w. z. b. w.

§ 124. **Einige wichtige Eigenschaften von** $fac\,z$. Für positive ganze z ist $fac\,z = z!$ für negative ganze z ist $fac\,z = \infty$, d. h. es wächst $fac\,z$ über alle Grenzen, wenn man z einem ganzzahligen negativen Werthe nähert, doch sind diese Stellen ausserwesentlich singuläre, denn $(z+\mu) \times fac\,z$ bleibt endlich, wenn sich z dem Werthe $-\mu$ nähert. Aus $fac\,z = \lim_{k=\infty} 1 : \Psi(k, z)$, und $\Psi(k, z+1) = \Psi(k, z)(z+k+1) : k(z+1)$ folgt

$$fac(z+1) = (z+1)\,fac\,z, \quad fac(z+m) = (z+m)(z+m-1) \ldots (z+1).\,fac\,z,$$
$$fac(z-m) = fac\,z : z.(z-1) \ldots (z-m+1), \quad fac\,m = m!, \quad fac\,0 = 1,$$
$$\lim_{z=0} z.\,fac(z-m) = \lim_{z=-m} (z+m)\,fac\,z = (-1)^{m-1} : (m-1)!.$$

Ist μ eine ganze Zahl, so ist $fac(z+\mu) : fac\,z = (\mu+z)(\mu+z-1) \ldots (z+1)$ und mithin ist $\lim fac(z+\mu) : z^{\mu} fac\,z = 1$, wenn der reelle Theil von z positiv über alle Grenzen wächst. Man weist leicht nach, dass dasselbe auch für jedes andere μ statt hat. Setzt man nämlich

$$fac(z+\mu) : z^{\mu} fac\,z = \Omega(\mu, z), \quad \Omega(\mu, z+1) = (z+\mu+1)\,z^{\mu}\,\Omega(\mu, z) : (z+1)(z+1)^{\mu},$$

$$\Omega(\mu, z+n) = \Omega(\mu, z).\frac{z^{\mu}}{(z+n)^{\mu}}.\frac{z+\mu+1}{z+1}.\frac{z+\mu+2}{z+2} \ldots \frac{z+\mu+n}{z+n}$$

$$= \Omega(\mu, z).\frac{z+\mu+1}{1}.\frac{z+\mu+2}{2} \ldots \frac{z+\mu+n}{n}.n^{-z-\mu}.\frac{1}{z+1}.\frac{2}{z+2} \ldots \frac{n}{z+n}.n^{z}.\frac{z^{\mu} n^{\mu}}{(z+n)^{\mu}},$$

so folgt daraus, wenn die ganze positive Zahl n über alle Grenzen wächst

$$\lim \Omega(\mu, z+n) = \lim \frac{fac(z+n+\mu)}{(z+n)^{\mu} f(z+\mu)} = \frac{\Omega(\mu, z)\,fac(z)\,z^{\mu}}{fac(z+\mu)} = 1,$$

und es nähert sich $fac(z+\mu) : z^{\mu} fac\,z$ dem Werthe Eins, wenn der reelle Theil von z positiv über alle Grenzen wächst. Hierdurch und durch die Functionalgleichung

$$z\,\varphi(z) = (z+\mu)\,\varphi(z-1)$$

ist $\varphi(z) = fac(z+\mu) : fac\,z$ völlig bestimmt. Denn ist auch noch $z\psi(z) = (z+\mu)\,\psi(z-1)$, so folgt $\varphi(z) : \psi(z) = \varphi(z-1) : \psi(z-1)$, d. h. $\varphi(z) : \psi(z)$ ist eine periodische Function mit dem Periodicitätsmodul Eins. Da aber $\lim \varphi(z+n) : \psi(z+n) = \varphi(z) : \psi(z) = 1$ ist, wenn n ganz ist, so folgt für jedes endliche z $\varphi(z) : \psi(z) = 1$, $\varphi(z) = \psi(z)$.

Bezeichnet man mit $P(z)$ die Function

$$\frac{1}{z} - \frac{1}{z+1} + \frac{1}{(z+2)\,fac\,2} - \frac{1}{(z+3)\,fac\,3} + \frac{1}{(z+4)\,fac\,4} - . + \ldots,$$

so ist $fac\,z - P(z)$ eine Function, welche überall den Charakter einer ganzen Function hat, und von Herrn Prym als ganze transcendente Function (Crelle's Journal Band 82, pag. 168) dargestellt ist.

§ 125. **Beziehung zwischen den Facultäten und den trigonometrischen Functionen.** Das Produkt $fac(-z).\,fac(+z-1) = \varphi(z)$ ist eine periodische Function mit dem Periodicitätsmodul zwei, denn es ist $\varphi(z+1) = fac(-z-1).\,fac\,z = z.\,fac(z-1)\,fac(-z) : -z = -fac(z-1)\,fac(-z)$, so dass also die Function nur ihre Zeichen wechselt, wenn z um Eins vermehrt wird, woraus folgt $\varphi(z \pm 2n) = \varphi(z)$ für ganze n. Die Function $1 : fac(z-1)\,fac(-z)$ verschwindet für $z = 0, 1, 2, 3, \ldots, -1, -2, -3, \ldots$ und nur in diesen Puncten, also da wo $\sin z\pi$ verschwindet. Es liegt die Vermuthung nahe, dass $1 : fac(-z)\,fac(z-1)$, also das absolut convergente unendliche Produkt

$$z(1-z^2)(1-\frac{1}{4}z^2)(1-\frac{1}{9}z^2) \ldots (1-\frac{1}{nn}z^2) \ldots$$

*) Die neuerdings von Herrn Heine wirklich aufgestellte Reihe enthält bestimmte Integrale in den Coefficienten, weshalb sie hier unterdrückt werden muss.

eine Zerlegung der ganzen transcendenten Function $\sin z\pi$ in Factoren sein oder sich davon nur durch einen constanten Factor unterscheiden möchte. Allein die Zerlegung einer solchen Function in Theilfactoren begegnet ganz ähnlichen Schwierigkeiten, wie die einer rationalen transcendenten Function (§ 120) in Partialbrüche. Denn wenn auch der Quotient der Function und des Produktes nicht verschwindet, so folgt doch daraus nicht, dass er eine Constante sei, sondern nur, dass er eine Function sei die für jedes endliche z, wie eine ganze transcendente Function, den Charakter einer ganzen Function habe. Man kann aber zu einer Zerlegung der Function $\sin z\pi$ durch einen Grenzübergang wie folgt gelangen.

Es wurde im § 97 gezeigt, dass $\sin nz\pi$, wenn n ungerade ist, eine ganze Function von $\sin z\pi$ oder $\sin z\pi$ eine ganze Function von $\sin\frac{z\pi}{n}$ sei, vom Grade n, und der Coefficient der niedrigsten Potenz von $\sin\frac{z\pi}{n}$ die vorkommt, also der ersten, ist n. Da nun diese Function für $z = 0, \pm\frac{\pi}{n}, \pm\frac{2\pi}{n}, \ldots, \pm\frac{(n-1)\pi}{2n}$ verschwindet, so ist für ungerade n

$$\sin z\pi = n\sin\frac{z\pi}{n}\left(1-\frac{\sin^2\frac{z}{n}}{\sin^2\frac{\pi}{n}}\right)\left(1-\frac{\sin^2\frac{z}{n}}{\sin^2\frac{2\pi}{n}}\right)\ldots\left(1-\frac{\sin^2\frac{z}{n}}{\sin^2\frac{(n-1)\pi}{2n}}\right) = P.$$

Nun kann man, wenn m und z gegeben sind, n so gross machen, dass, weil $\lim \sin z : z = 1$ für $z = 0$ ist,

$$n\sin\frac{z\pi}{n} = \pi z+\varepsilon_0,\; 1-\frac{\sin^2\frac{z\pi}{n}}{\sin^2\frac{\pi}{n}} = 1-\frac{z^2}{1}+\varepsilon_1,\; 1-\frac{\sin^2\frac{z\pi}{n}}{\sin^2\frac{2\pi}{n}} = 1-\frac{z^2}{2^2}+\varepsilon_2,\ldots,\; 1-\frac{\sin^2\frac{z\pi}{n}}{\sin^2\frac{m\pi}{n}} = 1-\frac{z^2}{m^2}+\varepsilon_m$$

ist, worin $\varepsilon_0, \varepsilon_1, \varepsilon_2, \ldots, \varepsilon_m$ dem absoluten Betrage nach sämmtlich kleiner als eine beliebig kleine vorgegebene Zahl z. B. kleiner als $\sigma : m^\mu$ sind, wenn μ eine ganze Zahl ist. Mithin kann auch n so gross genommen werden, dass

$$P_m = n\sin\frac{z\pi}{n}\left(1-\frac{\sin^2\frac{z\pi}{n}}{\sin^2\frac{\pi}{n}}\right)\left(1-\frac{\sin^2\frac{z\pi}{n}}{\sin^2\frac{2\pi}{n}}\right)\ldots\left(1-\frac{\sin^2\frac{z\pi}{n}}{\sin^2\frac{m\pi}{n}}\right)$$

$$= \pi z\left(1-\frac{z^2}{1^2}\right)\left(1-\frac{z^2}{2^2}\right)\left(1-\frac{z^2}{3^2}\right)\ldots\left(1-\frac{z^2}{m^2}\right)(1+\eta_m) = p_m(1+\eta_m)$$

wird, und η_m dem absoluten Betrage nach beliebig klein wird. Da aber das unendliche Produkt $p = z\left(1-\frac{z^2}{1^2}\right)\left(1-\frac{z^2}{2^2}\right)\ldots$ absolut convergent ist, so können wir m so gross nehmen, dass $p = p_m(1+\zeta_m)$, und ζ_m dem absoluten Betrage nach beliebig klein wird. So haben wir

$$P_m = \pi p_m(1+\eta_m) = \pi p(1+\eta_m):(1+\zeta_m).$$

Nun bleibt noch $P : P_m = 1+\vartheta_m$ zu untersuchen. Das Produkt $P : P_m$ wird sich nun dem absoluten Betrage nach um so mehr beliebig wenig von 1 unterscheiden, wenn das Produkt

$$\Pi_m = \left(1+\frac{\left(\sin\frac{z\pi}{n}\right)^2}{\sin^2\frac{(m+1)\pi}{n}}\right)\left(1+\frac{\left(\sin\frac{z\pi}{n}\right)^2}{\sin^2\frac{(m+2)\pi}{n}}\right)\ldots\left(1+\frac{\left(\sin\frac{z\pi}{n}\right)^2}{\sin^2\frac{(n-1)\pi}{2n}}\right),$$

worin $\left(\sin\frac{z\pi}{n}\right) = abs\,\sin\frac{z\pi}{n}$ ist, sich beliebig wenig von 1 unterscheidet, bei hinlänglich grosser Annahme von n. Man kann aber n so gross annehmen, dass wie die Theorie der Potenzreihen lehrt für jedes bestimmte complexe z $abs\,sin\frac{z\pi}{n} < abs\frac{2z\pi}{n}$ ist, und $sin\frac{(m+\mu)\pi}{n} < \frac{1}{2}\,\frac{(m+\mu)\pi}{n}$, so lange $m+\mu < \frac{1}{2}n$ ist. Mithin ist, wenn $abs\,z$ durch (z) der Kürze halber ersetzt wird

$$1 < \Pi_m < \left(1+\frac{16\,(z)^2}{(m+1)^2}\right)\left(1+\frac{16\,(z)^2}{(m+2)^2}\right)\,..\,\left(1+\frac{16\,(z)^2}{(\frac{1}{2}(n-1))^2}\right),$$

der letzte Ausdruck ist aber aus denselben Gründen wie oben $1+\zeta_m$ beliebig wenig von 1 verschieden, so dass also ϑ_m dem absoluten Betrage nach beliebig klein ist. So ergiebt sich

$$P = P_m(1+\vartheta_m) = \pi p(1+\eta_m)\,(1+\vartheta_m):(1+\zeta_m),$$

und also $\lim P\ (n=\infty) = \pi p$ oder

$$\frac{sin\,z\pi}{\pi} = z\left(1-\frac{z^2}{1^2}\right)\left(1-\frac{z^2}{2^2}\right)\left(1-\frac{z^2}{3^2}\right)\,..\,\left(1-\frac{z^2}{n^3}\right)\,..,\quad \frac{\pi}{fac(-z)\,fac(z-1)} = sin\,z\pi.$$

Damit ist die Verwandschaft zwischen der Facultät und dem Sinus hergestellt. Für $z=\frac{1}{2}$ fliesst daraus noch

$$\pi = fac\left(-\frac{1}{2}\right).fac\left(-\frac{1}{2}\right),\quad fac\left(-\frac{1}{2}\right) = \sqrt{\pi},$$

worin die Wurzel positiv zu nehmen ist, weil $fac\left(-\frac{1}{2}\right)$ aus lauter positiven Factoren besteht.

Man beweist leicht das Theorem von **Gauss**, wenn n eine ganze Zahl ist,

$$\frac{n^{nz}\,fac\,z\,.\,fac\left(z-\frac{1}{n}\right).fac\left(z-\frac{2}{n}\right)\,..\,fac\left(z-\frac{n-1}{n}\right)}{fac\,(nz)} =$$

$$\sqrt{\frac{\pi}{sin\frac{\pi}{n}}\cdot\frac{\pi}{sin\frac{2\pi}{n}}\cdot\frac{\pi}{sin\frac{3\pi}{n}}\,..\,\frac{\pi}{sin\frac{n-1}{n}\pi}} = \frac{(2\pi)^{\frac{1}{2}(n-1)}}{\sqrt{n}}.$$

§ 126. **Das unendliche Produkt für** $cos(z-h)\pi$. Die Darstellung des Produktes $cos\,z\pi$ erhält man am einfachsten aus der Gleichung $\frac{1}{2}sin\,2z\pi : sin\,z\pi = cos\,z\pi$, welche liefert

$$cos\,z\pi = \left(1-\frac{4z^2}{1.1}\right)\left(1-\frac{4z^2}{3.3}\right)\left(1-\frac{4z^2}{5.5}\right)\,..\,\left(1-\frac{4z^2}{(2n-1)^2}\right)\,...$$

Schreibt man hierfür

$$\lim_{n=\infty}\prod_{m=-n}^{m=n+1}\left(1-\frac{2z}{2m-1}\right) = \lim_{n=\infty}\prod_{m=-n}^{m=n+1}\frac{2m-1-2z}{2m-1} = \lim_{n=\infty}\prod_{m=-n}^{m=n+1}\frac{2m-1+2z}{2m-1},$$

und setzt $z-h$ für z, so ergiebt sich

$$cos(z-h)\pi = \lim_{n=\infty}\prod_{m=-n}^{m=n+1}\frac{(2m-1+2h)-2z}{2m-1} = \lim_{n=\infty}\prod_{m=-n}^{m=n+1}\frac{2m-1+2h}{2m-1}.\left(1-\frac{2z}{2m-1+2h}\right)$$

$$\frac{cos(z-h)\pi}{cos\,h\pi} = \lim_{n=\infty}\prod_{m=-n}^{m=n+1}\left(1-\frac{2z}{2m-1+2h}\right).$$

Diese Produkte mit linearen Factoren in z sind nur bedingt convergent, es muss zu jedem Factor $1-\frac{2z}{2m-1+2h}$ ein Factor $1-\frac{2z}{1-2m+2h}$ zugesellt sein, weshalb diese Produkte in Form von Grenzwerthen geschrieben sind. Geht die Zahl m in negativer Richtung in anderer Weise zur Grenze ∞ über, als in positiver, so kann der Grenzwerth, wenn es sich nicht nur um eine endliche Anzahl Factoren handelt, ein ganz anderer sein. Betrachten wir z. B., $h=0$ annehmend das Produkt

$$P(z) = \lim_{n=\infty} \prod_{m=-n}^{m=(n+1)p} \left(1 - \frac{2z}{2m-1}\right) = \lim_{n=\infty} \prod_{m=-n}^{m=n+1} \left(1 - \frac{2z}{2m-1}\right) \cdot \prod_{m=n+2}^{m=p(n+1)} \left(1 - \frac{2z}{2m-1}\right)$$

$$= \cos z\pi \,.\, \lim_{n=\infty} \prod_{m=1}^{m=(p-1)n} \left(1 - \frac{2z}{2m+1+2n}\right)$$

$$= \cos z\pi \lim_{n=\infty} e^{-2z \sum\limits_{m=1}^{m=(p-1)n} \frac{1}{2m+1+2n}} \cdot \prod_{m=1}^{m=(p-1)n} \left(1 - \frac{2z}{2m+1+2n}\right) e^{\frac{2z}{2m+1+2n}}.$$

Das letzte Produkt nun ist (vergl. § 122) absolut convergent, und daher der Grenzwerth für wachsende n Eins, so dass sich ergiebt

$$P(z) = \cos z\pi \lim_{n=\infty} e^{-2z \sum\limits_{m=1}^{m=(p-1)n} \frac{1}{2m+1+2n}}.$$

Der Grenzwerth der Summe ist $\frac{1}{2}\lg p$, so dass $P(z) = e^{-z\lg p} \cos z\pi$ ist, hier genügt es nachzuweisen, dass diese Summe endlich und von Null verschieden ist. Man schreibt sie in die Form

$$\frac{1}{2n} \cdot \sum_{m=1}^{m=(p-1)n} \frac{1}{1 + \frac{m}{n} + \frac{1}{2n}}.$$

Der kleinste der in der Summe enthaltenen Terme ist $1 : \left(1 + (p-1) + \frac{1}{2n}\right) > \frac{1}{p+1}$, und da $(p-1)n$ Terme vorhanden sind, so ist die Summe $> \frac{1}{2n}(p-1)n : (p+1)$ oder $> \frac{1}{2}\left(1 - \frac{2}{p+1}\right)$. Der grösste Term ist aber kleiner als Eins, und die Summe mithin $< \frac{1}{2}(p-1)$, w. z. b. w.

§ 127. **Einige allgemeine Sätze über unendliche Produkte.** Wenn eine ganze transcendente Function*) unendlich oft verschwindet, so können die Puncte $a_1, a_2, a_3, \ldots, a_n, \ldots$ so geordnet werden, dass sie eine in Bezug auf die absoluten Beträge niemals abnehmende Folge bilden, deren Terme über alle Grenzen wachsen. (Verschwindet die Function in einem Puncte μ mal, so wird in der Folge $a_1, a_2, \ldots$ diese Zahl μ mal enthalten sein). Wenn nämlich die Terme dem absoluten Betrage nach nicht über eine gewisse Zahl M hinausgingen, so müsste unter ihnen (§ 12) eine sogenannte Grenzzahl a vorhanden sein, so dass entweder unendlich viele Terme der Folge ihr gleich wären, oder dass in jeder beliebigen Nähe dieser Zahl sich unendlich viele Zahlen der Folge befänden. Da nun eine ganze transcendente Function für alle endlichen z den Charakter einer ganzen Function hat, so muss sich die Function nach ganzen Potenzen von $z-a$ entwickeln lassen. Dies ist aber, im Falle der Factor $z-a$ unendlich oft in ihr vorhanden ist, nicht möglich, oder wenn die Function in jeder beliebigen Nähe von a verschwindet, so ist die Entwickelung (§ 62) identisch Null.

Wenn aber die Terme der Folge über alle Grenzen dem absoluten Betrage nach wachsen, so kann man nach Herrn Weierstrass jedesmal eine ganze transcendente Function bilden, welche in diesen Puncten verschwindet, und nur in diesen Puncten verschwindet. Dabei wollen wir drei Fälle unterscheiden

I. Die Reihe

$$\frac{1}{a_1} + \frac{1}{a_2} + \frac{1}{a_3} + \ldots + \frac{1}{a_n} + \ldots$$

ist absolut convergent.

II. Es giebt eine bestimmte ganze Zahl m, von der Beschaffenheit, dass die Reihe

---

*) Man vergleiche Weierstrass. Abhandlungen der mathem. Klasse der Königl. Academie der Wissenschaften zu Berlin 1876.

$$\left(\frac{1}{a_1}\right)^m+\left(\frac{1}{a_2}\right)^m+\left(\frac{1}{a_3}\right)^m+\ ..\ +\left(\frac{1}{a_n}\right)^m+\ ..$$

absolut convergent ist.

III. Die Reihe

$$\left(\frac{1}{a_1}\right)^m+\left(\frac{1}{a_2}\right)^m+\left(\frac{1}{a_3}\right)^m+\ ..\ +\left(\frac{1}{a_n}\right)^m+\ ..$$

ist für jedes noch so grosse m divergent, obschon lim $1:a_n$ für wachsende n Null ist.

Im ersten Falle ist das Produkt

$$\left(1-\frac{z}{a_1}\right)\left(1-\frac{z}{a_2}\right)\left(1-\frac{z}{a_3}\right)\left(1-\frac{z}{a_4}\right)\ ..\ \left(1-\frac{z}{a_n}\right)\ ..$$

ein absolut convergentes und eine Function von z, welche die Stellen $a_1, a_2, ..$ zu Nullpuncten hat.

Im zweiten Falle sei $f_n(z)=\frac{z}{a_n}+\frac{1}{2}\frac{z^2}{a_n^2}+\frac{1}{3}\frac{z^3}{a_n^3}+\ ..\ +\frac{1}{m-1}\frac{z^{m-1}}{a_n^{m-1}}$, dann ist das unendliche Produkt

$$\left\{\left(1-\frac{z}{a_1}\right)e^{f_1(z)}\right\}.\left\{\left(1-\frac{z}{a_2}\right)e^{f_2(z)}\right\}.\left\{\left(1-\frac{z}{a_3}\right)e^{f_3(z)}\right\}\ ..\ \left\{\left(1-\frac{z}{a_n}\right)e^{f_n(z)}\right\}\ ..$$

ein absolut convergentes und eine Function, welche die Puncte a zu Nullpuncten hat. Entwickelt man nämlich das $n$te Glied nach Potenzen von z, so findet man (vergl. § 123)

$$\left(1-\frac{z}{a_n}\right)e^{f_n(z)}=\left\{1-\frac{1}{m}\frac{z^m}{a_n^m}(1+\Theta)\right\}.$$

worin Θ eine endliche mit wachsendem n dem absoluten Betrage nach abnehmende Zahl bedeutet, und ein unendliches Produkt aus Factoren dieser Art ist absolut convergent.

Im dritten Falle sei $F_n(z)=\frac{z}{a_n}+\frac{1}{2}\frac{z^2}{a_n^2}+\frac{1}{3}\frac{z^3}{a_n^3}+\ ..\ +\frac{1}{n-1}\frac{z^{n-1}}{a_n^{n-1}}$, so ist das unendliche Produkt

$$\left\{1-\frac{z}{a_1}\right\}\left\{\left(1-\frac{z}{a_2}\right)e^{F_2(z)}\right\}\left\{\left(1-\frac{z}{a_3}\right)e^{F_3(z)}\right\}\ ..\ \left\{\left(1-\frac{z}{a_n}\right)e^{F_n(z)}\right\}\ ..$$

ein absolut convergentes Produkt und eine Function von z, welche die Puncte a zu Nullpuncten hat. Da nämlich für ein hinlänglich grosses n

$$\lg\left(1-\frac{z}{a_n}\right)e^{F_n(z)}=-\frac{1}{n}\frac{z^n}{a_n^n}-\frac{1}{n+1}\frac{z^{n+1}}{a_n^{n+1}}-\ ..=-\frac{1}{n}\frac{z^n}{a_n^n}(1+\Theta_n)$$

ist, (wo Θ_n eine Grösse ist, die mit wachsendem n gegen Null convergirt, weil $z:a_n$ von einem bestimmten n ab dem absoluten Betrage nach kleiner als Eins ist,) und also

$$\left(1-\frac{z}{a_n}\right)e^{F_n(z)}=1-\frac{1}{n}\frac{z^n}{a_n^n}(1+\Theta_n)+\frac{1}{2!}\left(\frac{1}{n}\frac{z^n}{a_n^n}(1+\Theta_n)\right)^2-.+..=1-\frac{1}{n}\frac{z^n}{a_n^n}(1+\zeta_n)$$

wird, worin ζ_n ebenfalls mit wachsendem n gegen Null convergirt, so haben die Factoren des unendlichen Produktes die Form $\left(1-\frac{1}{n}\frac{z^n}{a_n^n}(1+\zeta_n)\right)$, und das Produkt ist absolut convergent, weil es die Reihe ist

$$\sum_{n=1}^{n=\infty}\frac{1}{n}\left(\frac{z}{a_n}\right)^n(1+\zeta_n),$$

denn $abs\,(z:a_n)$ ist von einem bestimmten n ab ein ächter Bruch.

Nun wäre noch der Beweis zu erbringen, dass diese Reihen in überall convergente Potenzreihen entwickelbar seien, dass sie ganze transcendente Functionen seien. Dieser Beweis unterscheidet sich nicht von dem für einen speciellen Fall im § 123 gegebenen, weshalb wir hier denselben nicht reproduciren wollen.

§ 128. **Noch einige Sätze über ganze und rationale transcendente Functionen.** Ein Produkt ganzer transcendenter Functionen ist im Allgemeinen eine eben solche Function, zuweilen kann es auch eine gemeine ganze Function sein, z. B. $e^z . e^{-z} = 1$. Eine Summe ganzer transcendenter Functionen ist ebenso eine ganze transcendente Function. Beide Sätze gewinnt man aus der Definition dieser Functionen durch überall convergente Reihen. Es folgt daraus, eine rationale transcendente Function ist der Quotient zweier ganzen transcendenten Functionen, oder kann immer auf diese Form gebracht werden. Setzen wir hier den später zu beweisenden Satz voraus, dass eine eindeutige Function, welche für jedes endliche z den Charakter einer ganzen Function hat, eine ganze transcendente Function ist, so lassen sich noch einige weitere Sätze aussprechen. Nämlich:

Wird eine rationale transcendente Function für keinen endlichen Werth von z unendlich gross, so ist sie eine ganze transcendente Function. Wird sie nur in einer endlichen Anzahl von Puncten unendlich gross, so ist sie der Quotient aus einer ganzen transcendenten Function und einer ganzen Function.

Lässt man den absoluten Betrag von z über alle Grenzen wachsen, so lässt sich der Winkel von z stets so bestimmen und der absolute Betrag in solcher Art vermehren, dass die Function den beliebig gegebenen Werth A annimmt. Es sei $f(z)$ die Function, so verschwindet die ganze transcendente Function $f(z)-A$ entweder in einer Folge $z = a_1, a_2, a_3, \ldots$ deren Terme über alle Grenzen wachsen, und man braucht dann nur für z die wachsenden Werthe $a_1, a_2, a_3, \ldots$ zu setzen, um den Werth $f(z) = A$ zu erhalten, oder $f(z)-A$ verschwindet nur in einer endlichen Anzahl von Puncten, etwa so und da wo die ganze Function $F(z)$ verschwindet. Dann ist $(f(z)-A):F(z)$ und ebenso $F(z):f(z)-A$ eine ganze transcendente Function, und es muss (§ 109) $F(z):(f(z)-A)$ bei einer bestimmten Art des Anwachsens von z, über alle Grenzen wachsen, und zwar in viel stärkerem Masse als $F(z)$. Mithin muss $f(z)-A$ bei einer gewissen Art des Anwachsens von z verschwinden. Eine ganze transcendente Function nimmt also im Unendlichen jedweden Werth an, und besitzt dort eine wesentlich singuläre Stelle.

Algebraische Functionen, Umkehrung der Reihen und cyklometrische Functionen.

§ 129. **Definition der algebraischen Functionen.** Besteht zwischen s und z der Zusammenhang, dass s durch z gefunden wird mittels der algebraischen Gleichung

$$u_n s^n + u_{n-1} s^{n-1} + u_{n-2} s^{n-2} + \ldots + a_1 s + a_0 = F(s, z) = 0,$$

worin $u_0, u_1, u_2, \ldots, u_n$ ganze Functionen von z sind, so sagt man s sei eine algebraische Function von z. Da für jeden Werth von z im Allgemeinen n Werthe von s vorhanden sind, so ist s eine mehrdeutige Function von z, und muss, damit sie der gewöhnlichen Behandlung der Functionen fähig werde, in eindeutige Zweige zerlegt werden. Die Hauptfrage aber, die zu erledigen ist, bleibt immer die, ob ein solcher Zweig, und wo er den Charakter einer ganzen Function besitzt, wo er durch eine nach ganzen Potenzen von z fortschreitende Reihe entwickelt werden kann. Diese Frage würde wohl leicht zu erledigen sein, wenn sich die Gleichung $F(s, z) = 0$ nach s auflösen liesse, d. h. wenn sich s als explicite Function von z durch eine endliche Anzahl von Rechnungsoperationen, die schon bestimmte Bezeichnungen erhalten haben, darstellen liesse. Geht F in s nicht über den vierten Grad hinaus, so ist dies in der That möglich, und die Darstellung besteht, wenn die Gleichung eine sogenannte (im engern Sinne) auflösbare ist, aus einem Complex von Wurzelzeichen etwa in folgender Form

$$\varphi = \psi_0 + \sqrt[n_1]{\psi_1} + \sqrt[n_2]{\psi_2} + \sqrt[n_3]{\psi_3} + \ldots + \sqrt[n_m]{\psi_m},$$

worin $\psi_1, \psi_2, \ldots, \psi_m$ wieder ähnlich zusammengesetzt sein können als φ, so jedoch dass die Anzahl der überhaupt vorkommenden Wurzelzeichen eine bestimmte endliche ist. Einen solchen Ausdruck wollen wir, zum Unterschied von den allgemeineren algebraischen Functionen die diese Klasse mit umfassen, eine irrationale Function nennen. Ist der Grad von F höher als vier, so ist im Allgemeinen s eine algebraische, und nur in speciellen Fällen eine irrationale Function.

Uebersteigen die Coefficienten $a_0, a_1, \ldots, a_n$ als ganze Functionen von z nirgend den $m$ten Grad, erreicht aber wenigstens einer von ihnen denselben, so ist umgekehrt z eine algebraische, im speciellen Falle irrationale, m-deutige Function von s. Die Untersuchung der speciellen irrationalen Function s, welche durch eine in s quadratische in z lineare Gleichung definirt wird, ist wichtig auch für den allgemeinsten Fall, weshalb sie zunächst folgt.

§ 130. Eine zweiwerthige algebraische Function. Ist s durch die Gleichung definirt

$$(A+Bz)ss+2(A'+B'z)s+A''+B''z = F(s,z) = 0,$$

so ist

$$s = \{-A'-B'z \pm \sqrt{A'A'-AA''+(2A'B'-AB''-A''B)z+(B'B'-BB'')zz}\}:(A+Bz),$$

oder wenn wir den Ausdruck unter dem Wurzelzeichen in Factoren zerlegen

$$s = -\frac{A'+B'z \pm \sqrt{cc(z-a)(z-b)}}{A+Bz}, \; cc = B'B'-BB'', \; -cc(a+b) = 2A'B'-AB''-BA'', \; ccab = A'A'-AA''.$$

Wäre $a = b$, so würde s in zwei völlig getrennte eindeutige Zweige s', s'' zerfallen

$$s' = \{-A'-B'z+c(z-a)\}:(A+Bz), \quad s'' = \{-A'-B'z-c(z-a)\}:(A+Bz),$$

der Ausdruck $(A+Bz).F(s,z)$ liesse sich in lineare, in s und z ganze Factoren zerfällen, die Gleichung $F(s,z) = 0$ wäre nicht irreduktibel, was wir hier ausschliessen. Wir fragen nun, ob sich s in eine nach Potenzen von $z-z_0$ fortschreitende Reihe entwickeln lässt, und wie lange diese convergirt. Hierzu entwickeln wir zuerst die Wurzel $\sqrt{(z-a).(z-b)} = \sqrt{((z-z_0)-(a-z_0))\,((z-z_0)-(b-z_0))}$ nach Potenzen von $z-z_0$. Es ist

$$\sqrt{z-a.z-b} = \sqrt{(a-z_0)(b-z_0)}.\left(1-\frac{z-z_0}{a-z_0}\right)^{\frac{1}{2}}\left(1-\frac{z-z_0}{b-z_0}\right)^{\frac{1}{2}} =$$

$$\sqrt{(a-z_0)(b-z_0)}\sum_{n=0}^{n=\infty}(-1)^n.\frac{\frac{1}{2}}{1}.\frac{\frac{1}{2}-1}{2}\,..\,\frac{\frac{1}{2}-n+1}{n}\left(\frac{z-z_0}{a-z_0}\right)^n.\sum_{m=0}^{m=\infty}(-1)^m.\frac{\frac{1}{2}}{1}.\frac{\frac{1}{2}-1}{2}\,..\,\frac{\frac{1}{2}-m+1}{m}\left(\frac{z-z_0}{b-z_0}\right)^m,$$

und das Produkt lässt sich (§ 67) in eine nach Potenzen von $z-z_0$ fortschreitende Reihe ordnen, welche, unter $(\frac{1}{2})_\mu$ einen μten Binomialcoefficienten verstanden, beiläufig die Form hat

$$\sqrt{(a-z_0)(b-z_0)}\sum_{n=0}^{n=\infty}(-1)^n(z-z_0)^nA_n, \quad A_n = \sum_{m=0}^{m=n}(\tfrac{1}{2})_m(\tfrac{1}{2})_{n-m}(a-z_0)^m(b-z_0)^{n-m},$$

und so lange convergirt, als sowohl $abs(z-z_0) < abs(a-z_0)$, als auch $abs(z-z_0) < abs(b-z_0)$ ist, deren Convergenzkreis also durch denjenigen der beiden Puncte a, b geht, welcher dem Puncte z_0 der nächste ist. Illusorisch würde diese Entwickelung dann, wenn z_0 auf einen der beiden Werthe a, b fiele. Die beiden Zweige der Function

$$s = (-A'-B'z \pm c\sqrt{(z-a)(z-b)}):(A+Bz)$$

lassen sich demnach, weil auch $1:(A+Bz)$ entwickelbar ist, nach Potenzen von $z-z_0$ entwickeln, mit einem Convergenzkreise, welcher durch den nächsten der drei Puncte $-A:B$, a, b geht, die Function hat dort den Charakter einer ganzen Function. Im Puncte $-A:B$, wenn z_0 nicht auf a oder b fällt, besitzt die Function eine ausserwesentliche Singularität in jedem ihrer Zweige, denn $s.(A+Bz)$ hat in der Umgebung jenes Punctes den Charakter einer ganzen Function. Entwickelt man das Produkt nach Potenzen von $A+Bz$ und dividirt mit $A+Bz$, so erhält man im Allgemeinen für beide Zweige Reihen, in denen die erste negative Potenz das Anfangsglied bildet. Gelegentlich kann dieses Glied auch bei einem der Zweige fortfallen, und dieser dort den Charakter einer ganzen Function haben.

Eine Entwickelung von s nach Potenzen von $z-a$ oder $z-b$ ist aber nicht möglich, diese Puncte sind singuläre Puncte, und zwar Verzweigungspuncte. Die Wurzel $\sqrt{(z-a).(z-b)} = \sqrt{(a-z).(b-a)}\left(1-\frac{z-a}{b-a}\right)^{\frac{1}{2}}$ ist das Produkt einer entwickelbaren Function $\sqrt{b-a}.\sqrt{1-(z-a):(b-a)}$ in eine nicht entwickelbare $\sqrt{a-z}$. Letztere ist eine zweiwerthige Function, und hat die Eigenschaft, dass sie ihre Zeichen wechselt, oder von einem ihrer Zweigwerthe zum andern übergeht, wenn z von einer bestimmten Stelle aus längs einer beliebigen Linie um den Punct a zu dieser Stelle zurückgeführt wird, und den ersten Werth wieder annimmt, wenn z noch einmal über dieselbe Contour bewegt wird, und wenn dabei mit stetigen Aenderungen von z immer stetige Aenderungen der Function $\sqrt{a-z}$ verknüpft werden. Soll hierbei auch das Produkt $\sqrt{(z-a)(z-b)}$ aus einem Zweigwerthe in den andern übergehen, so darf die Schlinge den Punct b nicht einschliessen, denn dieser Punct verhält sich offenbar ganz ähnlich wie der Punct a. Führt man ohne umzukehren z einmal über eine geschlossene Schlinge, welche sowohl a als auch b im Innern enthält, von einem Puncte z_0 derselben zu diesem Puncte zurück, so wechselt sowohl $\sqrt{z-a}$, als auch $\sqrt{z-b}$ das Zeichen, und das Produkt bleibt ungeändert. Zieht man in der z-Ebene eine sich nicht schneidende, am einfachsten gerade Linie l von a nach b und bestimmt den Werth von $\sqrt{(z-a)(z-b)} = r(z)$ in irgend einem Puncte z_0 gleich $r_1(z_0)$, so ist der Zweig $r_1(z)$ dieser Function in der ganzen z-Ebene völlig eindeutig bestimmt, wenn nach der Methode des Paragraphen 65 dieser Zweig durch Potenzreihen und deren stetige Fortsetzungen als Function der complexen Veränderlichen dargestellt wird, und wenn von jeder solchen Fortsetzung, welche in einer im Innern eines Kreises convergirenden Potenzreihe besteht, immer nur der Theil zum Zweige r_1 gerechnet wird, welcher mit dem Convergenzmittelpuncte auf derselben Seite der Linie l liegt. Der Zweig $r_1(z)$ ist in der ganzen z-Ebene vom Charakter einer ganzen Function, also stetig, eindeutig u. s. w. (Der unendlich ferne Punct ist, wie man durch die Substitution $z = 1:\zeta$ sofort erkennt, ein ausserwesentlich singulärer.) Nur längs der Linie l sind diese Eigenschaften nicht vorhanden, denn auf dem positiven Ufer dieser von a nach b gerichteten Linie (l^+) ist $r_1(z)$ von dem Werthe $r_1(z)$ in demselben Puncte z auf dem negativen Ufer von l (l^-) durch den Factor -1 verschieden, so dass die Werthe zu beiden Seiten dieser Linie abgesehen von den Endpuncten, wo sie Null sind, um endliche Grössen differiren.

Der zweite Zweig $r_2(z)$ der Function wird erhalten, wenn man für jedes z $r_2(z) = -r_1(z)$ setzt. Dann wird $r_2(z)$ auf dem positiven Ufer von l mit dem Werthe von $r_1(z)$ auf dem negativen Ufer von z übereinstimmen.

Um die wie $r(z)$ verzweigte Riemann'sche Fläche T zu construiren, d. h. eine Fläche von der Beschaffenheit, dass jedem Puncte derselben ein und nur ein Werth von $r(z)$ entspricht, und umgekehrt jedem zusammengehörenden Werthepaare z und $r(z)$ ein Punct der Fläche, weisen wir jedem Zweige $r_1(z)$, $r_2(z)$ eine besondere Ebene (Blatt) zu, legen sie so aufeinander, dass die zu derselben Zahl z gehörenden Puncte übereinander liegen, also auch die Linien l, (von denen wir die, welche zu r_1 gehört mit l_1, die welche zu r_2 gehört, mit l_2 bezeichnen wollen). Sodann denken wir uns das erste Blatt mit dem zweiten so verwachsen, dass l_1^+ und l_2^- zusammengefügt sind, (macht man die Fläche von Papier, so kann man die beiden Ufer mittels eines Streifens von der Länge l zusammenkleben). Ebenso denken wir uns, dass l_1^- mit l_2^+ zusammenhänge. Dabei ist (wie schon im § 108) nöthig, sich vorzustellen, dass die Fortsetzung des einen Blattes in das andere einen Flächentheil durchdringe, und dass also die Ansicht eines auf l senkrechten Schnittes durch die beiden Blätter der Fläche die beigezeichnete sei

In dieser Fläche, die in die im § 108 beschriebene übergeht, wenn b unendlich wird, also wenn die Function $\sqrt{z-a}$ betrachtet wird, ist $r(z)$ eindeutig und stetig. Die Linie l die Durchsetzungslinie zeigt nur an, wo ein Zweig von $r(z)$ stetig in einen andern übergeht und $r(z)$ ist längs derselben stetig, nur ihre Zweige sind unstetig, welche Unstetigkeit eben durch das Aneinanderfügen der Zweige gehoben wird.

Man kann durch zwei Potenzreihen, eine aufsteigende und eine absteigende, mit Hinzunahme des doppelten Zeichens, die Function $r(z)$ überall darstellen. Ist nämlich $z_0 = \frac{1}{2}(a+b)$ die Mitte zwischen den Puncten a und b, so ist

$$r(z) = \sqrt{((a-z_0)-(z-z_0))\,((b-z_0)-(z-z_0))} = \sqrt{((z-z_0)^2-\tfrac{1}{4}(a-b)^2)}$$
$$= \tfrac{1}{2}i\,(a-b)\sqrt{1-4\left(\frac{z-z_0}{a-b}\right)^2} = (z-z_0)\sqrt{1-\tfrac{1}{4}\left(\frac{a-b}{z-z_0}\right)^2}.$$

Der binomische Lehrsatz für den Exponenten $\frac{1}{2}$ liefert die beiden Reihen, welche mit ihrer Convergenz, da sie (§ 98) auch auf dem Convergenzkreise noch brauchbar sind, die ganze z-Ebene, oder mit Rücksicht auf das doppelte Vorzeichen, die ganze Riemann'sche Fläche umspannen. Zu bemerken ist, dass die aufsteigenden Reihen jede in einer Hälfte ihres Convergenzgebietes einen anderen Zweig darstellen, als in der anderen Hälfte, während die absteigenden je einem Zweige angehören. Dasselbe würde für die aufsteigenden Reihen eintreten, wenn man die Linie l durch einen Halbkreis mit den Endpuncten -1, $+1$ ersetzte, die Gerade ist jedoch vorzuziehen.

Die Function $s = (-A'-B'z+c\,r(z)):(A+Bz)$ ist eine rationale Function von r und z, und somit genau so verzweigt, als $r(z)$. Denn jedem zusammengehörenden Werthepaare von r und z, also jedem Puncte der Riemann'schen Fläche T, die wie r verzweigt ist, entspricht ein einziger Werth von s. Umgekehrt entspricht auch einem bestimmten Werthepaare s, z ein einziger Werth von r, weil $rc = s(A+Bz)+A'+B'z$ eine ganze Function von s und z ist, und also gehört zu s und z ein einziger Punct von T. T ist wie s und s wie T verzweigt.

§ 131. Auf einen speciellen Fall der Function s, der für die Reihenumkehrung wichtig ist, gehen wir noch etwas weiter ein, indem wir die Abbildung studiren, nämlich auf den Fall $s = iz+\sqrt{1-zz}$. Die Riemann'sche Fläche T besteht in diesem Falle wie vorhin aus zwei Blättern über der z-Ebene, die längs der geraden Durchsetzungslinie l von -1 bis $+1$, den Verzweigungspuncten der Fläche, miteinander kreuzweise zusammenhängen. Den Zweig s_1, dem wir das obere Blatt zuweisen (in welchem wir ausgezogene Linien zeichnen) definiren wir so, dass s_1 im Puncte 0 auf dem positiven (oberen) Ufer von l den Werth $+1$ hat. Der Zweig s_2, dem wir das untere Blatt von T zuweisen, hat in demselben Puncte des unteren Blattes den Werth -1. Die Entwickelung

$$s = iz+1-\frac{1}{2}z^2-\frac{1}{2}\cdot\frac{1}{2}\,\frac{z^4}{1.2}-\frac{1}{2}\cdot\frac{1}{2}\cdot\frac{3}{2}\,\frac{z^6}{1.2.3}-\frac{1}{2}\cdot\frac{1}{2}\cdot\frac{3}{2}\cdot\frac{5}{2}\,\frac{z^8}{1.2.3.4}-\,.\,-\,..=P_1(z)$$

gehört im Gebiete ihrer Convergenz dem Zweige s_1 an, so lange der imaginäre Theil von z positiv oder 0 ist, ist aber der imaginäre Theil negativ, so liefert $P_1(z)$ die Werthe von s_2. Umgekehrt, liefert die Reihe $P_2(z) = iz-1+\frac{1}{2}z^2+\,..$ für reelle Werthe von z oder solche Werthe, deren imaginärer Theil positiv ist, die Werthe von s_2, für andere Werthe von z die Werthe von s_1. Der Anblick dieser Reihen lehrt, dass für rein imaginäre positive Werthe von z ($abs\, z \leqq 1$) s_1 positiv reell sei, und für $z = i$ den Werth $\sqrt{2}-1$ habe. Die Entwickelungen

$$s = iz+iz\sqrt{1-\frac{1}{z^2}} = i\left\{2z-\frac{1}{2}\cdot\frac{1}{z}-\frac{1}{2}\cdot\frac{1}{2}\cdot\frac{1}{1.2}\cdot\frac{1}{z^3}-\frac{1}{2}\cdot\frac{1}{2}\cdot\frac{3}{2}\cdot\frac{1}{1.2.3}\cdot\frac{1}{z^5}-\,.\,-\,..\right\} = P_3(z)$$
$$s = iz-iz\sqrt{1-\frac{1}{z^2}} = i\left\{\frac{1}{2}\cdot\frac{1}{z}+\frac{1}{2}\cdot\frac{1}{2}\cdot\frac{1}{1.2}\cdot\frac{1}{z^3}+\frac{1}{2}\cdot\frac{1}{2}\cdot\frac{3}{2}\cdot\frac{1}{1.2.3}\cdot\frac{1}{z^5}+\frac{1}{2}\cdot\frac{1}{2}\cdot\frac{3}{2}\cdot\frac{5}{2}\cdot\frac{1}{/ac4}\cdot\frac{1}{z^7}+\,..\right\} = P_4(z)$$

haben für $z = i$ die Werthe $P_3(i) = -1-\sqrt{2}$, $P_4(i) = -1+\sqrt{2}$. Es ist mithin $P_4(z)$ die stetige Fortsetzung von $P_1(z)$ im oberen Blatte, und stellt den Zweig s_1 dar, während $P_3(z)$ dem Zweige s_2 angehört. Transformirt man nach § 64 die Reihe $P_1(z)$ in eine nach Potenzen von $z-i(1-\varepsilon)$ fortschreitende Reihe, worin ε positiv reell ist, so convergirt sie in einem Kreise der durch -1 und $+1$ geht, und $i(1-\varepsilon)$ zum Mittelpuncte hat, wie der vorige Paragraph lehrt. Diese Reihe $P(z)$ ist die stetige Fortsetzung des Zweiges s_1 nach § 65. Dieser Kreis K' greift in die Convergenzgebiete von P_1 und P_4 hinein, und enthält die obere Hälfte des Einheitskreises (der das Convergenzgebiet von P_1 ist), also auch seine Begrenzung ganz. In dem Theile des Kreises K', der ausserhalb des Einheitskreises, oder auf dessen Rande liegt, müssen $P(z)$ und $P_4(z)$ übereinstimmen, wenn $P_4(z)$ die Fortsetzung von $P(z)$ sein soll. Dies geschieht, wenn sie in einem Puncte übereinstimmen, in welchem s_1 und s_2 nicht gleiche Werthe haben, also wenn sie im Puncte i übereinstimmen, welche Uebereinstimmung bereits nachgewiesen wurde. Es müssen also $P_4(z)$ und $P_1(z)$ längs der ganzen obern Hälfte des Einheitskreises übereinstimmen. Dass sie längs der untern Hälfte des Kreises nicht übereinstimmen, dass vielmehr dort $P_4(z)$ und $P_2(z)$ stetig sich aneinanderfügen ist leicht zu sehen, wenn man für z den Werth $-i$ einsetzt. Dann ist

$$P_1(-i) = 1+\sqrt{2}, \quad P_2(-i) = 1-\sqrt{2}, \quad P_4(i) = 1-\sqrt{2}.$$

Durchläuft z das obere (positive) Ufer der Durchsetzungslinie von -1 bis $+1$, so wächst der imaginäre Theil von s, von $-i$ bis $+i$, der reelle ist stets positiv. Setzt man dort $s_1 = \sigma+\tau i$, so ist $\sigma^2+\tau^2 = 1$ und es beschreibt s_1 in der s_1-Ebene einen Halbkreis, mit dem Radius 1 und dem Mittelpuncte 0, der in $-i$ beginnt und in $+i$ endigt, auf welchem σ positiv ist. Durchläuft z das untere Ufer von l von 1 bis -1, so durchläuft s die andere Hälfte dieses Kreises von $+i$ bis $-i$ in gleicher Richtung. Es ist leicht ersichtlich, dass jedem Puncte dieses Kreises, der mit L bezeichnet werden mag, ein Punct und nur ein Punct des obern bez. untern Ufers von l entspricht und umgekehrt, weil beim Fortschreiten von z in derselben Richtung s_1 immer ein und dieselbe Richtung des Fortschrittes beibehält. Die positive imaginäre Achse der Riemann'schen Fläche T im obern Blatte entspricht in der s_1 (oder s)-Ebene der reellen Achse von 1 bis 0. Denn setzen wir dort $z = iy$, so ist $s_1 = -y+\sqrt{1+yy} = 1:(y+\sqrt{1+yy})$, wo die Wurzel positiv zu nehmen ist. Auf der negativ imaginären Achse ist s_1 (also s im obern Blatte) $y-\sqrt{1+yy} = -1:(y+\sqrt{1+yy})$ und es entspricht ihr also von 0 bis ∞ die Linie von -1 bis 0 in der s-Ebene. Dem Puncte ∞ des obern Blattes der Fläche T entspricht ein Punct der s-Ebene, der Nullpunct, dem Puncte 0 in T zwei Puncte, $+1$ oder -1 je nachdem 0 auf dem positiven oder negativen Ufer von l liegt. Durchläuft s_1 einen Kreis mit dem Radius ϱ und dem Mittelpuncte 0, der kleiner als der Einheitskreis ist, so mag dort $s_1 = \varrho \cos\vartheta + i\varrho \sin\vartheta$ sein, wo ϑ allein veränderlich ist und von 0 bis 2π wächst, dann ist

$$2zi = s-\frac{1}{s}, \quad 2zi = \left(\varrho-\frac{1}{\varrho}\right)\cos\vartheta + i\left(\varrho+\frac{1}{\varrho}\right)\sin\vartheta, \quad 2x = 2r\cos\varphi = \left(\varrho+\frac{1}{\varrho}\right)\sin\vartheta,$$

$$2y = 2r\sin\varphi = \left(\frac{1}{\varrho}-\varrho\right)\cos\vartheta,$$

wenn $z = r(\cos\varphi + i\sin\varphi)$ gesetzt wird. Da nun hieraus folgt

$$4xx : \left(\varrho+\frac{1}{\varrho}\right)^2 + 4yy : \left(\varrho-\frac{1}{\varrho}\right)^2 = 1,$$

was die Gleichung einer Ellipse mit der Achse $\frac{1}{2}\left(\varrho+\frac{1}{\varrho}\right)$, $\frac{1}{2}\left(\frac{1}{\varrho}-\varrho\right)$ und den Brennpuncten ± 1 ist, und da auch wachsenden Werthen von ϑ zwischen 0 und 2π fortwährend von $\frac{1}{2}\pi$ bis $\frac{1}{2}\pi+2\pi$ wachsende Werthe von φ entsprechen, so findet man, dass dem Kreise die Puncte der Ellipse reciprok eindeutig entsprechen, und dass dem ganzen Blatte von T, welchem s_1 zugewiesen ist, in der s-Ebene das Innere des Einheitskreises eindeutig entspricht und umgekehrt. Die Ellipse, welche dem Einheitskreise L entspricht hat sich ganz verflacht, und ist in die beiden Ufer der Linie l ausgeartet. Bei der Untersuchung der Abbildung von s_2 können wir, nach dem nun die Methode ins Licht gesetzt ist, uns kurz fassen. Der positiv imaginären Achse im untern Blatte entspricht die reelle Achse der s-Ebene von -1 bis $-\infty$, denn es ist $P_2(0) = -1$, $P_3(i\infty) = -\infty$, der negativ imaginären Achse entspricht die reelle Achse der s-Ebene von 1 bis ∞. Den Ufern von l entspricht der Einheitskreis L, so jedoch, dass dem obern Ufer das Stück, in welchem der reelle Theil von s negativ ist, dem untern Ufer das andere Stück entspricht, umgekehrt als es beim Zweige s_1 war. Einem Kreise der z-Ebene, der grösser als der Einheitskreis ist, entspricht eine Ellipse in der Fläche T im unteren Blatte mit den Brennpuncten -1, $+1$, und die Achsen der Ellipse wachsen mit dem Radius des entsprechenden Kreises. Dem Puncte ∞ im untern Blatte von T entspricht der unendlich ferne Punct der s-Ebene. Das Aeussere des Kreises L entspricht dem zu s_2 gehörenden Blatte eindeutig und umgekehrt. So ist also die Fläche T eindeutig auf die s-Ebene abgebildet und umgekehrt. Durchläuft der Punct z eine beliebige Curve im obern Blatte von T, so durchläuft s eine Curve im Innern von L und umgekehrt. Einer Curve im untern Blatte (s_2) entspricht eine Curve ausserhalb L.

§ 132. Die Umkehrung der Function $\sin\zeta$. Setzt man für die Veränderliche s einer Function $f(s)$ die im Puncte s_0 den Charakter einer ganzen Function hat, eine algebraische Function von z ein, so erhält man wieder eine Function vom Charakter einer ganzen Function in der Umgebung des Punctes z_0, wenn s für $z = z_0$ den Werth s_0 erhält, und dort selbst den Charakter einer ganzen Function hat, wie § 68 lehrt. Setzen wir $\sin\zeta = z$, so folgt aus dem Princip der Reihenumkehrung (§ 136), dass ζ eine nach Potenzen von z entwickelbare Function ist, die mit $\arcsin z$ bezeichnet zu werden pflegt, (gelesen arcus sinus z). Wir können aber zu diesem Schlusse schon hier durch die Bemerkung gelangen, dass $\arcsin z$ der Logarithmus einer algebraischen Function ist. Es ist nämlich

$$z = \sin\zeta = \tfrac{1}{2}i(e^{-i\zeta} - e^{i\zeta}),\ (e^{i\zeta})^2 - 1 = 2iz\,e^{i\zeta},\quad e^{i\zeta} = iz \pm \sqrt{1-z^2},\quad \zeta = -i\lg(iz \pm \sqrt{1-z^2}) = \arcsin z.$$

Setzen wir $s = iz + \sqrt{1-z^2}$, so hat s (§ 130) überall den Charakter einer ganzen Function, ausgenommen in den Puncten $+1$ und -1, und im Unendlichen. Bestimmen wir die Zweige von s wie im § 131, so hat s im unendlich fernen Puncte des ersten Zweiges ($s_1 = 1$ für $z = 0$) den Charakter einer ganzen Function, die Entwickelung nach absteigenden Potenzen von z enthält keine positiven Potenzen, sondern beginnt mit der -1ten, so dass die Function dort verschwindet. Die Entwickelung des anderen Zweiges enthält die erste Potenz von z. Für andere Werthe von z ist s weder Null noch Unendlich. Demnach ist $-i\lg s$ eine Function von z, die überall, ausser für $z = +1, -1, \infty$ den Charakter einer ganzen Function hat, die aber unendlich viele Zweige besitzt. In den Puncten ± 1 ist die Function nach Potenzen von $\sqrt{1-z}$ bez. $\sqrt{1+z}$ entwickelbar, im unendlich fernen Puncte, d. h. nach absteigenden Potenzen von z ist die Function nicht entwickelbar. Als wir im § 84 die Gleichung $\sin\zeta = z$ auflösten, fanden wir, dass wenn ζ eine bestimmte Lösung war, die übrigen in den Formen $\zeta \pm 2n\pi$, $\pi - \zeta \pm 2n\pi$ enthalten seien, wenn n eine beliebige ganze Zahl bedeutet, wir sind aber mittels der Darstellung von $\zeta = \arcsin z$ durch $-i\lg s$ im Stande anzugeben wie diese Werthe durch stetige Fortsetzung der Function längs geschlossener Contouren auseinander erhalten werden. Zunächst construiren wir die Riemann'sche wie s verzweigte Fläche T (§ 130), die aus zwei Blättern besteht, die durch eine Gerade l zwischen -1 und $+1$ zusammenhängen. Im obern Blatte ziehen wir von ∞ bis 0 eine mit der negativ imaginären Achse zusammenfallende Linie q, welche sich über l hinweg ins untere Blatt fortsetzt, und dort mit der positiv imaginären Achse zusammenfallend ins Unendliche läuft. Das linke Ufer ist das positive, das andere das negative. In der beistehenden Figur zeichnen wir die Linien die im oberen dem ersten Zweige s_1 angehörendem Blatte verlaufen voll aus, die im unteren Blatte verlaufenden sind punctirt. Die Durchsetzungslinie l gehört gewissermassen beiden Blättern an, und bedeutet nur für die Zweige, nicht für die Fläche eine Begrenzung. Nun nehmen wir an, dass s im obern Blatte, auf dem obern Ufer von l im Puncte 0 den Werth 1, $\arcsin z = -i\lg s$ den Werth 0 habe. Führt man nun die Variable z über die Schlinge a, welche -1 positiv umkreist nach dem Puncte 0 auf dem untern Ufer von l, so läuft s von 1 nach -1 über eine Curve, welche den Punct 0 der s-Ebene zur Rechten

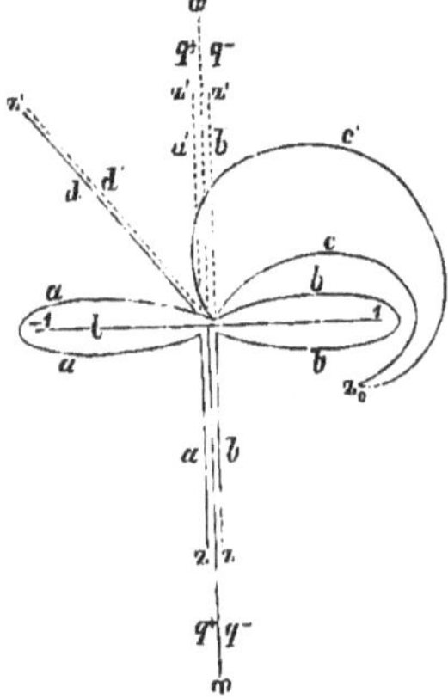

lässt (wählt man für a die Ufer von l, so durchläuft s den Halbkreis $1, -i, -1$), und $-i \lg s$ ist daher um $-i.-i\pi = -\pi$ gewachsen, es hat $arc\,sin\,0$ dort den Werth $-\pi$. Führt man aber z über die Schlinge b, welche den Punct $+1$ umkreist, nach dem Puncte 0 auf dem untern Ufer von l, so durchläuft s eine Linie von $+1$ nach -1, welche den Punct 0 der s-Ebene zur Linken lässt, und mithin wächst $arc\,sin\,z = -i \lg s$ (§ 89) um $-i.i\pi = \pi$ und es hat also $arc\,sin\,z$ dort den Werth $+\pi$, der um 2π grösser ist als der früher gefundene. Führt man nun den Punct z von diesen beiden Puncten aus längs a bez. b weiter, wenn a, b unendlich nahe an q liegen, oder wenn a das positive, b das negative Ufer von q bedeutet, so dass die Werthe von z auf diesen Linien dieselben sind, so wächst s beidemale um dieselbe Grösse, und durchläuft dieselbe Linie. Es hat also $arc\,sin\,z$, da es das eine Mal von $-\pi$, das andere Mal von $+\pi$ an wächst, in benachbarten Puncten der Linie q auf verschiedenen Ufern um 2π verschiedene Werthe, und zwar ist die Function auf dem negativen Ufer um 2π grösser als auf dem positiven. Dies gilt nicht allein für den Theil von q, der im obern Blatte der Riemann'schen Fläche liegt, sondern auch für den Theil der im untern Blatte liegt, denn s ändert sich beim Uebergange über l längs a' oder b', dem positiven und negativen Ufer von q, stetig und jedesmal um dieselbe Grösse. Auf dem positiven Ufer von l im untern Blatte hat $arc\,sin\,z$ wie s denselben Werth als auf dem negativen Ufer im obern Blatte in demselben Puncte. Führt man vom Puncte 0 des obern Blattes aus den Punct z nach einem Puncte z_0 auf zwei beliebigen Linien c, c', welche q nicht überschreiten, so geht s in s_0 über und zwar auf Linien, welche den Punct 0 der s-Ebene zusammen nicht einschliessen. Jeder geschlossenen Curve der s-Ebene im Innern des Einheitskreises, welche den Punct 0 einschliesst, entspricht nämlich eine geschlossene Curve des obern Blattes der Fläche T, welche die Puncte -1, $+1$ umkreist, also q überschreitet. Mithin hat $arc\,sin\,z$ im obern Blatte überall nur einen Werth, wenn dies durch die Linie q begrenzt gedacht wird, und wenn die Function nicht über q hinweg fortgesetzt wird. Ein Gleiches gilt aus den nämlichen Gründen auch für das untere Blatt von T, nur liegt dort die Linie q anders. Zerschneidet man demnach die Fläche T durch die Linie q, begrenzt die Fläche durch diese Linie, so entspricht jedem Puncte von T ein Werth von $arc\,sin\,z$ und jedem Werthepaare von z und $arc\,sin\,z$ ein Punct von T. Zwei Puncten von T die übereinander liegen, die also demselben z, aber verschiedenen Werthen von s angehören, kommen verschiedene Werthe von $arc\,sin\,z$ zu. Liegen diese Puncte z', s'_1; z', s'_2 auf der linken Seite von q, so kann man von 0 im obern Blatte wo $arc\,sin\,z = 0$ ist, und von 0 im untern Blatte wo $arc\,sin\,z = -\pi$ ist (bei q^-) z nach z', s'_1 bez. z', s'_2 auf congruenten Wegen, etwa über d und d' führen ohne q zu überschreiten. Dann ist $s'_1.s'_2 = -1$ und mithin hat $-i \lg s'_1 - i \lg s'_2 = -i \lg(s'_1.s'_2) = -i \lg(-1)$ einen von z unabhängigen Werth, also denselben Werth wie für $z = 0$, und hat also den Werth $-\pi$. Liegt z' auf der rechten Seite von q, so gelten dieselben Schlüsse, nur ist dann $-i \lg s'_1 - i \lg s'_2 = +\pi$, weil $-i \lg s'_2$ auf dem negativen Ufer von q den Werth π hat. Ist demnach ζ ein Werth von $arc\,sin\,z$, so ist entweder $-\zeta-\pi$ oder $-\zeta+\pi$ ein anderer Werth, je nachdem z links oder rechts von q liegt.

Nennen wir das System von Werthen, welche wir für $arc\,sin\,z$ erhalten, wenn z die Puncte der durch die Linie q begrenzten Fläche T stetig durchläuft, während $arc\,sin\,z = 0$ im Puncte 0 des obern Blattes auf dem obern Ufer von l ist, den Hauptdoppelzweig von $arc\,sin\,z$, so ist derselbe eine überall eindeutige und stetige Function in T, ausgenommen längs der Linie q. Längs der Linie q ist die Function auf dem positiven Ufer um 2π kleiner als auf dem negativen, und wird in den unendlich fernen Puncten von T (logarithmisch) unendlich gross. Diese Unstetigkeit längs der Linie q gehört aber nur dem Hauptdoppelzweig an, nicht der Function $arc\,sin\,z$ an sich. Denn man kann dieselbe stetig sowohl in der Richtung $+\,-$ als auch in der Richtung $-\,+$ über die Linie q fortsetzen. Nennen wir das auf die erste Weise erhaltene Werthsystem von $arc\,sin\,z$, wenn nun z wieder in T verläuft ohne q zu überschreiten, den ersten Doppelzweig von $arc\,sin\,z$, das auf die zweite Weise erhaltene System den -1ten Doppelzweig, so unterscheiden sich die Werthe des ersten Doppelzweiges von den entsprechenden des Hauptdoppelzweiges um 2π, die des -1ten Doppelzweiges vom Hauptzweig um -2π. Auch diese Zweige lassen sich über q wieder stetig fortsetzen, so dass man unendlich viele Doppelzweige erhält, die sich vom Hauptdoppelzweige um $\pm 2n\pi$ unterscheiden, was mit § 89 übereinstimmt.

Man könnte nun jedem Doppelzweige eine besondere durch eine Linie q begrenzte Fläche T zuweisen, und diese (wie im § 90) zu einer unendlich oft verzweigten Fläche zusammensetzen, in der $arc\,sin\,z$ eindeutig wäre. Die complicirte Zusammensetzung dieser Fläche macht es, dass wir uns auf die Fläche T beschränken, und die verschiedenen Doppelzweige, die alle genau wie der Hauptdoppelzweig sich verhalten, durch das Multiplum von 2π bezeichnen, um das sie von dem letzteren verschieden sind.

Die Function $arc\,cos\,z = \frac{1}{2}\pi - arc\,sin\,z$ ist ähnlich wie $arc\,sin\,z$ verzweigt und bedarf einer besondern Behandlung nicht.

§ 133. Reihenentwickelung für $arc\,sin\,z$. Um die Entwickelung von $arc\,sin\,z$ nach Potenzen von z zu finden, holen wir etwas weiter aus, indem wir die Function $sin(a\,arc\,sin\,z)$ nach Potenzen von z entwickeln, wovon die Möglichkeit nach § 68 a priori feststeht, weil wir bereits bemerkt haben, dass es möglich ist, $arc\,sin\,z$ in eine Reihe von der Form $z(A_0 + A_1 z + \,.\,.\, + A_n z^n + \,.\,.) = z\,R(z)$ zu entwickeln. Somit ist

$$sin(a\,arc\,sin\,z) = az\,R(z) - \frac{a^3 z^3 R^3(z)}{fac\,3} + \frac{a^5 z^5 R^5(z)}{fac\,5} - \,.\,. + \frac{(-1)^n a^{2n+1} z^{2n+1} R^{2n+1}(z)}{fac\,(2n+1)} + \,.\,.,$$

und diese Reihe lässt sich in eine Potenzreihe nach Potenzen von z jedenfalls so lange umordnen, als $R(z)$ convergirt. Setzen wir die umgeordnete Reihe gleich $\varphi_0(a) + \varphi_1(a)z + \varphi_2(a)z^2 + \,.\,. + \varphi_n(a)z^n + \,.\,.$, so erkennen wir sogleich, dass $\varphi_0(a), \varphi_1(a), \,.\,.\,, \varphi_n(a), \,.\,.$ ganze Functionen von a sind, und dass der Grad von $\varphi_n(a)$ die Zahl n nicht übersteigt, denn $R(z)$ ist von a unabhängig. Aus dem Umstande, dass $sin(a\,arc\,sin -z) = -sin(a\,arc\,sin\,z)$ ist, schliesst man noch, dass $\varphi_0(a) = \varphi_2(a) \,.\,. = \varphi_{2m}(a) = \,.\,. = 0$ sein müssen. Die ganzen Functionen $\varphi_1(a), \varphi_3(a), \,.\,.\,, \varphi_{2n+1}(a), \,.\,.$ sind aber durch bez. $2, 4, \,.\,.\,, 2n+2, \,.\,.$ Werthe völlig bestimmt. Nun fanden wir, wenn a eine ganze ungerade Zahl ist, im § 97 die Reihe

$$sin\,a\zeta = a\,sin\,\zeta - \frac{a(a^2-1^2)}{fac\,3} sin^3\zeta + \frac{a(a^2-1^2)(a^2-3^2)}{fac\,5} sin^5\zeta - \frac{a(a^2-1^2)(a^2-3^2)(a^2-5^2)}{fac\,7} sin^7\zeta + . - \,.\,.,$$

die für $\zeta = arc\,sin\,z$ liefert

$$sin(a\,arc\,sin\,z) = az - \frac{a(a^2-1^2)}{fac\,3} z^3 + \frac{a(a^2-1^2)(a^2-3^2)}{fac\,5} z^5 - \frac{a(a^2-1^2)(a^2-3^2)(a^2-5^2)}{fac\,7} z^7 + . - \,.\,.,$$

die für jedes ungerade ganze a mit der gesuchten Reihe übereinstimmt. Es ist mithin $\varphi_{2n+1}(a)$ für $a = \pm 1$, $a = \pm 3, \,.\,.\,, a = \pm(2n-1)$ der Null gleich, und ebenso für $a = 0$, weil $arc(a\,sin\,z)$ mit a verschwindet, verschwindet also für $2n+1$ Werthe. Ausser für diese Werthe von a stimmt aber $\varphi_{2n+1}(a)$ mit der Function $a(a^2-1^2)(a^2-3^2)\,.\,.\,(a^2-(2n-1)^2) : fac(2n+1)$, die auch vom Grade $2n+1$ ist, noch für $a = 2n+1$ überein, muss also überall mit ihr übereinstimmen, so dass also die für ungerade a gefundene Reihe für jedes a giltig ist. Sie convergirt so lange als $abs\,z < 1$ ist. Dividiren wir nun $sin(a\,arc\,sin\,z)$ durch a, und ebenso die diese Function darstellende Reihe, und gehen mit a zur Grenze 0 über, so erhalten wir, da $\lim \varphi_{2n+1}(a) : a = 1^2.3^2\,.\,.\,(2n-1)^2 : fac(2n+1) = \frac{1.3\,.\,.\,(2n-1)}{2.4\,.\,.\,2n} \cdot \frac{1}{2n+1}$ ist,

$$arc\,sin\,z = z + \frac{1}{2}\cdot\frac{z^3}{3} + \frac{1}{2}\cdot\frac{3}{4}\cdot\frac{z^5}{5} + \frac{1}{2}\cdot\frac{3}{4}\cdot\frac{5}{6}\cdot\frac{z^7}{7} + \frac{1}{2}\cdot\frac{3}{4}\cdot\frac{5}{6}\cdot\frac{7}{8}\cdot\frac{z^9}{9} + \,.\,.,$$

womit die gesuchte Entwickelung gefunden ist.

§ 134. Das Additionstheorem der Function $arc\,sin\,z$. Ein Additionstheorem in dem Sinne, wie es im § 76 definirt wurde, besitzen die cyklometrischen Functionen (so nennt man die Functionen $arc\,sin\,z$, $arc\,cos\,z$, $arc\,tg\,z$) nicht, man pflegt aber trotzdem zuweilen die Regel, nach welcher $arc\,sin\,z + arc\,sin\,t$ durch einen einzigen Bogen ausgedrückt werden, als Additionstheorem zu bezeichnen, und wir leiten diese Regel hier her. — Es ist $sin(u+v) = sin\,u\,cos\,v + sin\,v\,cos\,u$, und wenn man $sin\,u = z$, $sin\,v = t$, $u = arc\,sin\,z$, $v = arc\,sin\,t$ setzt

$$u+v = arc\,sin(sin\,u\,cos\,v + cos\,u\,sin\,v), \quad arc\,sin\,z + arc\,sin\,t = arc\,sin(z\sqrt{1-tt} + t\sqrt{1-zz}).$$

Hier muss die Mehrdeutigkeit der Wurzeln $\sqrt{1-zz}$, $\sqrt{1-tt}$ erklärt werden. Sind u und v bestimmte

Werthe von $arc\sin z$ bez. $arc\sin t$, so kann man für $arc\sin z + arc\sin t$, unter n eine beliebige ganze Zahl oder Null verstanden, die vier Systeme von Werthen setzen, $u+v\pm 2n\pi$, $u-v-\pi\pm 2n\pi$, $-u+v+\pi\pm 2n\pi$, $-u-v\pm 2n\pi$, so lange keine Bestimmung getroffen ist, welchem Zweige die Werthe der Functionen $arc\sin z$ und $arc\sin t$ angehören sollen. Sind ferner die Wurzelzeichen so bestimmt, dass ein Werth von $arc\sin(z\sqrt{1-tt}+t\sqrt{1-zz}) = u+v$ ist, so sind die übrigen Zweigwerthe dieser Function gleich $u+v\pm 2n\pi$ und $\pi-u-v\pm 2n\pi$. Die dem letzteren zugehörenden Werthe können offenbar nicht gleich $arc\sin z + arc\sin t$ sein, sondern nur die dem ersteren angehörenden. Führt man die Variabele z um den Punct -1 herum über eine Schlinge zum Puncte z zurück, so gelangt man in der Fläche T des § 132 in ein neues Blatt, und zu dem Werthe $-u-\pi$ oder $-u+\pi$, in beiden Fällen aber gelangt man auf diese Weise von einem Werthe des Systems $u+v\pm 2n\pi$ zu einem Werthe des Systems $-u+v\pm 2n\pi$. Da gleichzeitig $\sqrt{1-zz}$ ins negative übergegangen ist, so ist $arc\sin(z\sqrt{1-tt}-t\sqrt{1-zz})$ einem Werthe des Systems $\pi-u+v\pm 2n\pi$ gleich. Zu $arc\sin(z\sqrt{1-tt}-t\sqrt{1-zz})$ gehört auch noch ein Werthsystem $u-v\pm 2n\pi$, kein Werth dieses Systems kann einem Werthe von $arc\sin z + arc\sin t$ gleich sein. Zu den Werthsystemen $\pi-u+v\pm 2n\pi$ gehört ein Werth von $arc\sin(t\sqrt{1-zz}-z\sqrt{1-tt})$, zu den Werthen des Systems $-u-v\pm 2n\pi$ ein Werth von $arc\sin(-z\sqrt{1-tt}-t\sqrt{1-zz})$. Man muss also, wenn $arc\sin z$ und $arc\sin t$ vollständig, d. h. wenn ihre Zweige gegeben sind, wenn man $arc\sin z + arc\sin t = arc\sin(z\sqrt{1-tt}+t\sqrt{1-zz})$ setzen will noch die Vorzeichen der Wurzeln, und den Zweig des arcus sinus auf der Rechten bestimmen, was in der Regel keine Schwierigkeiten macht.

§ 135. Arcus tangens z. Mit der Umkehrung von $\operatorname{tg}\zeta = z$ brauchen wir uns nur kurz zu beschäftigen, weil sie der Logarithmus einer rationalen Function von z ist. Es ist

$$\operatorname{tg}\zeta = i\frac{e^{-i\zeta}-e^{i\zeta}}{e^{-i\zeta}+e^{i\zeta}} = i\frac{1-e^{2i\zeta}}{1+e^{2i\zeta}} = z, \quad e^{2i\zeta} = \frac{1+iz}{1-iz},$$

$$arc\operatorname{tg} z = \zeta = \tfrac{1}{2}i\lg\frac{1-iz}{1+iz} = z+\tfrac{1}{3}z^3+\tfrac{1}{5}z^5+\tfrac{1}{7}z^7+\ \ldots$$

Die unendlich vielen Werthe von $arc\operatorname{tg} z$ für ein bestimmtes z sind alle von einander durch ein Multiplum von π verschieden, so dass das Werthsystem in der Form $arc\operatorname{tg} z\pm n\pi$ enthalten ist, wenn n jede ganze Zahl oder Null bedeutet. Ausser in den Puncten $\pm i$ hat $arc\operatorname{tg} z$ überall den Charakter einer ganzen Function, und ist auch durch eine nach absteigenden Potenzen von z fortschreitende Reihe

$$arc\operatorname{tg} z = \tfrac{1}{2}i\lg\left(\frac{1}{iz}-1\right):\left(\frac{1}{iz}+1\right) = \tfrac{1}{2}\pi+\tfrac{1}{2}i\lg\left(1+\frac{i}{z}\right):\left(1-\frac{i}{z}\right) = \tfrac{1}{2}\pi\left(\frac{1}{z}+\frac{1}{3}\cdot\frac{1}{z^3}+\frac{1}{5}\cdot\frac{1}{z^5}+\frac{1}{7}\cdot\frac{1}{z^7}+\ ..\right)$$

darstellbar, so dass diese Function auch im Unendlichen den Charakter einer ganzen Function hat.

§ 136. Umkehrung der Reihen. Es lässt sich zeigen, dass ebenso, wie die convergente Reihe $f(z) = A_0+A_1z+A_2z^2+\ ..$ eine Function von z definirt, die in der Umgebung des Punctes 0 den Charakter einer ganzen Function hat, durch sie auch umgekehrt z als eine Function von f definirt ist, die für $f = A_0$ verschwindet und in einer angebbaren Umgebung des Punctes A_0 den Charakter einer ganzen Function hat, wofern A_1 von Null verschieden ist. Zum Beweise machen wir zunächst die Substitution $z = \alpha\zeta$, wählen α so, dass die Reihe $\Sigma A_n\alpha^n\zeta^n$ für $\zeta = 1$ noch convergirt, und dass mithin die Zahlen $A_n\alpha^{n-1}:A_1$, wofür wir $-C_n$ schreiben, für jedes n über eine gewisse angebbare Zahl M nicht hinausgehen, da ja $\lim C_n = 0$ sein muss. Sodann setzen wir weiter $(f(z)-A_0):\alpha A_1 = Z$ und erhalten die Gleichungen

$$Z = \zeta-C_2\zeta^2-C_3\zeta^3-C_4\zeta^4-\ ..,\quad \zeta-Z = C_2\zeta^2+C_3\zeta^3+\ ..\ +C_n\zeta^n+\ ..,$$

mit deren Umkehrung wir uns beschäftigen. Das Gebiet, in dessen Innern und auf dessen Rande die Reihe in ζ sicher convergirt, den durch die Puncte ± 1, $\pm i$ gehenden Einheitskreis in der ζ-Ebene, wollen wir dabei mit U bezeichnen. Es ist zu beweisen, dass die Gleichung durch eine convergente Reihe von der Form $\zeta = Z(1+B_1Z+B_2Z^2+\ ..\ +B_nZ^n) = Z\,R(Z)$ zu befriedigen sei. — Giebt es eine solche Reihe, so muss identisch

$(\zeta - Z):ZZ = B_1 + B_2Z + B_3Z^2 + \,.\,.\, + B_{n+1}Z^n + \,.\,.\, = C_2R^2(Z) + C_3ZR^3(Z) + \,.\,.\, + C_nZ^{n-2}R^n + \,.\,.$ sein, und der Coefficient von Z^n muss (nach der Methode der unbestimmten Coefficienten) beiderseits derselbe sein, so dass die Coefficienten $B_1, B_2, \ldots, B_n$ durch eine sogenannte Resursionsformel bestimmt werden, in der B_n durch $B_1, B_2, \ldots, B_{n-1}$ sich ausgedrückt findet. Um die Natur der hier auftretenden Resursionsformel zu erkennen, schalten wir folgende Bemerkung ein.

Will man, unter p und q ganze Zahlen verstanden, die Potenz $(a_0 + a_1z + a_2z^2 + \,.\,.\, + a_nz^n + \,.\,.)^q$ nach Potenzen von z ordnen, und den Coefficienten von z^p bestimmen, so kann man die Reihe $a_0 + a_1z + \,.\,.$ in die Form $A + Bz^{p+1}$ setzen, wenn $A = a_0 + a_1z + \,.\,.\, + a_pz^p$, $B = a_{p+1} + a_{p+2}z + \,.\,.\, + a_{p+n}z^n + \,.\,.$ ist. Dann folgt aus dem Binomialtheorem $(A + Bz^{p+1})^q = A^q + qA^{q-1}Bz^{p+1} + \,.\,.$, dass zu diesem Coefficienten nur das Glied der Binomialreihe A^q einen Beitrag liefert, während die übrigen keinen Beitrag liefern, so dass die Reihe B nicht in Betracht kommt. Man hat also A^q allein zu untersuchen. Aus der Natur dieser Potenz, als eines wiederholten Produktes folgt aber, dass der Coefficient von z^p eine ganze (beiläufig homogene) Function von $a_0, a_1, \ldots, a_p$ ist mit ganzzahligen Coefficienten unter denen sich nicht ein einziger negativer vorfindet, so dass also in dieser Function nicht ein einziges Minuszeichen vorkommt, vorausgesetzt natürlich, dass die Grössen $a_0, a_1, \ldots, a_p$ unbestimmt bleiben, denn es werden freilich negative Zeichen auftreten können, wenn man für diese Grössen negative oder complexe Zahlen einsetzt.

Nach dieser Bemerkung kehren wir zu unserm Umkehrproblem zurück. In der zuletzt aufgestellten Gleichung ist der Coefficient von Z^n links gleich B_{n+1}. Auf der rechten Seite liefern nur die Terme $C_2R^2(Z), C_3ZR^3(Z), \ldots, C_{n+2}Z^nR^{n+2}(Z)$ einen (formal positiven) Beitrag zu diesem Coefficienten, die weiteren Terme aber nicht. Der Beitrag von $C_{\mu+2}Z^{\mu}R^{\mu+2}(Z)$ aber ist das Produkt von $C_{\mu+2}$ in eine ganze formal nur positive Glieder enthaltende Function von $B_1, B_2, \ldots, B_{n-\mu}$. Da μ mindestens Null sonst positiv ist, so folgt nun, dass der Coefficient von Z^n eine ganze Function von $C_1, C_2, \ldots, C_{n+2}$, $B_1, B_2, \ldots, B_n$ ist, mit ganzzahligen positiven Coefficienten. Vergleicht man die 0ten Potenzen miteinander (setzt man $n = 0$), so erhält man $B_1 = C_2$, mithin ist B_2 eine ganze Function von C_2 und C_3, B_3 eine ganze Function von C_2, C_3, C_4; B_4 eine ganze Function von C_2, C_3, C_4, C_5; u. s. w. B_{n+1} eine ganze Function von $C_2, C_3, C_4, \ldots, C_{n+2}$ mit ganzen positiven Coefficienten. Denn substituirt man in eine ganze Function von $C_2, C_3, \ldots, C_{n+2}, B_1, B_2, \ldots, B_n$ für $B_1, B_2, \ldots, B_n$ eben solche ganze Functionen von $C_1, C_2, \ldots, C_n$ für $B_1, B_2, \ldots, B_n$ mit positiven Coefficienten, so ist eben der erhaltene Ausdruck wieder eine ganze Function von $C_1, C_2, \ldots, C_{n+2}$ mit lauter positiven Coefficienten. Die Möglichkeit, die Zahlen $B_1, B_2, \ldots$ der Forderung der Umkehrgleichung gemäss zu bestimmen, erhellt hieraus, es fragt sich aber, ob die so erhaltenen Coefficienten eine convergente Reihe constituiren. Der absolute Betrag einer solchen Function B_{n+1}, die wir mit $\varphi_{n+1}(C_2, C_3, \ldots, C_{n+2})$ bezeichnen wollen, wird wegen ihres formal positiven Charakters vergrössert, wenn man darin $C_2, C_3, \ldots, C_{n+2}$ sämmtlich durch M ersetzt, wofern $abs\, C_2, abs\, C_3, \ldots \leqq M$ ist, so dass also $\varphi_{n+1}(M, M, \ldots, M) \geqq abs\, \varphi_{n+1}(C_2, C_3, \ldots, C_{n+2})$ oder $abs\, B_{n+1}$ ist. Hieraus ergiebt sich die Convergenz der Reihe $\Sigma B_{n+1}Z^n$ leicht. Kehren wir nämlich die Gleichung

$$Z = \zeta - \zeta^2M - \zeta^3M - \zeta^4M - \,.\,.\, - \zeta^nM - \,.\,.\, = \zeta - \zeta^2M:(1-\zeta) = (\zeta - (M+1)\zeta^2):(1-\zeta)$$

nach derselben Methode um, so erhalten wir

$$\zeta = Z(1 + \varphi_1(M)Z + \varphi_2(M, M)Z^2 + \,.\,.\, + \varphi_{n+1}(M, M, \ldots, M)Z^n + \,.\,.),$$

dass aber diese Reihe ein bestimmtes Convergenzgebiet hat ergiebt sich daraus, dass wir dieselbe nach einer andern Methode herstellen können. Gleichviel aber, nach welcher Methode die Reihe hergestellt wird, die Coefficienten müssen dieselben sein, müssen der Resursionsformel für B_{n+1} Genüge leisten. Die letzte zur Umkehrung vorgelegte Gleichung kann in die Form gebracht werden,

$$\zeta^2(M+1) - \zeta(1+Z) + Z = 0, \quad \zeta = \{1 + Z - \sqrt{Z^2 - (4M+1)Z + 1}\}:2(M+1).$$

Der Wurzel wurde das negative Vorzeichen gegeben, weil ζ mit Z verschwinden muss. Die irrationale Function ζ lässt sich nach § 130 in eine nach Potenzen von Z fortschreitende Reihe entwickeln, welche so lange convergirt, als

$$abs\,Z < 2M+1-\sqrt{(2M+1)^2-1} = 2M+1-(2M+1)\,\{1-1:(2M+1)^2\}^{\frac{1}{2}}$$

ist, und da dieser Ausdruck, wie die Entwickelung in eine nach Potenzen von $1:(2M+1)$ fortschreitende Reihe in der alle Glieder positiv sind, lehrt, grösser als $1:(2M+1)$ ist, so convergirt die Reihe jedenfalls so lange $abs\,Z < 1:(2M+1)$ ist, und es ist so lange zugleich $abs\,\zeta < 1$, wenn M mindestens Eins ist, was immer angenommen werden kann. Da die oben gefundenen Coefficienten $B_{n+1} = \varphi_{n+1}(C_2, C_3, \ldots, C_{n+2})$ dem absoluten Betrage nach kleiner, höchstens gleich den Coefficienten in der Reihenentwickelung der irrationalen Hilfsfunction sind, so ist die Reihe $\Sigma B_{n+1}Z^n$ jedenfalls in einem bestimmten Gebiete V eine convergente. Es reicht aus dieses zu wissen, das Convergenzgebiet reicht in der Regel weiter als es hier als mindestens vorhanden gefunden wurde, die wahre Begrenzung desselben kann an dieser Stelle nicht gegeben werden.

Jedem Werthe von ζ im Gebiete U entspricht ein und nur ein Werth von Z, jedem Werthe von Z im Gebiete V entspricht ein und nur ein Werth von ζ, dabei werden im Allgemeinen die Werthe von Z, welche dem Gebiete U entsprechen, nicht alle im Gebiete V ihren Platz haben, aber umgekehrt, alle Werthe von ζ, welche (als Function von Z) dem Gebiete V zugehören, befinden sich (wenn M mindestens gleich 1 ist oder gesetzt wird) im Gebiete U. Da aber Z auch als Umkehrung der Reihe $\zeta = Z+B_1Z^2+\ldots$ gedacht werden kann, so lässt sich aus dem Gebiete U ein kleineres Kreisgebiet U' aussondern, so dass den Werthen von ζ in U' nur Werthe von Z im Gebiete V entsprechen. Dann werden den Puncten von V sämmtliche Puncte von U' und andere, den Puncten von U sämmtliche Puncte von V und andere entsprechen. In einem wohl bestimmten Gebiete wird demnach durch die Reihe und ihre Umkehrung eine eindeutige Beziehung hergestellt, jede Veränderliche ist in einer bestimmten Umgebung des Punctes 0 eine Function der andern, mit dem Charakter einer ganzen Function. — Da f und z mit ζ und Z durch die Gleichungen verbunden sind, $z = \alpha\zeta$, $f = \alpha . A_1(Z-A_0)$, wo α durch die Bedingung definirt wurde, dass die Reihe $\Sigma A_n\alpha^n$ convergirt, so können wir den Satz aussprechen:

Ist $f(z) = \Sigma A_n z^n$ eine convergente Potenzreihe, so ist auch umgekehrt z in der Umgebung des Punctes A_0 der f-Ebene eine Potenzreihe, welche in einem bestimmten, in seiner Grösse von $A_1, A_2, A_3, \ldots$ abhängenden Kreise convergirt, wenn nicht $A_1 = 0$ ist. Die nach Potenzen von $f-A_0$ fortschreitende convergente Reihe heisst die Umkehrung der Reihe $f = \Sigma A_n z^n$ und ist in der Umgebung des Punctes A_0 eindeutig bestimmt.

§ 137. Mehrdeutige Umkehrungen der Potenzreihen. Wenn die umzukehrende Reihe die Form hat $f = A_0+A_mz^m+A_{m+1}z^{m+1}+\ldots$, so dass also $A_1 = 0$, $A_2 = 0, \ldots, A_{m-1} = 0$ und A_m der erste von Null verschiedene Coefficient ist, so sind die vorigen Schlüsse nicht erlaubt. Man kann aber diesen Fall sogleich auf den vorigen zurückführen, wenn man schreibt

$$\sqrt[m]{\frac{f-A_0}{A_m}} = z\left(1+\frac{A_{m+1}}{A_m}z+\frac{A_{m+2}}{A_m}z^2+\ldots+\frac{A_{m+n}}{A_m}z_n+\ldots\right)^{\frac{1}{m}} = z(1+A'_1z+A'_2z^2+\ldots+A'_nz^n+\ldots)$$

weil $(1+(A_{n+1}z:A_n)+(A_{m+2}z^2:A_m)+\ldots)^{\frac{1}{m}}$ nach § 68 den Charakter einer ganzen Function hat, und also gleich $1+A'_1z+A'_2z^2+\ldots$ gesetzt werden kann. Nach den im vorigen Paragraphen gefundenen Sätzen folgt hieraus sogleich, dass in einem bestimmten von $A'_1, A'_2, \ldots$ also von $A_m, A_{m+1}, \ldots$ abhängendem Gebiete, z durch eine nach Potenzen von $\sqrt[m]{f-A_0}$ fortschreitende Reihe darstellbar ist, die in jedem Puncte des Convergenzgebietes, weil die $m$te Wurzel m-deutig ist, m Werthe besitzt. Die Function $\sqrt[m]{f-A_0}$ und somit z ist eine eindeutige Function von f in einem Gebiete, welches aus m Blättern besteht, die in Puncte A_0 durch einen Verzweigungspunct (einen $m-1$fachen Verzweigungspunct) miteinander verbunden sind, wie ein solcher im § 108 beschrieben ist.

§ 138. Erweiterung des Umkehrproblems. Wir betrachten jetzt eine Reihe $a = a_1s+a_2s^2+\ldots+a_ns^n+\ldots$, in welcher $a, a_1, a_2, \ldots$ Functionen von z sind, die sich nach ganzen Potenzen von z entwickeln lassen. Dabei nehmen wir an, dass a mit z verschwinde, a_1 hingegen mit z

nicht verschwinde. Dann sind auch $a:a_1 = c'$, $a_2:a_1 = -c'_2$, $a_3:a_1 = -c'_3, \ldots, a_n:a_1 = -c'_n, \ldots$ Functionen von z, die in der Umgebung des Punctes Null der z-Ebene den Charakter einer ganzen Function haben, die durch Reihen darstellbar sind, welche nach ganzen Potenzen von z fortschreiten. Dabei ist noch vorauszusetzen, dass das Convergenzgebiet von a_n nicht mit wachsendem n unter jede noch so kleine Zahl herabsinke, woraus dieselbe Eigenschaft für c'_n von selbst resultirt. Hierauf machen wir die Substitution $z = \alpha\zeta$, und richten α so ein, dass die Reihen $c', c'_2, c'_3, \ldots$ für $\zeta = 1$ convergiren. Die Coefficienten der Potenzen von ζ in diesen Reihen, welche Produkte der Coefficienten der Potenzen von z multiplicirt in Potenzen von α sind, besitzen alsdann in Bezug auf ihren absoluten Betrag eine obere Grenze G, weil sie mit wachsenden Indices gegen Null convergiren. Mit dieser obern Grenze dividiren wir $c', c'_2, c'_3, \ldots$ und setzen $c':G = c$, $c'_2:G = c_2, \ldots, c'_n:G = c_n, \ldots$, so dass wir es mit der Gleichung zu thun haben

$$c = s - c_2 s^2 - c_3 s^3 - c_4 s^4 - \ldots - c_n s^n - \ldots,$$

worin $c_2, c_3, \ldots, c_n, \ldots$ nach ganzen Potenzen von ζ fortschreitende Reihen sind, deren Coefficienten ihrem absoluten Betrage nach kleiner oder höchstens gleich den Coefficienten der Reihe $1+\zeta+\zeta^2+\ldots+\zeta^n+\ldots$ sind, während c mit ζ verschwindet, und Coefficienten hat, die absolut genommen $\leqq 1$ sind. Ist nun $abs\,\zeta < 1$, so sind $c_2, c_3, \ldots, c_n, \ldots$ sämmtlich endliche Grössen, und es ist nach § 136 $s = c + B_1 c^2 + B_2 c^3 + \ldots + B_n c^{n+1} + \ldots$, worin $B_1, B_2, B_3, \ldots, B_{n+1}, \ldots$ ganze (formal positive) Functionen von $c_2, c_3, \ldots, c_{n+1}, \ldots$ sind, und mithin Functionen von ζ die den Charakter einer ganzen Function haben, so lange $abs\,\zeta < 1$ ist, und es convergirt diese Reihe jedenfalls, so lange c den Werth $1:2M+1$ nicht übersteigt, wenn $M = 1:(1-abs\,\zeta)$ ist. Dies hat für Werthe von ζ deren absoluter Betrag eine gewisse von den Coefficienten in c abhängige, jedoch von Null verschiedene Grösse nicht übersteigt, jedenfalls statt, weil c mit ζ verschwindet. Eine wichtige hier zu erledigende Frage ist aber die, ob sich diese Reihe auch nach Potenzen von ζ ordnen lasse. Zu diesem Zwecke betrachten wir die Reihe $\sigma = \gamma + \beta_1\gamma^2 + \beta_2\gamma^3 + \beta_3\gamma^4 + \ldots$, in welcher die $\beta_1, \beta_2, \ldots, \beta_n, \ldots$ aus den $B_1, B_2, \ldots, B_n, \ldots$ dadurch hervorgegangen sind, dass $c_2, c_3, \ldots, c_n, \ldots$ sämmtlich durch $1+\zeta+\zeta^2+\zeta^3+\ldots = 1:(1-\zeta)$ ersetzt worden sind, und in welcher $\gamma = \zeta:(1-\zeta) = \zeta+\zeta^2+\zeta^3+\ldots$ ist. Es sind dann die Coefficienten in $\beta_1, \beta_2, \ldots, \beta_n, \ldots$ bez. dem absoluten Betrage nach grösser, mindestens gleich den entsprechenden Coefficienten der Entwickelungen von $B_1, B_2, \ldots, B_n, \ldots$ und ebenso sind die Coefficienten in γ absolut genommen grösser als die von c, und es werden also auch, wenn man nach Potenzen von ζ ordnet, die Coefficienten von $\gamma^n\beta_{n+1}$ grösser mindestens gleich den Coefficienten von $c^n B_{n+1}$ sein. Dass aber $\Sigma\gamma^n\beta_{n+1}$ sich in eine Potenzreihe nach ζ umordnen lässt, ist leicht ersichtlich. Es ist nämlich σ eine Irrationalität, und durch die Gleichung

$$\zeta = \sigma(1-\zeta) - \sigma\sigma:(1-\sigma) \text{ oder } \sigma\sigma(2-\zeta) - \sigma(1-2\zeta) + \zeta = 0$$

bestimmt, und lässt sich nach Potenzen von ζ entwickeln, so lange $abs\,\zeta < (3-\sqrt{2}):4$, die kleinere der Wurzeln der Gleichung $(1-2\zeta)^2 - 4\zeta(2-\zeta) = 1 - 12\zeta + 8\zeta^2 = 0$ ist. In demselben Umfange muss um so mehr sich die Reihe für s in eine nach Potenzen von $\zeta = z:\alpha$ fortschreitende Reihe umordnen lassen, so dass wir zu dem Resultate gelangt sind.

Ist $a + a_1 s + a_2 s^2 + \ldots + a_n s^n + \ldots$ eine in einem bestimmten Gebiete convergente Doppelpotenzreihe, sind also $a, a_1, a_2, \ldots, a_n, \ldots$ Reihen, die nach Potenzen von z fortschreiten, und verschwindet a mit z, hingegen verschwindet a_1 mit z nicht, so ist s eine Function von z, die in der Umgebung des Punctes 0 den Charakter einer ganzen Function hat.

§ 139. **Die algebraischen Functionen.** Einen speciellen Fall der im vorigen Paragraphen behandelten Functionen bilden die algebraischen. Es sei

$$f(\overset{n}{s}, \overset{m}{z}) = f(s, z) = 0 = a_0 + a_1 s + a_2 s^2 + \ldots + a_n s^n,$$

und es seien $a_0, a_1, \ldots, a_n$ ganze Functionen von z, von denen keine den $m$ten Grad übersteigt, aber wenigstens eine erreicht. Ferner können wir annehmen die Gleichung sei **irreduktibel**, d. h. sie lasse sich nicht in zwei Factoren zerlegen, die selbst ganze Functionen von s und rationale Functionen von z sind. Die Untersuchung einer solchen Gleichung würde in die Untersuchung zweier anderen einfacheren zerfallen. Ist nun für $z=\alpha$ β ein Werth von s, der die Gleichung $f(s,z)=0$ befriedigt, so können wir durch die Substitution $z=z'+\alpha$, $s=s'+\beta$ die Function $f(s,z)$ in eine andere $\varphi(s',z')$ umformen, welche für $z'=0$, $s'=0$ zu Null wird. Es sei alsdann $\varphi=a'_0+a'_1s'+a'_2s'^2+\,..\,+a'_ns'^n=0$, so hat, wenn a'_1 mit z' nicht verschwindet, s' den Charakter einer ganzen Function von z' in der Umgebung des Punctes 0, d. h., es sind

$$s'=\beta_1z'+\beta_2z'^2+\beta_3z'^3+\,..\,,\quad s=\beta+\beta_1(z-\alpha)+\beta_2(z-\alpha)^2+\,..\,+\beta_n(z-\alpha)^n+\,..$$

in einem bestimmten Bezirk convergente Reihen, s hat in der Umgebung des Punctes α den Charakter einer ganzen Function. Es giebt, weil für $z=\alpha$ im Allgemeinen n Werthe von s vorhanden sind, welche die Gleichung $f=0$ befriedigen, im Allgemeinen n verschiedene Entwickelungen, welche n verschiedene Zweige der Function s constituiren, von jedem Zweige ein Element bilden, es kann aber auch nicht mehr als n Zweige geben, weil nur n Werthe von s vorhanden sind.

§ 140. Die singulären Stellen der algebraischen Function. Unsere Schlüsse werden hinfällig, wenn a'_1 mit z' verschwindet. In diesem Falle ist $f(s,z)$ für $z=\alpha$ nicht blos durch $s-\beta$, sondern durch $(s-\beta)^2$ theilbar, und also haben $f(s,\alpha)$ und $f'(s,\alpha)=a_1+2a_2s+\,..\,+na_ns^{n-1}$ (die Ableitung in Bezug auf s) den Factor $s-\beta$ gemein. Sucht man nach der Methode des § 114 den gemeinsamen Theiler zwischen $f(s,z)$ und $f'(s,z)$, so erhält man (wenn die Gleichung $f=0$ irreduktibel ist) für allgemeine Werthe von z einen Rest, der eine ganze Function von $a:a_n$, $a_1:a_n$, .., $a_{n-1}:a_n$, also nach Multiplication mit einer Potenz von a_n eine ganze Function von z ist, deren Grad endlich ist. Nur da wo diese Function verschwindet, also nur für eine endliche Anzahl von Werthen von z, für welche von den n Werthen von s zwei oder mehrere zusammenfallen, kann s singulär sein. (Diejenige ganze Function von z, welche durch ihr Verschwinden angiebt, wo und wie oft Werthe von s zusammenfallen, wird Discriminante der Function $f(s,z)$ in Bezug auf s genannt, ihre bequemste Herstellung wird durch Anwendung der Determinanten erreicht.) In den Puncten (die eine endliche discrete Mannigfaltigkeit bilden), in denen $f(s,z)$ und $f'(s,z)$ gleichzeitig verschwinden, fallen die Werthe zweier oder mehrerer Zweige der Function s zusammen, und (im Allgemeinen) sind diese Stellen Puncte, um welche herum sich ein Zweig von s in einen andern fortsetzt, Verzweigungs- oder Windungspuncte. Wir beschränken uns hier auf den Fall, dass nur $f'(s,z)$, nicht aber auch $f''(s,z)=2a_2+2.3a_3s+3.4a_4s^2+\,..\,+(n-1).na_ns^{n-2}$ für $z=\alpha$, $s=\beta$ verschwindet. Setzen wir $f(s,z)=a'_0+a'_1(s-\beta)+a'_2(s-\beta)^2+\,..\,+a'_n(s-\beta)^n$, und setzen $z-\alpha=\zeta^2$, $s-\beta=\sigma.\zeta$, $a'_0=b_0.\zeta^2$, $a'_1=b_1.\zeta^2$, $a'_2=b_2$, .., $a'_n=b_n$, wo b_0, b_1, .., b_n ganze Functionen von ζ sind, von denen b_2 mit ζ nicht verschwindet, so erhalten wir aus $f(s,z)=0$ durch Division mit $\zeta\zeta$ die Gleichung

$$0=b_0+b_1\zeta\sigma+b_2\sigma^2+b_3\sigma^3\zeta^3+\,..\,+b_n\zeta^n\sigma^n.$$

Verschwindet b_0 mit ζ nicht, so wird σ mit ζ nicht 0, sondern nimmt für $\zeta=0$ den Werth $\sqrt{-b_0(0):b_2(0)}$ an, wenn $b_0(0)$, $b_2(0)$ die Werthe von b_0, b_2 für $\zeta=0$ sind. Wir wollen diese Werthe mit γ bezeichnen. Durch die Substitution $\sigma=\sigma'+\gamma$ verwandelt sich diese Gleichung in die folgende $0=c_0+c_1\sigma'+c_2\sigma'^2+\,..\,+c_n\sigma'^n$, wo c_0 für $\zeta=0$ den Werth $b_0(0)+\gamma^2b_2(0)=0$, c_1 für $\zeta=0$ den Werth $2\gamma b_2(0)$, c_2 den Werth $b_2(0)$ annimmt, so dass σ', weil diese Gleichung den Bedingungen des vorigen Paragraphen genügt, eine nach Potenzen von ζ entwickelbare Function ist. Es ist also

$$\sigma=\gamma+\gamma_1\zeta+\gamma_2\zeta^2+\,..\,+\gamma_n\zeta^n+\,..\,,\quad s=\beta+\gamma\sqrt{(z-\alpha)}+\gamma_1\sqrt{(z-\alpha)^3}+\,..\,+\gamma_n\sqrt{(z-\alpha)^{2n+1}}+\,..\,,$$

worin γ_1, γ_2, .. Constanten sind, und es hat s in der Umgebung des Punctes $z=\alpha$ zwei Zweige, die ineinander übergehen, wenn z den Punct α umkreist. Damit ist das Verhalten dieser Zweige charakterisirt.

Wenn aber b_0 verschwindet, so muss a'_0 den Factor $(z-\alpha)^2$ enthalten. Dann kann man $z-\alpha=z'$, $s=s'z'$ setzen, so gewinnt nach Division mit z'^2 die Gleichung $f(s,z)=0$ die Form $a''_0+a''_1s'+a''_2s'^2+a''_3s'^3z'+\,..\,+a''_ns'^nz'^{n-2}=0$. Die Function s' ist nun in der Umgebung des Punctes $z'=0$ weiter zu untersuchen, und hat jedenfalls dann in der Umgebung dieses Punctes den Charakter einer ganzen Function, wenn nicht für $z' = 0$ wieder Werthe der verschiedenen Zweige von s' zusammenfallen. Hierauf wollen wir nicht weiter eingehen, und nur bemerken, dass diese Untersuchungen mit denen zusammenfallen, auf welche in der Geometrie die Betrachtung der mehrfachen Puncte, Rückkehrpuncte u. s. w. führt.

Die Ordnungen, Ordnungsmasszahlen, und schärfere Convergenzkriterien.

§ 141. Die Ordnungen. Wenn eine stetige Function der reellen Veränderlichen x an der Stelle a den Werth A annimmt, so verschwindet $f(x)-A$ für $x = a$. Nähert sich aber für abnehmende x $(f(a+x)-A):x$ einem bestimmten von Null verschiedenen Grenzwerthe, so sagt man $f(x)-A$ verschwinde dort in der ersten Ordnung. Ist μ eine beliebige positive Zahl, und nähert sich $(f(x)-A):(x-a)^{\mu}$ für abnehmende, gegen a convergirende Werthe von x einem endlichen Grenzwerthe, so sagt man $f(x)-A$ werde für abnehmende x an der Stelle $x = a$ in der μten Ordnung Null. Man kann diese Zahl μ auch als Mass der Stetigkeit von $f(x)$ an der Stelle a ansehen. Dieses Mass ist um so grösser, je grösser μ ist. Für praktische Zwecke ist es nützlich, die Zahl μ nicht blos dann als Stetigkeitsmass anzusehen, wenn $\lim (f(x)-A):(x-a)^{\mu}$ gegen einen bestimmten Werth convergirt, sondern auch dann wenn der Quotient $(f(x)-A):(x-a)^{\mu}$ für abnehmende x unendlich viele Maxima und Minima hat, sich keinem bestimmten Werthe nähert, aber in endlichen Grenzen enthalten ist. Nähert sich nur für ein negatives μ der Quotient einem endlichen Werthe, so ist die Function unstetig. Man kann dann $-\mu$ als Ordnung des unendlich Werdens ansehen. Nähert sich für solche x, welche über alle Grenzen wachsen $f(x):x^{\mu}$ einem bestimmten Werthe, so sagt man $f(x)$ werde im Unendlichen dort in der μten Ordnung unendlich. An welchen Stellen man das unendlich Werden oder Verschwinden einer Function untersucht, ist nicht wesentlich, wenn es nur darauf ankommt die dabei vorkommenden möglichen Ordnungen zu discutiren und kennen zu lernen. Wir wollen deshalb eine Reihe von Functionen für positiv ins Unendliche wachsende x also im Unendlichen betrachten.

Sind zwei Functionen von x in Bezug auf die Ordnung ihres Unendlichs im Unendlichen zu vergleichen, so sagen wir die Ordnung von $f(x)$ sei dort grösser als die von $\varphi(x)$, wenn $f(x):\varphi(x)$ mit x über alle Grenzen wächst, sie sei kleiner, wenn der Quotient endlich bleibt und zuletzt bestimmt Null wird. Dies ist ein ausreichendes Princip die Ordnungen der Grösse nach miteinander zu vergleichen. Ist $\nu > \mu$, so ist die Ordnung von x^{ν} grösser als die von x^{μ}. Jede reelle Zahl μ ordnet sich einer bestimmten Ordnung des Unendlichwerdens zu, und den negativen Zahlen μ kann man solche Functionen entsprechen lassen, deren reciproke im Unendlichen in der $-\mu$ten Ordnung unendlich gross werden. Das Umgekehrte findet aber nicht statt, dass jeder Ordnung eine bestimmte Zahl zugewiesen werden könne, in dem es sowohl bestimmte Ordnungen giebt, die über alle Grenzen gross sind, als auch Ordnungen, die kleiner als jede angebbare Zahl und doch von Null verschieden sind. Wir wissen, dass $e^{x}:x^{n}$ für jedes noch so grosse n mit wachsendem x über alle Grenzen wächst, so dass der Function e^{x} eine unendlich hohe Ordnung zuzuweisen wäre. Andrerseits ist, wie klein auch ε sein mag, $\lim x^{\varepsilon}:\lg x$ unendlich gross, denn setzt man $\lg x = u$, so ist $x^{\varepsilon}:\lg x = e^{\varepsilon u}:u$ und wächst also mit wachsendem u oder x über alle Grenzen, deshalb ist die Masszahl der Ordnung von $\lg x$ kleiner als jede noch so kleine Zahl ε und doch grösser als Null, wenn man der Zahl 0 die Constante (x^{0}) zuweist. Offenbar ist $(\mu > 1)$ die Ordnung von $(\lg x)^{\mu}$ grösser als die von $\lg x$ und zwar μ mal grösser, d. h. wenn $\lg x$ als Masseinheit der Ordnungen genommen würde, so würde $(\lg x)^{\mu}$ die Masszahl μ zuzuweisen sein. Um Zahlen zu erhalten, welchen auch die logarithmischen Ordnungen eindeutig zugewiesen werden können, kann man die Potenzordnungen den gemeinen Zahlen, die logarithmischen Zahlen mit einer neuen Einheit l_1 zuweisen, etwa so, dass die Ordnung der Function $x^\alpha.(\lg x)^\beta$ einer complexen Zahl von der Form $\alpha+\beta l_1$ zugewiesen wird. — Gegen die logarithmischen Ordnungen sind die der Logarithmen von Logarithmen wieder unendlich klein, und um ihnen Zahlen zuzuweisen, muss man wieder eine neue Einheit etwa l_2 einführen, so dass die complexe Zahl $\alpha+\beta l_1+\gamma l_2$ die Ordnungsmasszahl der Function $x^\alpha(\lg x)^\beta(\lg\lg x)^\gamma$ ist. So kann man fortfahren und der Function $x^\alpha(\lg x)^\beta (\lg\lg x)^\gamma(\lg^{(3)}x)^\delta \ldots (\lg^{(n)}x)^\nu$, ($\lg\lg\lg x = \lg^{(3)}(x)$, u. s. w. gesetzt) eine complexe Zahl von der Form $\alpha+\beta l_1+\gamma l_2+\ldots+\nu l_n$ zuweisen.

§ 142. Die Ordnungsmasszahlen. Die eben gebildeten Zahlenformen können als complexe Zahlen mit unendlich vielen Einheiten angesehen werden, wobei auch noch rückwärts Einheiten etwa l_{-1}, l_{-2}, .. zugefügt werden könnten, welche den Ordnungen von e^x, e^{e^x}, .. entsprechen, was wir jedoch unterlassen wollen. Dabei tritt aber ein eigenthümlicher Umstand ein, der sie von complexen Zahlen wie sie meist gebildet werden unterscheidet. So viel Einheiten ein complexes Zahlengebiet enthält, so viele Dimensionen hat es. Die hier gebildeten Zahlen aber sind, wenigstens in Riemann's Sinne, Zahlen von einer Ausdehnung, so dass sie unendlich mal unendlich viel dichter als die gemeinen Zahlen sind. Riemann sagt, (Ueber die Hypothesen, welche der Geometrie zu Grunde liegen, § 2), „geht man bei einem Begriffe, dessen Bestimmungsweisen eine stetige Mannigfaltigkeit bilden, von einer Bestimmungsweise auf eine bestimmte Art zu einer andern über, so bilden die durchlaufenen Bestimmungsweisen eine einfach ausgedehnte Mannigfaltigkeit, deren wesentliches Kennzeichen ist, dass in ihr von einem Puncte nur nach zwei Seiten, vorwärts oder rückwärts, ein stetiger Fortgang möglich ist.“ Dieses wesentliche Kennzeichen ist aber hier vorhanden. Der Begriff der verschieden bestimmt werden kann ist bei uns der Begriff der Ordnung. Von jeder Ordnung giebt es nur einen bestimmten Fortschritt zu einer grösseren oder kleineren Ordnung. Es ist ein solcher nur nach zwei Seiten möglich. Die Zahlen $\alpha+\beta l_1+\gamma l_2+\delta l_3+\ldots$, $\alpha'+\beta' l_1+\gamma' l_2+\delta' l_3+\ldots$ sind gleich, wenn $\alpha=\alpha'$, $\beta=\beta'$, $\gamma=\gamma'$, .. ist, die letztere Zahl aber ist kleiner als die erste, wenn die erste der Differenzen $\alpha-\alpha'$, $\beta-\beta'$, $\gamma-\gamma'$, $\delta-\delta'$, .., die nicht verschwindet, positiv ist. Setzt man, um diese Zahlen miteinander multipliciren zu können, fest, dass $l_\mu . l_\nu = l_{\mu+\nu}$ sein soll, so findet man

$$(\alpha+\beta l_1+\gamma l_2+\ldots)(\alpha'+\beta' l_1+\gamma' l_2+\ldots) = \alpha\alpha'+(\alpha\beta'+\beta\alpha')l_1+(\gamma\alpha'+\beta\beta'+\alpha\gamma')l_2+\ldots,$$

und es kann dieses Produkt nicht Null sein, wenn nicht ein Factor Null ist. Denn hierzu müsste $\alpha\alpha'=0$, $\alpha\beta'+\beta\alpha'=0$, .. sein. Ist nun $\alpha'=0$, α nicht, so muss $\alpha.\beta'$ also β' Null sein etc. Es ist deshalb auch die Division für solche Zahlen eindeutig, und die Rechnung mit ihnen führt auf keinerlei Widerspruch, nur sind zu ihrer Ausführung die Einheiten l_{-1}, l_{-2}, .. nöthig, wenn der Theil des Nenners 0 ist, welcher eine gemeine Zahl ist. Ist α nicht 0, so ist $\dfrac{1}{\alpha+\beta l_1+\gamma l_2+\ldots} = \dfrac{1}{\alpha}\left(1+\dfrac{\beta}{\alpha}l_1+\dfrac{\gamma}{\alpha}l_2\ldots\right)^{-1}$ nach dem binomischen Satze auszuführen. Dass diese Zahlen in der Analysis bisher nicht als Rechnungselemente eingeführt sind, hat seinen Grund darin, dass ein Feld für Anwendung derselben auf Probleme der angewandten Mathematik für sie noch nicht gefunden ist.

§ 143. Die Frage nach dem kleinsten Unendlich. Da $\lg\lg x$ mit wachsendem x schwächer als $\lg(x)$, $\lg^{(n+1)}(x)$ schwächer als $\lg^{(n)}(x)$ unendlich wird, und da man n grösser und grösser nehmen kann, so gelangt man offenbar niemals zu einer Ordnung, die die kleinste von 0 verschiedene ist. Merkwürdig aber ist es, dass, wie Herr du Bois-Reymond gezeigt hat (Crelles Journal Band 76 pag. 88), Functionen gebildet werden können, die schwächer über alle Grenzen wachsen als $\lg^n(x)$, wie gross auch n sein mag. Bildet man nämlich eine Function $\psi(x)$ in folgender Weise, dass man ihr den Werth 1 für das x zuertheilt, für welches $\lg x = 1$ wird, ($x=e$), den Werth 2 für das x, für welches $\lg\lg x = 2$ wird, den Werth 3 für das x, für welches $\lg\lg\lg x = 3$ wird, u. s. w. den Werth n für das x, für welches $\lg^{(n)}(x) = n$ wird, u. s. f., so kann man leicht für andere Werthe von x ψ so einrichten, dass ψ fortwährend wächst und überall stetig ist, z. B. dadurch, dass man zwischen x_n und

x_{n+1}, wenn $\psi(x_n)=n$, $\psi(x_{n+1})=n+1$ ist, $\psi(x)=x:(x_{n+1}-x_n)+(nx_{n+1}-(n+1)x_n):(x_{n+1}-x_n)$ setzt, und es wird dann die Function $\psi(x)$ mit wachsendem x unendlich gross. Offenbar aber verschwindet $\psi(x):\lg^{(n)}(x)$ was auch n sein mag, weil $\psi(x)$ von $x=x_{n+1}$ an immer kleiner als $\lg^{(n+1)}(x)$ bleibt, womit die Behauptung erwiesen ist. $\lg\psi(x)$ wird offenbar wieder langsamer unendlich gross etc., so dass unendlich viele solcher Functionen existiren. Die Ordnungszahlen $\alpha+\beta l_1+\gamma l_2+\,..$ reichen demnach keineswegs aus, jeder möglichen Ordnung eine solche Zahl zuzuweisen, sondern es lassen sich dieselben noch unendlich viel dichter machen, und es ist eine Grenze niemals zu erreichen, und wirklich erschöpfende Systeme von Ordnungszahlen giebt es nicht.

§ 144. Schärfere Convergenzkriterien. Wir fanden (§ 24), dass die Reihe $\Sigma 1:n^2$ absolut convergent sei. Es ist aber leicht zu zeigen, dass auch $\Sigma 1:n^{1+\sigma}$ convergire, wie klein auch die positive Zahl σ sein mag. Es bedeute zur Erleichterung der Bezeichnung Σ eine Summation, in welcher der Buchstabe n die Zahlen $0, 1, 2, \ldots \infty$ durchläuft. Sind a, b positive Zahlen, so ist die Reihe $\Sigma(-1)^n:(an+b)^\sigma$ convergent, wenn σ positiv ist, weil ihre Terme abnehmen, und die Zeichen wechseln. Wir setzen die Summe derselben gleich $S(\sigma)$, so können wir $S(\sigma)$ durch die Reihen ausdrücken

$$S(\sigma)=\Sigma\left(\frac{1}{(2an+b)^\sigma}-\frac{1}{((2n+1)a+b)^\sigma}\right)=\frac{1}{b^\sigma}-\Sigma\left(\frac{1}{((2n+1)a+b)^\sigma}-\frac{1}{((2n+2)a+b)^\sigma}\right),$$

die absolut convergent sind. Schreiben wir die erste dieser Formen wie folgt

$$S(\sigma)=\Sigma\left(1-\left(\frac{2na+b}{(2n+1)a+b}\right)^\sigma\right):(2na+b)^\sigma=\Sigma\left\{1-\left(1-\frac{a}{2na+b}\left(1-\frac{a}{(2n+1)a+b}\right)\right)^\sigma\right\}:(2na+b)^\sigma,$$

und setzen auf Grund des binomischen Lehrsatzes

$$\left(1-\frac{a}{2na+b}\left(1-\frac{a}{((2n+1)a+b)}\right)\right)^\sigma=1-\frac{\sigma a}{2na+b}+\frac{\sigma aa}{(2na+b)\,((2n+1)a+b)}+\frac{\sigma\,.\,\sigma-1\,aa\,\Theta_n}{2(2na+b)^2},$$

so ist Θ_n eine endliche, mit wachsendem n gegen 1 convergirende Zahl. Setzen wir weiter die Reihe

$$\Sigma\frac{1}{(2na+b)^{1+\sigma}\,((2n+1)a+b)}+\frac{\sigma-1\,.\,\Theta_n}{2(2na+b)^{2+\sigma}}=E,$$

die absolut convergent ist, weil ihre Terme rascher wie $1:n^2$ abnehmen, so ist

$$S(\sigma)=\Sigma a\sigma:(2an+b)^{1+\sigma}+aa\sigma E.$$

Da nun die Convergenz von $S(\sigma)$ für jedes noch so kleine σ bekannt ist, so folgt, dass $\Sigma 1:(2an+b)^{1+\sigma}$, oder wenn man $b=1$, $a=0$ setzt, die Reihe $\Sigma 1:(n+1)^{1+\sigma}$ convergent ist, was zu beweisen war. Wir können hier aber noch aus der zweiten Form von $S(\sigma)$ ein Resultat erhalten, (vergl. Heine, Crelles Journal B. 31 pag. 133), welches Dirichlet mit der Theorie der bestimmten Integrale gefunden hat, das Resultat, dass $\lim\Sigma a\sigma:(an+b)^{\sigma+1}=1$ sei, wenn $\lim\sigma=0$ ist. Es lässt sich nämlich die zweite Form von $S(\sigma)$, genau so wie die erste transformirt, in die Gestalt schreiben $S(\sigma)=1:b^\sigma-\Sigma a\sigma:((2n+1)a+b)^{1+\sigma}+aa\sigma H$, wo H wieder eine endliche Zahl (convergente Reihe) ist. Zieht man diesen Ausdruck für $S(\sigma)$ von dem früher gefundenen ab, so erhält man die Gleichung $1:b^\sigma+aa\sigma(H-E)=\Sigma a\sigma:(an+b)^{1+\sigma}$ wei klein auch σ sein mag. Da aber b^σ der Grenze 1 zustrebt, so ist $\lim\Sigma a\sigma:(an+b)^{1+\sigma}=1$.

Die Reihe ΣA_n ist nach diesen Untersuchungen convergent, wenn $\lim A_n n^{1+\sigma}$ für ein beliebig kleines σ mit wachsendem n endlich bleibt oder verschwindet. Will man hierfür lieber ein Kriterium haben, in welchem $A_{n+1}:A_n$ den Ausschlag giebt, was manchmal bequemer ist, obgleich ein solches Kriterium immer weniger allgemein ist, weil es durch (endliche) Umordnung der Terme gestört wird, so beachten wir, dass ΣA_n convergirt, wenn (von einem bestimmten Terme an) $abs(A_{n+1}:A_n)<(n-1)^{1+\sigma}:n^{1+\sigma}$ ist. Es ist aber, wie der binomische Satz lehrt, für hinlänglich grosse n $(n-1)^{1+\sigma}:n^{\sigma+1}$ $=\left(1-\frac{1}{n}\right)^{\sigma+1}>1-\frac{1}{n}-\frac{\sigma}{n}$, so dass also ΣA_n convergirt, wenn von einem bestimmten Terme ab $abs(A_{n+1}:A_n)<1-\frac{1}{n}-\frac{\sigma}{n}$ ist. Hierfür eine Anwendung. Mit Gauss versteht man unter $F(a,b,c,z)$ die hypergeometrische Reihe

$$1+\frac{a}{1}\,\frac{b}{c}\,z+\frac{a}{1}\,\frac{a+1}{2}\,\frac{b}{c}\,\frac{b+1}{c+1}z^2+\frac{a}{1}\,\frac{a+1}{2}\,\frac{a+2}{3}\,\frac{b}{c}\,\frac{b+1}{c+1}\,\frac{b+2}{c+2}z^2+\frac{a}{1}\,\frac{a+1}{2}\,\frac{a+2}{3}\,\frac{a+3}{4}\,\frac{b}{c}\,\frac{b+1}{c+1}\,\frac{b+2}{c+2}\,\frac{b+3}{c+3}z^3+\ldots,$$

welche in jedem Falle so lange absolut convergent ist, als $abs\,z < 1$ ist. Wir fragen, in welchen Fällen sie auch noch für $z = 1$ convergirt. Schreiben wir das allgemeine Glied der Reihe für $z = 1$ in die Form

$$\frac{\frac{a}{1}\left(1+\frac{a}{1}\right)e^{-\frac{a}{1}}.\left(1+\frac{a}{2}\right)e^{-\frac{a}{2}}..\left(1+\frac{a}{n}\right)e^{-\frac{a}{n}}.\,b\left(1+\frac{b}{1}\right)e^{-\frac{b}{1}}.\left(1+\frac{b}{2}\right)e^{-\frac{b}{2}}..\left(1+\frac{b}{n}\right)e^{-\frac{b}{n}}}{\frac{c}{1}\left(1+\frac{c}{1}\right)e^{-\frac{c}{1}}..\left(1+\frac{c}{n}\right)e^{-\frac{c}{n}}.\,e^{\left(1+\frac{1}{2}+\frac{1}{3}+\,..\,+\frac{1}{n}-\lg n\right)(c-a-b)}.\,n^{c-a-b}.(n+1)}=A_n.$$

Dann nähern sich für wachsende n die Ausdrücke $\frac{a}{1}.\left(1+\frac{a}{1}\right)e^{-\frac{a}{1}}..\left(1+\frac{a}{n}\right)e^{-\frac{a}{n}}$, $b.\left(1+\frac{b}{1}\right)e^{-\frac{b}{1}}..\left(1+\frac{b}{n}\right)e^{-\frac{b}{n}}$, $\frac{c}{1}\left(1+\frac{c}{1}\right)e^{-\frac{c}{1}}..\left(1+\frac{c}{n}\right)e^{-\frac{c}{n}}$ bestimmten endlichen Werthen, weil sie absolut convergente Produkte sind (§ 123), ebenso nähert sich $e^{\left(1+\frac{1}{2}+\frac{1}{3}+\,..\,+\frac{1}{n}-\lg n\right)c-a-b}$ einem bestimmten Werthe $e^{M(c-a-b)}$, wenn M die Mascheronische Constante bedeutet. Wenn demnach der reelle Theil von $c-a-b$ positiv, etwa gleich σ ist, so bleibt $A_n n^{1+\sigma}$ mit wachsendem n eine endliche Grösse, und die Reihe ist also convergent, so lange der reelle Theil von c grösser als der von $a+b$ ist.

Gegen Null convergiren die Coefficienten A_n auch noch, wenn der reelle Theil von $c-a-b$ grösser als -1 ist, woraus man wenigstens für reelle a, b, c mittels der im § 98 angewandten Methode leicht schliesst, dass $F(a, b, c, z)$ auf dem Convergenzkreise abgesehen vom Puncte $z = 1$ noch convergirt, wenn $c+1 > a+b$ ist.

§ 145. Die logarithmischen Convergenzkriterien und ihre Tragweite. Wir bezeichnen wieder mit $\lg^{(m)}z$ die Function von z, die entsteht, wenn der Logarithmus von z, hiervon der Logarithmus, davon wieder der Logarithmus u. s. w. im Ganzen $m$mal genommen wird. Dann ist (mit Rücksicht auf die logarithmische Reihe § 93)

$$\lg^{(m+1)}(n+1)=\lg^{(m+1)}\left(n\left(1+\frac{1}{n}\right)\right)=\lg^{(m)}\left(\lg n+\lg\left(1+\frac{1}{n}\right)\right)=\lg^{(m)}\left(\lg n+\frac{1-\delta_n}{n}\right),$$

wenn δ_n eine Zahl bedeutet, die mit wachsendem n verschwindet. Weiter ist

$$\lg^{(m+1)}(n+1)=\lg^{(m)}\left(\lg n\left(1+\frac{1-\delta_n}{n\lg n}\right)\right)=\lg^{(m-1)}\left(\lg\lg n+\lg\left(1+\frac{1-\delta_n}{n\lg n}\right)\right)=\lg^{(m-1)}\left(\lg\lg n+\frac{1-\delta_n-\delta'_n}{n\lg n}\right),$$

wo δ'_n mit wachsendem n wieder gegen Null convergirt. Dies kann man schreiben

$$\lg^{(m-1)}\left(\lg\lg n\left(1+\frac{1-\delta_n-\delta'_n}{n\lg n\lg\lg n}\right)\right)=\lg^{(m-2)}\left(\lg\lg\lg n+\lg 1+\frac{1-\delta_n-\delta'_n}{n.\lg n\lg\lg n}\right)$$

u. s. w., so dass man schliesslich erhält

$$\lg^{(m+1)}(n+1)=\lg^{(m+1)}(n)+\frac{1-\Delta_n}{n\lg n\lg\lg n\;.\;.\;\lg^{(m)}n}$$

worin Δ_n (gleich $\delta_n+\delta'_n+\,..\,+\delta^{m}_n$) mit wachsendem n gegen Null convergirt. Mithin kann man n so gross annehmen, dass $1-\Delta_n$, $1-\Delta_{n+1}$, $1-\Delta_{n+2}$, .. die Zahl $\frac{1}{2}$ übersteigen, weil ja diese Grössen der Eins sich beliebig nähern. Ist nun ν ein Werth von n, für welchen dies statt hat, so stellen wir die Gleichungen auf

$$\lg^{(m+1)}(\nu+1)=\lg^{(m+1)}(\nu)+\frac{1-\Delta_\nu}{\nu\lg\nu\lg\lg\nu\;.\;.\;\lg^{(m)}(\nu)},$$

$$\lg^{(m+1)}(\nu+2)=\lg^{(m+1)}(\nu+1)+\frac{1-\Delta_{\nu+1}}{(\nu+1)\lg(\nu+1)\lg\lg(\nu+1)\;.\;.\;\lg^{n}(\nu+1)},$$

. . . .

$$\lg^{(m+1)}(n+1) = \lg^{(m+1)}(n) + \frac{1-\Delta_n}{n \lg n \,.\,.\, \lg^{(m)}(n)},$$

und bilden ihre Summe, so folgt

$$\lg^{(m+1)}(n+1) - \lg^{(m+1)}(\nu) = \sum_{\nu}^{n}{}^{(\mu)} \frac{1-\Delta_\mu}{\mu \lg\mu \lg\lg\mu \,.\,.\, \lg^{(m)}(\mu)}.$$

Wächst n über alle Grenzen, so folgt, dass die erste, und um so mehr die zweite der Reihen

$$\sum_{\nu}^{\infty}{}^{(n)} \frac{1-\Delta_n^m}{n \lg n \lg\lg n \,.\,.\, \lg^{(m)}(n)}, \quad \sum_{\nu}^{\infty}{}^{(n)} \frac{1}{n \lg n \lg\lg n \,.\,.\, \lg^{(m)}(n)}$$

divergirt. Addiren wir aber die Folge von Gleichungen

$$\frac{\lg^{(m+1)}(\nu+1)}{(\lg^{(m)}(\nu))^\sigma} - \frac{\lg^{(m+1)}(\nu)}{(\lg^{(m)}(\nu))^\sigma} = \frac{1-\Delta_\nu}{\nu \lg\nu \lg\lg\nu \,.\,.\, \lg^{(m-1)}(\nu)(\lg^{(m)}(\nu))^{1+\sigma}},$$

$$\frac{\lg^{(m+1)}(\nu+2)}{(\lg^{(m)}(\nu+1))^\sigma} - \frac{\lg^{(m+1)}(\nu+1)}{(\lg^{(m)}(\nu+1))^\sigma} = \frac{1-\Delta_{\nu+1}}{(\nu+1)\lg(\nu+1) \,.\,.\, \lg^{(m-1)}(\nu+1)\,(\lg^{(m)}(\nu+1))^{1+\sigma}},$$

. . . .

in infinitum,

so strebt die Summe der linken Seiten gegen eine bestimmte Grenze und folglich auch die Reihe, welche durch Summation der rechten Seiten erhalten wird. Hierzu ist zu beweisen, dass die aufeinanderfolgenden Terme der Reihe

$$\frac{\lg^{(m+1)}(n+1)}{(\lg^{(m)}(n))^\sigma} - \frac{\lg^{(m+1)}(n)}{(\lg^{(m)}(n))^\sigma} + \frac{\lg^{(m+1)}(n+2)}{(\lg^{(m)}(n+1))^\sigma} - \frac{\lg^{(m+1)}(n+1)}{(\lg^{(m)}(n+1))^\sigma} + . - . .$$

von einem bestimmten Terme an fortwährend abnehmen, was wegen des Zeichenwechsels zur Convergenz ausreicht. Es muss also von einem bestimmten n ab fortwährend $\frac{\lg^{(m+1)}(n)}{(\lg^{(m)}(n))^\sigma} > \frac{\lg^{(m+1)}(n+2)}{(\lg^{(m)}(n+1))^\sigma}$ sein. Dies findet wirklich statt, wenn $\left(\frac{\lg^{(m)}(n+1)}{\lg^{(m)}(n)}\right)^\sigma > \frac{\lg^{(m+1)}(n+2)}{\lg^{(m+1)}(n)}$, und also wenn

$$\left(1 + \frac{1-\eta_n}{n \lg n \lg\lg n \,.\,.\, \lg^{(m)}(n)}\right)^\sigma > 1 + \frac{2-\varepsilon_n}{n \lg n \lg\lg n \,.\,.\, \lg^{(m+1)}(n)},$$

oder endlich wenn, unter η_n, ε_n mit wachsendem n verschwindende Grössen verstanden

$$1 + \sigma \frac{1-\eta_n}{n \lg n \,.\,.\, \lg^{(m)}(n)} > 1 + \frac{2-\varepsilon_n}{n \lg n \,.\,.\, \lg^{(m+1)}(n)},$$

ist. Dies ist richtig, denn wie klein auch die positive Zahl σ sein mag, so kann doch n so gross genommen werden, dass

$$\sigma \frac{1-\eta_n}{n \lg n \,.\,.\, \lg^{(m)}(n)} > \frac{1}{\lg^{(m+1)}(n)} \cdot \frac{2-\varepsilon_n}{n \lg n \,.\,.\, \lg^{(m)}(n)}, \quad \text{oder } \sigma(1-\eta_n) > \frac{2-\varepsilon_n}{\lg^{(m+1)}(n)}.$$

wird. Folglich ist die Reihe

$$\frac{\lg^{(m+1)}(\nu+1)}{(\lg^{(m)}(\nu))^\sigma} - \frac{\lg^{(m+1)}(\nu)}{(\lg^{(m)}(\nu))^\sigma} + \frac{\lg^{(m+1)}(\nu+2)}{(\lg^{(m)}(\nu+1))^\sigma} - \frac{\lg^{(m+1)}(\nu+1)}{(\lg^{(m)}(\nu+1))^\sigma} + \,.\,.\, \textit{in infinitum}$$

convergent, und also auch die ihr gleiche Reihe

$$\sum_{\nu}^{\infty}{}^{(n)} \frac{1-\Delta_n}{n \lg n \,.\,.\, \lg^{(m-1)}(n)\,(\lg^{(m)}(n))^{1+\sigma}},$$

der es ist mit Rücksicht darauf, dass von einem bestimmten n ab $1-\Delta_n$ die Zahl $\frac{1}{2}$ übersteigt, die Reihe

$$\sum_{\nu}^{\infty(m)} \frac{1}{n\lg n \lg\lg n \ .\ .\ \lg^{(m-1)}(n)\,(\lg^{(m)}(n))^{1+\sigma}}$$

bsolut convergent. Hiernach kann man das allgemeine Theorem aussprechen:

Ist eine unendliche Reihe gegeben

$$A_0+A_1+A_2+\ .\ .\ +A_\nu+\ .\ .\ +A_n+A_{n+1}+\ .\ .\ ,$$

eren Terme mit wachsendem n so abnehmen, dass von einem bestimmten ab das Produkt

$$A_n.n.\lg n.\lg\lg n\ .\ .\ \lg^{(m-1)}(n).(\lg^{(m)}(n))^{1+\sigma}$$

ir ein positives σ endlich bleibt, so ist die Reihe convergent. Muss man aber, damit das Produkt ndlich bleibt, σ der Null gleich annehmen, so ist die Reihe divergent. Man kann die Function $n.\lg n.$ $\lg\lg n\ .\ .\ (\lg^{(m)}(n))^{1+\sigma}$, oder das nach § 142 ihr zugewiesene Zeichen $1+l_1+l_2+\ ..\ +(1+\sigma)l_n$ das Mass*) er Reihenconvergenz nennen, weil eine Reihe (im Allgemeinen) um so schlechter convergirt, je mehr n dem Zeichen (der complexen Zahl) $1+l_1+l_3+\ .\ .\ +(1+\sigma)l_n$ complexe Einheiten enthalten sind.

Dies logarithmische Kriterium, welches man leicht in ein Kriterium umwandelt, in welchem $A_{n+1}:A_n$ entscheidend ist, kann als ein sehr scharfes bezeichnet werden, und seine Tragweite erstreckt ich so weit, dass es bisher in der Analysis für Convergenzbestimmungen wohl immer ausgereicht hat. leichwohl giebt es, wie Herr du Bois-Reymond mit Hilfe der im § 143 construirten Function $\psi(n)$ ezeigt hat, Reihen, die convergent sind, wenn schon sie langsamer convergiren, als eine Reihe mit em Convergenzmasse $1+l_1+l_2+\ .\ .\ +(1+\sigma)l_n$ wie gross auch n sein mag, was wir hier aber nur n Vorübergehen erwähnen.

Die Thetafunctionen.

§ 146. Die auf- und absteigenden Potenzreihen. Da wir im Folgenden häufig mit otenzreihen zu thun haben, in denen nicht blos unendlich viele Potenzen mit positiven Exponenten, ondern ebenso unendlich viele Potenzen mit negativen Exponenten vorkommen, so schicken wir hier ine Betrachtung solcher Reihen vorauf. Damit die Reihe

$$f(z) = A_0+A_1z+A_2z^2+\ .\ .\ +A_nz^n+\ .\ .\ +A_{-1}z^{-1}+A_{-2}z^{-2}+\ .\ .\ +A_{-n}z^{-n}+\ .\ .$$

inen Sinn habe, muss es einen Werth von z geben, für welchen sowohl der erste nach aufsteigenden otenzen geordnete Theil der Reihe convergirt, als auch der zweite Theil, die absteigende Reihe. Soll ieselbe aber eine Function der complexen Veränderlichen z darstellen, so muss nicht blos für einen Werth von z, sondern für ein zweifach ausgedehntes Werthgebiet von z diese Convergenz vorhanden ein. Dieses Gebiet, wenn ein solches vorhanden ist, besteht immer aus einem von zwei concentrischen reisen begrenzten Ebenenstücke, welches wir den Convergenzring nennen wollen. Wenn nämlich die eihe $f(z)$ für $z=a$ und $z=b$ convergirt, und wenn $abs\,a < abs\,b$ ist, so ist dieselbe absolut conergent, so lange $abs\,z$ zwischen $abs\,a$ und $abs\,b$ liegt, so lange $abs\,a < abs\,z < abs\,b$ ist, denn der aufteigende Theil convergirt so lange als $abs\,z < b$, der absteigende so lange als $abs(1:z) < abs(1:a)$, $bs\,z > abs\,a$ ist (§ 68). So ergiebt sich, wie für die aufsteigenden Reihen das kreisförmige (§ 60), für ie auf- und absteigenden Reihen das ringförmige Convergenzgebiet.

---

*) Eine Reihe, deren Convergenz in einem Gebiete einer in ihr enthaltenen Veränderlichen sich nicht bei Anäherung an einzelne Stellen, wo sie convergent ist, ins Unendliche verzögert, wird nach Herrn Heine eine gleichässig convergente Reihe genannt. Dabei ist natürlich an das hier gegebene Mass der Convergenz nicht gedacht.

Im Innern des Ringes hat $f(z)$ den Charakter einer ganzen Function. Denn liegt z_0 im Innern ($abs\,a < abs\,z_0 < abs\,b$), so lässt sich der aufsteigende Theil in eine in einem bestimmten Gebiete convergente Reihe ordnen, die nach Potenzen von $z-z_0$ fortschreitet (§ 65). Dasselbe findet mit dem absteigenden Theile statt in einem Kreise, welchen der Convergenzkreis a (von Aussen) berührt. Denn da

$$\frac{1}{z} = \frac{1}{z_0+z-z_0} = \frac{1}{z_0}\cdot\frac{1}{1+\frac{z-z^0}{z_0}} = \frac{1}{z_0} - \frac{(z-z_0)}{z_0^2} + \frac{(z-z_0)^2}{z_0^3} - \frac{(z-z_0)^3}{z_0^4} + \cdot - \cdot\cdot$$

ist, und da die Summe der absoluten Beträge dieser Reihe, so lange $abs(z-z_0) < abs\,z_0 - abs\,a$ ist, kleiner ist als

$$\frac{1}{abs\,z_0}\cdot\frac{1}{1-(abs\,z_0 - abs\,a) : abs\,z_0} = \frac{1}{abs\,a},$$

so lässt sich (§ 68) diese Reihe und ihre Potenzen für z^{-1}, z^{-2}, .. in die Reihe $A_{-1}z^{-1} + A_{-2}z^{-2} + ..$ einsetzen, und in eine absolut convergente Reihe, die nach Potenzen von $z-z_0$ fortschreitet umordnen, w. z. b. w.

Nun ist noch der wichtige Satz zu beweisen, dass eine Function $f(z)$, wenn sie durch eine solche auf- und absteigende Reihe darstellbar ist, sich nur auf **eine** Weise in eine solche Form bringen lässt. Es sei in einem Ringgebiete

$$\begin{aligned} f(z) &= \ldots A_{-n}z^{-n} + \ldots + A_{-1}z^{-1} + A_0 + A_1 z + \ldots + A_n z^n + \ldots \\ &= \ldots B_{-n}z^{-n} + \ldots + B_{-1}z^{-1} + B_0 + B_1 z + \ldots + B_n z^n + \ldots \end{aligned}$$

oder es sei, was dasselbe ist, in diesem Gebiete

$$\ldots C_{-n}z^{-n} + C_{-n+1}z^{-n+1} + \ldots + C_{-1}z^{-1} + C_0 + C_1 z + C_2 z^2 + \ldots + C_n z^n + \ldots = \varphi(z)$$

identisch Null, wenn $C_0 = A_0 - B_0$, $C_1 = A_1 - B_1$, .., $C_n = A_n - B_n$, .., $C_{-n} = A_{-n} - B_{-n}$, .. gesetzt wird. — Wir multipliciren die letzte Reihe mit z^{-n}, worin n positiv oder negativ sein kann, und setzen $z = R.e^{\vartheta i}$, worin $\vartheta = 2k\pi : m$, k und m ganze Zahlen sind, und $abs\,a < R < abs\,b$ ist, so dass also z im Convergenzringe liegt. Dann bilden wir die Summe, in der für k die Zahlen 1 bis m zu setzen sind, $\frac{1}{m}\,\Sigma R^{-n}.e^{-\frac{2nki\pi}{m}}\,\varphi\left(Re^{\frac{2i\pi k}{m}}\right)$, welche, weil $\varphi(z)$ Null ist, identisch Null sein muss. Führen wir diese Summation an jedem einzelnen Gliede der Reihe aus, was bei absolut convergenten Reihen gestattet ist, und betrachten wir den Term $C_{\mu+n}z^{\mu}$, so ist $\Sigma C_{\mu+n}R^{\mu}e^{\frac{2\mu ki\pi}{m}} : m$ Null (§ 108), wenn nicht μ ein Multiplum von m oder Null ist, in welchem Falle die Summe $C_{\mu+n}.R^{\mu}$ ergiebt, gleichviel, ob μ positiv oder negativ ist. So finden wir mithin

$$0 = C_n + C_{n+m}R^m + C_{n+2m}R^{2m} + C_{n+3m}R^{3m} + \ldots + C_{n-m}R^{-m} + C_{n-2m}R^{-2m} + \ldots$$

Da aber die Reihe $\varphi(z)$ für $z = R$ convergirt, so können wir m so gross annehmen, dass $C_{n+m}R^m + C_{n+2m}R^{2m} + \ldots + C_{n-m}R^{-m} + C_{n-2m}R^{-2m} + \ldots$ beliebig klein wird (vergl. § 109), und es kann sich deshalb C_n von 0 nicht um eine beliebig kleine Zahl unterscheiden, es muss also $C_n = 0$ sein. Dies gilt für jedes positive oder negative n, woraus folgt, dass $A_0 = B_0$, $A_1 = B_1$, .., $A_{-1} = B_{-1}$, .. sein muss, w. z. b. w.

§ 147. Eine neue ganze transcendente Function. Wir haben es bei der Facultät mit unendlichen Produkten zu thun gehabt, bei denen die Puncte, in denen die Function verschwindet, eine arithmetische Reihe bilden. Wir betrachten jetzt ein solches Produkt, in welchem sie eine geometrische Reihe bilden. Es sei A der erste Punct, in welchem das Produkt verschwindet, $A.Q$, $A.Q^2$, $A.Q^3$, .., $A.Q^n$, .. bez. der zweite, dritte, .., $(n+1)$te. Alsdann bildet die Function

$$\left(1-\frac{z}{A}\right)\left(1-\frac{z}{AQ}\right)\left(1-\frac{z}{AQ^2}\right)\left(1-\frac{z}{AQ^3}\right)\ldots\left(1-\frac{z}{AQ^n}\right)\ldots$$

dann und nur dann eine ganze transcendente Function, wenn $abs\, Q > 1$ ist. Setzen wir $Q = 1:q$ und schreiben wir z für $z:A$, so erhalten wir die ganze transcendente Function

$$w(z) = (1-z)(1-qz)(1-q^2z)(1-q^3z)\,..\,(1-q^nz)\,..,$$

welche die Eigenschaft hat $(1-z).w(qz) = w(z)$, durch welche sie bis auf einen constanten Factor definirt ist. Denn da sie auf die Form

$$A_0 + A_1z + A_2z^2 + A_3z^3 + \,..\, + A_nz^n + \,..$$

gebracht werden kann (nach der Voraussetzung als eine ganze transcendente Function), so liefert die aufgestellte Functionalgleichung die Beziehung

$$(1-z)\,w(qz) = A_0 + (A_1q - A_0)z + (A_2q^2 - A_1q)z^2 + \,..\, + (A_nq^n - A_{n-1}q^{n-1})z^n + \,..$$

$$= w(z) = A_0 + A_1z + \,..\, + A_nz^n + \,..,\quad A_n = A_nq^n - A_{n-1}q^{n-1},\quad A_n = A_{n-1}q^{n-1}:(q^n-1),$$

$$A_n = \frac{A_{n-1}q^{n-1}}{q^n-1} = \frac{A_{n-2}q^{n-1+n-2}}{(q^n-1).(q^{n-1}-1)} = \frac{A_0\,q^{\frac{1}{2}n(n-1)}}{(q-1)(q^2-1)\,..\,(q^n-1)},$$

womit alle Coefficienten A_1, A_2, .. durch A_0 und q ausgedrückt sind. Soll $w(0) = 1$ sein, so muss $A_0 = 1$ sein, und man hat

$$w(z) = 1 - \frac{z}{1-q} + \frac{z^2q}{(1-q)(1-q^2)} - \frac{z^3q^3}{(1-q)(1-q^2)(1-q^3)} + \frac{z^4q^6}{(1-q)(1-q^2)(1-q^3)(1-q^4)} + \,..$$

$$+ \frac{(-z)^n\,q^{\frac{1}{2}n(n-1)}}{(1-q)(1-q^2)\,..\,(1-q^n)} + \,..,$$

welche Reihe, weil $abs\, q < 1$ ist, für jeden Werth von z convergirt. Aehnlich wie aus $fac(-z).fac(z-1)$ eine periodische Function gebildet wurde, lässt sich hier, wo eine, wenn auch nicht periodische, so doch in Bezug auf ihre Functionalgleichung einfachere Function durch das Produkt $f(z) = w(z)\,w\left(\frac{q}{z}\right)$ bilden, welche die Eigenschaft hat

$$f(qz) = w(qz)\,w\left(\frac{1}{z}\right) = \frac{w(z)}{1-z}.w\left(\frac{q}{z}\right).\left(1-\frac{1}{z}\right) = -\frac{1}{z}f(z).$$

Die Function $f(z)$, als das Produkt einer ganzen transcendenten Function von z und einer ganzen transcendenten Function von $1:z$, hat in der ganzen z-Ebene den Charakter einer ganzen Function, ausgenommen in den Puncten 0 und ∞. Multiplicirt man die aufsteigende Reihe $w(z)$ mit der absteigenden Reihe $w(q:z)$ nach den Principien der Reihenmultiplication aus, so erhält man eine Reihe, die sich nach auf- und absteigenden Potenzen von z ordnen lässt, und für alle Werthe von z die von Null verschieden sind, convergirt. Diese Reihe kann mittels der Functionalgleichung leicht hergestellt werden. Setzen wir

$$f(z) = \,...\, + A_{-2}z^{-2} + A_{-1}z^{-1} + A_0 + A_1z + A_2z^2 + \,..\, + A_nz^n + \,..,$$

und wenden hierauf die Gleichung $-z.f(zq) = f(z)$ an, so folgt nach der Methode des § 146 $-A_{n-1}q^{n-1} = A_n$,

$$A_n = A_{n-2}q^{n-1+n-2} = \,..\, = (-1)^nA_0q^{1+2+\,..\,+n-1} = (-1)^nA_0q^{\frac{1}{2}n(n-1)},$$

$$f(z) = A_0.\sum_{n=-\infty}^{n=\infty}(-1)^nq^{\frac{1}{2}n(n-1)}z^n.$$

Die Grösse A_0 ist, wenn die Reihe dem Produkte gleich sein soll, völlig bestimmt, ihre Darstellung durch ein unendliches Produkt soll später gegeben werden.

§ 148. **Die Thetareihen und Produkte.** Setzen wir, um Anschluss an gebräuchliche Bezeichnungen zu erhalten, zuerst q^2 für q, sodann einmal e^{2t} für $-z:q$, ein andermal e^{2t} für $z:q$, so erhalten wir, wenn noch τ für $\lg q$ geschrieben wird, aus $f(z)$ zwei Functionen

$$\vartheta(z) = \sum_{m=-\infty}^{m=+\infty} e^{\tau mm+2mz} = A.\prod_{m=0}^{m=\infty} (1+q^{2n+1}e^{2z})(1+q^{2n+1}e^{-2z})$$

$$= A.\prod_{m=0}^{m=\infty} (1+2q^{2n+1}\cos 2iz+q^{2(2n+1)}),$$

$$\vartheta_{01}(z) = \sum_{m=0}^{m=\infty} (-1)^m e^{\tau mm+2mz} = A.\prod_{m=0}^{m=\infty} (1-q^{2n+1}e^{2z})(1-q^{2n+1}e^{-2z})$$

$$= A.\prod_{m=0}^{m=\infty} (1-2q^{2n+1}\cos 2iz+q^{2(2n+1)}),$$

worin A von z unabhängig ist. Setzen wir weiter $z+\frac{1}{2}\tau$ in $\vartheta(z)$ und multipliciren mit $e^{z+\frac{1}{4}\tau}$, so erhalten wir die Function

$$\vartheta_{10}(z) = \sum_{m=-\infty}^{m=+\infty} e^{\tau\left(\frac{2m+1}{2}\right)^2+(2m+1)z} = 2A.\sqrt[4]{q}\,.\cos iz \prod_{m=1}^{m=\infty} (1+2q^{2n}\cos 2zi+q^{4n}),$$

und wenn wir z noch um $\frac{1}{2}i\pi$ vermehren,

$$\vartheta_{11}(z) = \sum_{m=-\infty}^{m=+\infty} e^{\tau\left(\frac{2m+1}{2}\right)^2+\frac{2m+1}{2}(2z+i\pi)} = 2A.\sqrt[4]{q}\,.\sin iz \prod_{m=1}^{m=\infty} (1-2q^{2n}\cos 2zi+q^{4n}),$$

worin A dieselbe Constante als vorher ist. Man fasst die vier Functionen zusammen, indem man schreibt

$$\vartheta_{h,g}(z) = \sum_{m=-\infty}^{m=+\infty} e^{\tau\left(\frac{2m+h}{2}\right)^2+\frac{2m+h}{2}(2z+gi\pi)} = e^{\frac{1}{4}\tau h^2+hz+\frac{1}{2}hgi\pi}.\sum_{m=\infty} e^{\tau m^2+2m(z+\frac{1}{2}h\tau+\frac{1}{2}gi\pi)}$$

$$= e^{\frac{1}{4}\tau h^2+hz+\frac{1}{2}gi\pi}.\vartheta(z+\tfrac{1}{2}h\tau+\tfrac{1}{2}gi\pi),$$

worin h und g auch andere ganze Zahlen als 0 und 1 sein können. Man reducirt die Functionen in denen h, g andere ganze Zahlen sind aber leicht auf die vier Fälle, $h, g = 00, 01, 10, 11$, wenn man die evidente Gleichung anwendet,

$$\vartheta_{2m+h,\,2n+g}(z) = (-1)^{nh}.\vartheta_{h,g}(z).$$

Das Indexpaar h, g heisst die **Charakteristik** der Thetafunction, und diese heisst gerade, wenn $h.g$ gerade ist, ungerade, wenn $h.g$ ungerade ist. Ist die Charakteristik gerade, so ist auch die ϑ-Function gerade wie man aus den Produktformen sieht, die nur von $\cos iz$ abhängen, so dass $\vartheta_{hg}(-z) = \vartheta_{hg}(z)$ ist. Ist die Charakteristik ungerade, so ist die Thetafunction ungerade, wie das letzte Produkt beweist, $(\vartheta_{11}(-z) = -\vartheta_{11}(z))$. Alle vier ϑ-Functionen sind ganze transcendente Functionen von z, denn setzt man für $e^{\pm 2mz}$ die Reihe $1+2mz+\frac{1}{2}(2mz)^2+\ldots$ ein, so lässt sich dieselbe so lange in eine convergente Reihe nach Potenzen von z ordnen, als $1+abs(2mz)+abs\frac{1}{2}(2mz)^2+\ldots$ endlich bleibt (§ 68), was für jedes z statt hat. Die Grösse τ heisst der Modul der Thetafunctionen.

Die Nullpuncte der Function $\vartheta(z)$ ergeben sich aus der Produktform, es verschwindet $\vartheta(z)$ dann und nur dann, wenn $z = \frac{1}{2}(2m+1)\tau+\frac{1}{2}(2n+1)i\pi$ wird, wenn m und n beliebige ganze positive oder negative Zahlen sind. — Aus der Beziehung die zwischen $\vartheta_{hg}(z)$ und $\vartheta(z)$ gegeben wurde, findet man leicht die Gleichungen,

$$\vartheta(z+\tfrac{1}{2}i\pi) = \vartheta_{01}(z), \quad \vartheta(z+\tfrac{1}{2}\tau) = e^{-z-\frac{1}{4}\tau}\vartheta_{10}(z), \quad \vartheta(z+\tfrac{1}{2}\tau+\tfrac{1}{2}i\pi) = -ie^{-z-\frac{1}{4}\tau}\vartheta_{11}(z),$$

$$\vartheta_{01}(z+\tfrac{1}{2}i\pi) = \vartheta(z), \quad \vartheta_{01}(z+\tfrac{1}{2}\tau) = -ie^{-z-\frac{1}{4}\tau}\vartheta_{11}(z), \quad \vartheta_{01}(z+\tfrac{1}{2}\tau+\tfrac{1}{2}i\pi) = e^{-z-\frac{1}{4}\tau}\vartheta_{10}(z),$$

$$\vartheta_{10}(z+\tfrac{1}{2}i\pi) = \vartheta_{11}(z), \quad \vartheta_{10}(z+\tfrac{1}{2}\tau) = e^{-z-\frac{1}{4}\tau}\vartheta(z), \quad \vartheta_{10}(z+\tfrac{1}{2}\tau+\tfrac{1}{2}i\pi) = -ie^{-z-\frac{1}{4}\tau}\vartheta_{01}(z),$$

$$\vartheta_{11}(z+\tfrac{1}{2}i\pi) = -\vartheta_{10}(z), \quad \vartheta_{11}(z+\tfrac{1}{2}\tau) = -ie^{-z-\frac{1}{4}\tau}\vartheta_{01}(z), \quad \vartheta_{11}(z+\tfrac{1}{2}\tau+\tfrac{1}{2}i\pi) = -e^{-z-\frac{1}{4}\tau}\vartheta(z),$$

Schreiben wir ϑ_{hg} für $\vartheta_{hg}(0)$, so folgen hieraus noch die Beziehungen

$$\vartheta(\tfrac{1}{2}i\pi) = \vartheta_{01}, \quad \vartheta(\tfrac{1}{2}\tau) = e^{-\frac{1}{4}\tau}\vartheta_{10}, \quad \vartheta_{01}(\tfrac{1}{2}i\pi) = \vartheta, \quad \vartheta_{01}\tfrac{1}{2}(\tau+i\pi) = e^{-\frac{1}{4}\tau}\vartheta_{10}, \quad \vartheta\tfrac{1}{2}(\tau+i\pi) = \vartheta_{01}(\tfrac{1}{2}\tau) = 0,$$

$$\vartheta_{10}(\tfrac{1}{2}i\pi) = 0, \quad \vartheta_{10}(\tfrac{1}{2}\tau) = e^{-\frac{1}{4}\tau}\vartheta, \quad \vartheta_{10}\tfrac{1}{2}(\tau+i\pi) = -ie^{-\frac{1}{4}\tau}\vartheta_{01}, \quad \vartheta_{11}(\tfrac{1}{2}i\pi) = -\vartheta_{10}, \quad \vartheta_{11}(\tfrac{1}{2}\tau) = -ie^{-\frac{1}{4}\tau}\vartheta_{01},$$

$$\vartheta_{11}\tfrac{1}{2}(\tau+i\pi) = -e^{-\frac{1}{4}\tau}\vartheta.$$

§ 149. **Die Constanten ϑ, ϑ_{01}, ϑ_{10}, ϑ'_{11}.** Die von z unabhängige Constante A des § 148 bestimmen wir nach einer Methode **Jacobis** (Fundamenta nova pag. 178.), dabei wollen wir, um die Schreibweise zu erleichtern zwei Abkürzungen einführen. Es soll $\mathfrak{S}$ eine Summation bedeuten, die sich stets auf einen Summationsbuchstaben m, m', m'', . . bezieht, und zwar soll die Summe so gebildet werden, dass m (oder m', m'', . .) alle ganzen negativen und positiven Zahlen $-\infty$ bis $+\infty$ durchläuft. Ebenso soll $\mathfrak{P}$ ein unendliches Produkt bedeuten, in welchem der Factoren bildende Buchstabe n (n', n'', . .) sein, und alle ganzen Zahlen von 0 bis ∞ durchlaufen soll. — Indem wir nun $\varphi(q)$ für $1:A$ setzen, gehen wir von den beiden im vorigen Paragraphen enthaltenen Gleichungen aus

$$\mathfrak{P}(1+2q^{2n+1}\cos 2iz+q^{2(2n+1)}) = \varphi(q)\,\mathfrak{S}q^{mm}e^{2mz},$$

$$2\cos iz\,\mathfrak{P}(1+2q^{2(n+1)}\cos 2iz+q^{4(n+1)}) = \varphi(q)\,\mathfrak{S}q^{m(m+1)}e^{(2m+1)z}.$$

Bildet man das Produkt ihrer linken Seiten, und setzt darin qq für q, so ergiebt sich die linke Seite der letzten Gleichung wieder. Das gleiche muss für die rechten Seiten statt haben, d. h., es muss

$$\varphi(q^2)\,\varphi(q^2)\,\mathfrak{S}q^{2mm}e^{2mz}\,.\,\mathfrak{S}q^{2m'(m'+1)}\,.\,e^{(2m'+1)z} = \varphi(q)\,\mathfrak{S}q^{m(m+1)}e^{(2m+1)z}$$

sein. Beide Seiten lassen sich nach Potenzen von e^z ordnen. Vergleicht man, was beiderseits mit der ersten Potenz von e^z multiplicirt ist, so erhält man

$$\varphi(q) = \varphi(q^2)\,\varphi(q^2)\,.\,\mathfrak{S}q^{4mm+2m} = \varphi(q^2)\,\varphi(q^2)\,(1+q^2+q^6+q^{12}+q^{20}+\,.\,.) = \tfrac{1}{2}\varphi(q^2)\,\varphi(q^2)\,\mathfrak{S}q^{m(m+1)}$$

Da nun $\varphi(q)\,\mathfrak{S}q^{m(m+1)} = 2\mathfrak{P}(1+q^{2(n+1)}+q^{4(n+1)}) = 2\mathfrak{P}(1+q^{2(n+1)})^2$ ist, so folgt hieraus

$$\left(\frac{\varphi(q)}{\varphi(q^2)}\right)^2 = \mathfrak{P}(1+q^{2(n+1)})^2, \quad \frac{\varphi(q)}{\varphi(q^2)} = \mathfrak{P}(1+q^{2(n+1)}) = \mathfrak{P}\,\frac{1-q^{4(n+1)}}{1-q^{2(n+1)}}, \quad \frac{\varphi(q^2)}{\varphi(q^4)} = \mathfrak{P}\,\frac{1-q^{8(n+1)}}{1-q^{4(n+1)}},$$

$$\frac{\varphi(q^4)}{\varphi(q^8)} = \mathfrak{P}\,\frac{1-q^{16(n+1)}}{1-q^{8(n+1)}}, \quad .\,.\,, \quad \frac{\varphi(q^{2m})}{\varphi(q^{4m})} = \mathfrak{P}\,\frac{1-q^{8m(n+1)}}{1-q^{4m(n+1)}}, \quad .\,.\,.$$

Beachtet man, dass $\varphi(q^\infty) = 1$ ist, so liefert das Produkt

$$\frac{\varphi(q)}{\varphi(q^2)}\cdot\frac{\varphi(q^2)}{\varphi(q^4)}\cdot\frac{\varphi(q^4)}{\varphi(q^8)}\,.\,.\,\frac{\varphi(q^{2m})}{\varphi(q^{4m})} = \frac{\varphi(q)}{\varphi(q^{4m})} = \mathfrak{P}\,\frac{1-q^{8m(n+1)}}{1-q^{2(n+1)}}$$

für über alle Grenzen wachsende m das Resultat $A = 1:\varphi(q) = \mathfrak{P}(1-q^{2(n+1)})$, und wenn man dies in die Darstellungen der ϑ-Functionen des vorigen Paragraphen ein-, und nachher $z = 0$ setzt, so ergiebt sich

$$\vartheta = \mathfrak{P}(1-q^{2(n+1)})\,(1+q^{2n+1})^2, \quad \vartheta_{01} = \mathfrak{P}(1-q^{2n+1})^2\,(1-q^{2(n+1)}) = \mathfrak{P}(1-q^{n+1}):(1+q^{n+1}),$$

$$\vartheta_{10} = 2\sqrt[4]{q}\,\mathfrak{P}(1-q^{4(n+1)}):(1-q^{2(2n+1)}), \quad \vartheta\,.\,\vartheta_{01}\,.\,\vartheta_{10} = 2\sqrt[4]{q}\,\mathfrak{P}(1-q^{2(n+1)})^3.$$

$\vartheta_{11}(z)$ verschwindet mit z, setzt man aber für verschwindende z $\lim \vartheta_{11}(z):z = \vartheta'_{11}$, so ist mit Rücksicht auf die Identität

$$\mathfrak{P}(1-q^{2n+1})\,(1+q^{2n+1})\,(1+q^{2(n+1)}) = \mathfrak{P}(1-q^{2(2n+1)})\,(1-q^{4(n+1)}):(1-q^{2(n+1)}) = 1,$$

$$\vartheta'_{11} = iA\,2\sqrt[4]{q}\,\mathfrak{P}(1-q^{2(n+1)})^2 = 2i\sqrt[4]{q}\,\mathfrak{P}(1-q^{2(n+1)})^3 = i\vartheta\,.\,\vartheta_{01}\,.\,\vartheta_{10},$$

welche Relation von besonderer Wichtigkeit ist.

§ 150. **Die Functionalgleichungen der Thetafunctionen und deren Erweiterung.** Man sieht ohne Weiteres aus den Eigenschaften der Exponentialfunction, dass $\vartheta(z)$, $\vartheta_{01}(z)$ ungeändert bleiben, wenn man z um $i\pi$ vermehrt, $\vartheta_{10}(z)$, $\vartheta_{11}(z)$ hingegen wechseln ihre Zeichen. Vermehrt man aber z um τ, so multipliciren sich die ϑ-Functionen mit einem Exponentialfactor, wie aus der Entstehung dieser Function ($w(z)\,w(q:z)$) geschlossen werden kann. Man leitet diese Eigenschaft doch auch sehr leicht a posteriori aus der Reihendarstellung ab. Es ist nämlich, unter μ eine ganze positive oder negative Zahl verstanden,

$$\vartheta_{hg}(z) = \mathfrak{S} e^{\left(\frac{2m+h}{2}\right)^2 \tau + \frac{2m+h}{2}(2z+gi\pi)},$$

$$\vartheta_{hg}(z+\mu\tau) = \mathfrak{S} e^{\tau\left(\frac{2m+h}{2}\right)^2 + \frac{2m+h}{2}(2z+gi\pi+2\mu\tau)} = \mathfrak{S} e^{\left(\frac{2m+h}{2}+\mu\right)^2\tau + \left(\frac{2m+h}{2}+\mu\right)(2z+gi\pi)-\mu^2\tau-2\mu z-\mu g i\pi}$$

$$= e^{-2\mu z-\mu\mu\tau-\mu g i\pi}.\mathfrak{S} e^{\tau\left(\frac{2m'+h}{2}\right)^2+\left(\frac{2m'+h}{2}\right)(2z+gi\pi)} = (-1)^{\mu g} e^{-2\mu z-\mu\mu\tau}.\vartheta_{hg}(z),$$

worin m' für $m+\mu$ gesetzt wurde. Es genügen also den ϑ-Functionen die beiden Functionalgleichungen

$$\vartheta_{hg}(z+\lambda i\pi) = (-1)^{h\lambda}\vartheta_{hg}(z), \quad \vartheta_{hg}(z+\mu\tau) = (-1)^{\mu g} e^{-2\mu z-\mu\mu\tau}.\vartheta_{hg}(z),$$

durch welche diese Function, bis auf eine factorielle Constante bestimmt ist. Wir erweitern dieselben in Etwas: — Ist $\varphi(z)$ eine nach auf- und absteigenden Potenzen von e^z entwickelbare Function, die den beiden Functionalgleichungen Genüge leistet

$$\varphi(z+\lambda i\pi) = (-1)^{\lambda h}\varphi(z), \quad \varphi(z+\mu\tau) = (-1)^{\mu g} e^{-2p\mu z-p\mu\mu\tau}\varphi(z),$$

so ist durch diese Bedingungen die Function φ bis auf p willkürliche Constanten, von denen sie eine lineare homogene Function ist, völlig bestimmt, und zwischen $p+1$ solcher Functionen besteht eine lineare homogene Gleichung mit constanten Coefficienten.

Da $\varphi(z):e^{hz}$ die Periode $i\pi$ hat, ungeändert bleibt, wenn z um $i\pi$ vermehrt wird, so können in der Entwickelung dieser Function nur gerade Potenzen von e^z vorkommen, so dass $\varphi(z) = e^{hz}\mathfrak{S} e^{2mz}B_m$ gesetzt werden kann. Nun soll weiter $\varphi(z+\mu\tau)$ gleich

$$e^{hz+h\mu\tau}\mathfrak{S} B_m e^{2mz+2m\mu\tau} = (-1)^{g\mu} e^{-\tau p\mu\mu-2\mu pz}\varphi(z) = e^{-\tau p\mu\mu-2\mu pz}\mathfrak{S} B_m e^{2mz+hz+g\mu i\pi}$$

$$= e^{-\tau p\mu\mu+hz+g\mu i\pi}\mathfrak{S} B_m e^{2(m-\mu p)z} = e^{-\tau p\mu\mu+hz+g\mu i\pi}\mathfrak{S} B_{m'+\mu p} e^{2m'z}$$

sein, woraus (§ 146) durch Coefficientenvergleichung folgt

$$B_n e^{2n\mu\tau+h\mu\tau} = e^{-\tau p\mu\mu+g\mu i\pi}.B_{n+\mu p}, \quad B_{n+\mu p} = B_n e^{\tau p\mu\mu+2n\mu\tau+h\mu\tau+g\mu i\pi}.$$

Durch diese Gleichungen werden alle Coefficienten, welche in der Reihe um p Glieder voneinander entfernt stehen, miteinander, also namentlich mit $B_0, B_1, \ldots, B_{p-1}$ verknüpft, und drücken sich durch diese aus, wozu nur $n = 0, 1, 2, \ldots, p-1$ zu setzen ist. Ist r eine der Zahlen $0, 1, 2, \ldots, p-1$, so erhält man hierdurch

$$\varphi(z) = \sum_{0}^{p-1}{}_{(r)}(B_r e^{(2r+h)z}\mathfrak{S} e^{\tau pmm+2rm\tau+2pmz+hm\tau+gmi\pi} = \sum_{0}^{p-1}{}_{(r)} B_r e^{(2r+h)z}\overline{\vartheta}(pz+\tfrac{1}{2}(2r+h)\tau+\tfrac{1}{2}gi\pi),$$

wenn $\overline{\vartheta}$ eine ϑ-Function mit dem Modul $p\tau$ bedeutet. Die hierin vorkommenden Thetafunctionen enthalten alle verschiedene Potenzen von e^z, so dass keine lineare Relation mit constanten Coefficienten zwischen ihnen statt haben kann. Es lässt sich also jede Function $\varphi(z)$ durch p ϑ-Functionen linear ausdrücken, zwischen $p+1$ solcher Functionen muss eine lineare homogene Gleichung bestehen.

§ 151. Relationen zwischen Thetaquadraten. Hiervon machen wir Anwendung für $p = 2$. Jede Function $\vartheta^2_{hg}(z)$ genügt den Functionalgleichungen des vorigen Paragraphen, und zwar ist das, was dort mit h und g bezeichnet wurde, Null, p aber gleich 2. Wir können demnach die Gleichung ansetzen

$$\vartheta^2_{hg}(z) = \alpha\vartheta^2_{h'g'}(z)+\beta\vartheta^2_{h''g''}(z),$$

wobei natürlich vorauszusetzen ist, dass hg, $h'g'$, $h''g''$ verschiedene Charakteristiken sind, weil sonst die Functionen nicht linear unabhängig sein würden. Da vier wesentlich verschiedene solcher Charakteristiken existiren, so können wir eine Function etwa $\vartheta_{01}(z)$ mit je zwei der drei andern verbinden. Eine der drei so erhaltenen Gleichungen muss jedoch eine Folge der beiden andern sein, weil sich aus zweien eine der ϑ-Functionen eliminiren lässt. Wir betrachten daher nur die beiden Gleichungen

$$\vartheta_{01}^2(z) = \alpha' \vartheta_{11}^2(z) + \beta' \vartheta_{10}^2(z), \quad \vartheta_{01}^2(z) = \alpha'' \vartheta_{11}^2(z) + \beta'' \vartheta^2(z),$$

setzen wir $z = 0$, $z = \frac{1}{2}i\pi$, $z = \frac{1}{2}(i\pi + \tau)$, so erhalten wir (unter Anwendung der im § 148 zuletzt gegebenen Reduktionsformeln) bez.

$$\beta' = \vartheta_{01}^2 : \vartheta_{10}^2, \quad \beta'' = \vartheta_{01}^2 : \vartheta^2; \quad \alpha' = \vartheta_{01}^2(\tfrac{1}{2}i\pi) : \vartheta_{11}^2(\tfrac{1}{2}i\pi) = \vartheta^2 : \vartheta_{10}^2,$$
$$\alpha'' = \vartheta_{01}^2 \tfrac{1}{2}(\tau + i\pi) : \vartheta_{11}^2 \tfrac{1}{2}(\tau + i\pi) = \vartheta_{10}^2 : \vartheta^2.$$

Führen wir die Abkürzung ein, welche übrigens für das Weitere beibehalten und sehr oft angewandt wird,

$$\vartheta_{10}^2 : \vartheta^2 = k, \quad \vartheta_{01}^2 : \vartheta^2 = k',$$

so haben wir

$$k \vartheta_{01}^2(z) = \vartheta_{11}^2(z) + k' \vartheta_{10}^2(z), \quad \vartheta_{01}^2(z) = k \vartheta_{11}^2(z) + k' \vartheta^2(z).$$

Die letzte Gleichung liefert für $z = \frac{1}{2}i\pi$ noch die wichtigen Relationen

$$1 = k \vartheta_{10}^2 : \vartheta^2 + k' \vartheta_{01}^2 : \vartheta^2 = k^2 + k'^2, \quad \vartheta^4 = \vartheta_{01}^4 + \vartheta_{10}^4.$$

§ 152. Eine Art Additionstheorem. Der im § 150 erhaltene Satz lässt sich auch auf die Function $\vartheta_{hg}(z+\zeta)\,\vartheta_{h'g'}(z-\zeta)$ anwenden, welche als Fuuction von z (sowohl, also auch als Function von ζ) den dortigen Functionalgleichungen für $p = 2$ genügt, während für das, was dort mit h, g bezeichnet wurde, hier die Zahlen $h+h'$, $g+g'$ eintreten. Man hat deshalb

$$\vartheta_{11}(z+\zeta)\,\vartheta_{01}(z-\zeta) = A\,\vartheta_{11}(z)\,\vartheta_{01}(z) + B\,\vartheta_{10}(z)\,\vartheta(z),$$

und für $z = 0$ und $z = \frac{1}{2}i\pi$ mit Hilfe des § 148 bez. $B = \vartheta_{11}(\zeta)\,\vartheta_{01}(\zeta) : \vartheta\vartheta_{10}$, $A = \vartheta_{10}(\zeta)\,\vartheta(\zeta) : \vartheta\vartheta_{10}$. Verwandelt man noch ζ in $-\zeta$, so ergeben sich die beiden Formeln

$$\vartheta\vartheta_{10}\,\vartheta_{11}(z+\zeta)\,\vartheta_{01}(z-\zeta) = \vartheta_{10}(\zeta)\,\vartheta(\zeta)\,\vartheta_{11}(z)\,\vartheta_{01}(z) + \vartheta_{10}(z)\,\vartheta(z)\,\vartheta_{11}(\zeta)\,\vartheta_{01}(\zeta),$$
$$\vartheta\vartheta_{10}\,\vartheta_{11}(z-\zeta)\,\vartheta_{01}(z+\zeta) = \vartheta_{10}(\zeta)\,\vartheta(\zeta)\,\vartheta_{11}(z)\,\vartheta_{01}(z) - \vartheta_{10}(z)\,\vartheta(z)\,\vartheta_{11}(\zeta)\,\vartheta_{01}(\zeta).$$

Auf gleiche Weise erhalten wir die brauchbaren Formeln

$$\vartheta_{01}^2\,\vartheta_{01}(z+\zeta)\,\vartheta_{01}(z-\zeta) = \vartheta_{01}^2(z)\,\vartheta_{01}^2(\zeta) - \vartheta_{11}^2(z)\,\vartheta_{11}^2(\zeta),$$
$$\vartheta_{01}^2\,\vartheta(z+\zeta)\,\vartheta(z-\zeta) = \vartheta^2(z)\,\vartheta_{01}^2(\zeta) - \vartheta_{10}^2(z)\,\vartheta_{11}^2(\zeta),$$
$$\vartheta_{10}\,\vartheta_{01}\,\vartheta_{10}(z+\zeta)\,\vartheta_{01}(z-\zeta) = \vartheta_{10}(z)\,\vartheta_{01}(z)\,\vartheta_{10}(\zeta)\,\vartheta_{01}(\zeta) - \vartheta(z)\,\vartheta_{11}(z)\,\vartheta(\zeta)\,\vartheta_{11}(\zeta),$$
$$\vartheta_{10}\,\vartheta_{01}\,\vartheta_{10}(z-\zeta)\,\vartheta_{01}(z+\zeta) = \vartheta_{10}(z)\,\vartheta_{01}(z)\,\vartheta_{10}(\zeta)\,\vartheta_{01}(\zeta) + \vartheta(z)\,\vartheta_{11}(z)\,\vartheta(\zeta)\,\vartheta_{11}(\zeta),$$
$$\vartheta\,\vartheta_{01}\,\vartheta(z+\zeta)\,\vartheta_{01}(z-\zeta) = \vartheta(z)\,\vartheta_{01}(z)\,\vartheta(\zeta)\,\vartheta_{01}(\zeta) - \vartheta_{10}(z)\,\vartheta_{11}(z)\,\vartheta_{10}(\zeta)\,\vartheta_{11}(\zeta),$$
$$\vartheta\,\vartheta_{01}\,\vartheta(z-\zeta)\,\vartheta_{01}(z+\zeta) = \vartheta(z)\,\vartheta_{01}(z)\,\vartheta(\zeta)\,\vartheta_{01}(\zeta) + \vartheta_{10}(z)\,\vartheta_{11}(z)\,\vartheta_{10}(\zeta)\,\vartheta_{11}(\zeta).$$

Die elliptischen Functionen.

§ 153. Bezeichnung. Der Quotient zweier Thetafunctionen mit verschiedener Charakteristik ist eine doppelt periodische Function mit den Periodicitätsmoduln $i\pi$ oder $2i\pi$ und τ oder 2τ. Will man statt dieser Perioden andere, etwa $2K$ und $2iK'$ (um Jacobi's Bezeichnung zu benutzen) einführen, so kann dies durch die Substitutionen

$$z = -u\pi i : 2K, \quad \lg q = \tau = -\pi K' : K, \quad \Theta_{hg}(u) = \vartheta_{hg}(-\pi u i : 2K), \quad \Theta_{hg} = \vartheta_{hg}$$

geschehen, wodurch man die Functionalgleichungen erhält

$$\Theta_{hg}(u + 2\lambda K) = (-1)^{h\lambda}\,\Theta_{hg}(u), \quad \Theta_{hg}(u + 2\mu i K') = (-1)^{g\mu}\,e^{\frac{\mu\mu\pi K'}{K} - \frac{\mu u i\pi}{K}}\,\Theta_{hg}(u).$$

Setzt man $\lim \Theta_{11}(u) : u = \Theta'_{11}$ für $u = 0$, so ergiebt sich die Beziehung $\pi\vartheta'_{11} = 2iK\Theta'_{11}$. Die Reihen für die vier Θ-Functionen aber lassen sich schreiben

$$\Theta(u)=1+2\sum_{(m)1}^{\infty} q^{mm}\cos\frac{m\pi u}{K},\quad \Theta_{01}(u)=1+2\sum_{(n)1}^{\infty}(-1)^m q^{mm}\cos\frac{m\pi u}{K},$$

$$\Theta_{10}(u)=2\sqrt[4]{q}\sum_{(m)0}^{\infty} q^{m(m+1)}\cos\frac{(2m+1)\pi u}{2K},\quad \Theta_{11}(u)=2\sqrt[4]{q}\sum_{(m)0}^{\infty}(-1)^m q^{m(m+1)}\sin\frac{(2m+1)\pi u}{2K}.$$

Nun sind es namentlich drei Quotienten, für welche durch Jacobi besondere Bezeichnungen eingeführt sind, nämlich die Zeichen $sin\,am\,u$ (sinus amplitudo u), $cos\,am\,u$ (cosinus amplitudo u), $\Delta\,am\,u$ (Delta amplitudo u). Diese Bezeichnung leidet an zwei erheblichen Mängeln, einmal ist sie zu lang, sodann ist sie heterogen, indem die dritte Function halb durch griechische halb durch lateinische Buchstaben bezeichnet ist. Deshalb ist von Gudermann sn, cn, dn eingeführt, statt des n scheint es mir jedoch praktischer den Anfangsbuchstaben von amplitudo beizubehalten, und sa, ca, da zu schreiben, und für die letzte Function differenz amplitudo zu lesen. Diese Bezeichnung soll hier angewandt werden. So haben wir

$$sa\,u=\Theta_{11}(u):\sqrt{k}\,\Theta_{01}(u),\quad ca\,u=\sqrt{k'}\,\Theta_{10}(u):\sqrt{k}\,\Theta_{01}(u),\quad da\,u=\sqrt{k'}\,\Theta(u):\Theta_{01}(u).$$

Die erste dieser Functionen ist ungerade, die beiden letzteren sind gerade. Die im § 151 zwischen Thetaquadraten gefundenen Relationen liefern sofort die Gleichungen

$$sa^2u+ca^2u=1,\quad k^2\,sa^2u+da^2u=1,\quad da^2u-k^2\,ca^2u=k'^2.$$

Die drei elliptischen Functionen $sa\,u$, $ca\,u$, $da\,u$ haben überall den Charakter von ganzen Functionen von u, als Quotienten solcher Functionen, ausgenommen in den Puncten, wo $\Theta_{01}(u)$ verschwindet, also in den Puncten $u=iK'\pm 2mK\pm 2niK'$, wo m, n beliebige ganze Zahlen sind. Da aber $\lim(u-iK')$ $\Theta_{01}(u)$ für $u=iK'$ einen bestimmten endlichen Werth besitzt, so sind die Puncte in denen die elliptischen Functionen unendlich gross werden, ausserwesentlich singuläre, die Functionen werden dort unendlich gross in der ersten Ordnung. Im unendlich fernen Puncte der u-Ebene aber nehmen diese Functionen jeden beliebigen Werth an, haben also dort einen wesentlich singulären Punct.

Folgende Specialwerthe der elliptischen Functionen werden unmittelbar aus ihrer Definition geschöpft

$$sa\,0=0,\ sa\,K=1,\ sa(K+iK')=1:k,\quad ca\,0=1,\ ca\,K=0,\ ca(K+iK')=-ik':k,\quad da\,0=1,$$
$$da\,K=k',\ sa\,iK':ca\,iK':da\,iK'=-1:i:k,$$

wobei sich die Proportion auf die Residuen bezieht.

154. Die Additionstheoreme der elliptischen Functionen. Durch dieselbe Substitution $z=-u\pi i:2K$, $\zeta=-vi\pi:2K$ erhalten wir aus den im § 152 gefundenen Formeln die Gleichungen

$$\frac{\vartheta\,\vartheta_{10}\,sa(u\pm v)}{\vartheta_{01}\,\vartheta_{01}}=\frac{(\Theta_{11}(u)\,\Theta_{01}(u)\,\Theta_{10}(v)\,\Theta(v)\pm\Theta_{10}(u)\,\Theta(u)\,\Theta_{11}(v)\,\Theta_{01}(v)):\Theta^2_{01}(u)\,\Theta^2_{01}(v)}{(\Theta_{01}(u)\,\Theta_{01}(u)\,\Theta_{01}(v)\,\Theta_{01}(v)-\Theta_{11}(u)\,\Theta_{11}(u)\,\Theta_{11}(v)\,\Theta_{11}(v)):\Theta^2_{01}(u)\,\Theta^2_{01}(v)},$$

worin sich obere und untere Vorzeichen entsprechen, oder

$$sa(u\pm v)=(sa\,u\,ca\,v\,da\,v\pm sa\,v\,ca\,u\,da\,u):(1-k^2\,sa^2u\,sa^2v).$$

Die gleiche Methode liefert die Formeln

$$ca(u\pm v)=(ca\,u\,ca\,v\mp da\,u\,da\,v\,sa\,u\,sa\,v):(1-k^2\,sa^2u\,sa^2v),$$
$$da(u\pm v)=(da\,u\,da\,v\mp k^2\,ca\,u\,ca\,v\,sa\,u\,sa\,v):(1-k^2\,sa^2u\,sa^2v).$$

Da hiernach $da\,u\,da\,v=da(u+v)\,(1-k^2\,sa^2u\,sa^2v)+k^2\,ca\,u\,ca\,v\,sa\,u\,sa\,v$ ist, so erhält man durch Einsetzen dieses Ausdruckes in der Gleichung für $ca(u+v)$ noch die Formel

$$ca(u\pm v)=ca\,u\,ca\,v\mp sa\,u\,sa\,v\,da(u\pm v),$$
$$ca\,2u=ca^2u-sa^2u\,da\,2u=1-(1+da\,2u)sa^2u,\quad sa^2u=(1-ca\,2u):(1+da\,2u),$$
$$ca\,2u=ca^2u\,(1+da\,2u)-da\,2u,\quad ca^2u=(ca\,2u+da\,2u):(1+da\,2u).$$

Hieraus fliessen, wenn zur Abkürzung $N=1-k^2\,sa^2u\,sa^2v$ gesetzt wird, die Formeln

$$sa(u+v)+sa(u-v)=2sa\,u\,sa\,v\,da\,v:N,\quad sa(u+v)-sa(u-v)=2ca\,u\,da\,u\,sa\,v:N,$$
$$ca(u+v)+ca(u-v)=2ca\,u\,ca\,v:N,\quad ca(u+v)-ca(u-v)=-2sa\,u\,sa\,v\,da\,u\,da\,v:N,$$
$$da(u+v)+da(u-v)=2da\,u\,da\,v:N,\quad da(u+v)-da(u-v)=-2k^2\,sa\,u\,sa\,v\,ca\,u\,ca\,v:N,$$

$$sa(u+v)\,sa(u-v) = (sa^2u - sa^2v):N, \quad 1+ca(u+v)\,ca(u-v) = (ca^2u+ca^2v):N,$$
$$1+da(u+v)\,da(u-v) = (da^2u+da^2v):1-k^2\,sa^2u\,sa^2v.$$

§ 155. Abhängigkeit der elliptischen Functionen von K und K' und von k. Ausser von u hängen die elliptischen Function noch von K und K', oder von $K':K$ und von k ab. Aendert sich nur K, während $\tau = -\pi K':K$ ungeändert bleibt, geht K in $K\varrho$ über, so würde sich diese Aenderung ausgleichen, wenn man zugleich $u\varrho$ für u setzte, so dass also, wenn in Bezug auf das Verhältniss von K zu τ ein Uebereinkommen getroffen würde, in welchem diese Grössen in den Ausdrücken sau, cau, dau stehen sollen, die allgemeineren elliptischen Functionen in den Formen $sa\varrho u$, $ca\varrho u$, $da\varrho u$ enthalten sein würden. Diese Uebereinkunft wird nun dahin getroffen, dass sau wie $sinu$ in der Entwickelung nach Potenzen von u mit u beginnen soll, oder dass $\lim sau:u = 1$ für $u = 0$ sein soll. Aus dieser Bestimmung erhält man leicht K durch τ (q) ausgedrückt. Da nämlich $\Theta'_{11} = \pi\vartheta'_{11}:2iK = \pi\vartheta\vartheta_{01}\vartheta_{10}:2K$ ist, so hat man für $\lim u = 0$

$$\lim sau:u = \Theta'_{11}:\sqrt{k}\,\Theta_{01} = \pi\vartheta\vartheta_{01}\vartheta_{10}:2K\sqrt{k}\,\Theta_{01} = \pi\vartheta\vartheta:2K = 1,$$
$$\vartheta = 1+2q+2q^4+2q^9+\ldots = \sqrt{2K:\pi}, \quad \vartheta_{01} = \sqrt{2Kk':\pi}, \quad \vartheta_{10} = \sqrt{2kK:\pi}.$$

Nun hängen die elliptischen Functionen nur noch von u und τ oder q ab. In der Regel unterbleibt, wo diese Constante sich aus dem Sinne ergiebt, ihre Angabe gänzlich, wird es aber nöthig sie zu bezeichnen, so pflegt man als Modul der elliptischen Functionen die Grösse k zu bezeichnen, und q (τ) in eine bestimmte Beziehung dazu zu setzen. Um zu dieser Beziehung zu gelangen, geht man von der Gleichung $\sqrt{k'} = \vartheta_{01}:\vartheta$, oder $\vartheta.\sqrt{k'}-\vartheta_{01} = 0$, aus. Durch Division derselben mit $2(\sqrt{k'}+1)$ erhält man ($k' = \sqrt{1-k}$),

$$\frac{1}{2}\,\frac{1-\sqrt{k'}}{1+\sqrt{k'}} - q + \frac{1-\sqrt{k'}}{1+\sqrt{k'}}\,q^4 - q^9 + \frac{1-\sqrt{k'}}{1+\sqrt{k'}}\,q^{16} - q^{25} + \frac{1-\sqrt{k'}}{1+\sqrt{k'}}\,q^{36} - \,.\, + \,.\,. = 0.$$

Die Grösse q ist keine eindeutige Function von k, wird aber k als Modul von sau etc. angegeben, so versteht man in der Regel unter q denjenigen Zweig dieser Function, der mit $(1-\sqrt{k'}):(1+\sqrt{k'})$ verschwindet. Mittels der im § 138 verallgemeinerten Reihenumkehrung gewinnen wir für q die Bestimmmung

$$e^{-\pi K':K} = q = \frac{1}{2}\,\frac{1-\sqrt{k'}}{1+\sqrt{k'}} + \frac{2}{2^5}\left(\frac{1-\sqrt{k'}}{1+\sqrt{k'}}\right)^5 + \frac{15}{2^9}\left(\frac{1-\sqrt{k'}}{1+\sqrt{k'}}\right)^9 + \frac{150}{2^{13}}\left(\frac{1-\sqrt{k'}}{1+\sqrt{k'}}\right)^{13} + \frac{1707}{2^{17}}\left(\frac{1-\sqrt{k'}}{1+\sqrt{k'}}\right)^{17} + \ldots,$$

welche Reihe namentlich für reelle Werthe von k die kleiner als 1 sind, ausgezeichnet convergirt, so dass in vielen in Anwendungen vorkommenden Fällen schon das erste Glied der Reihe eine hinreichende Genauigkeit liefert.

Wird es nöthig, den Modul der elliptischen Functionen anzugeben, so kann dies etwa in der Weise $sa(u, k)$ etc. geschehen. Für $k = 0$ ist $q = 0$, $sau = sinu$, $cau = cosu$, $dau = 1$, $K = \frac{1}{2}\pi$, $K' = \infty$. Mit Hilfe dieser Formeln erkennt man wie die Additionstheoreme und viele andere Formeln zwischen elliptischen Functionen in solche zwischen trigonometrischen Functionen für $k = 0$ übergehen.

§ 156. Periodicität der elliptischen Functionen. Die Periodicität der elliptischen Functionen kann man entweder aus ihrer Darstellung durch Θ-Quotienten, oder auch aus den schon gefundenen Additionstheoremen finden. Durch diese Methoden erhält man die Gleichungen

$$sa(u\pm K) = \pm\,cau:dau, \quad sa(u+K) = sa(K-u), \quad sa(u\pm 2K) = -sau, \quad sa(u\pm 4K) = sau,$$
$$sa(2K-u) = sau, \quad sa(u\pm iK') = 1:k\,sau, \quad sa(u+iK') = -sa(iK'-u), \quad sa(u\pm 2iK') = sau,$$
$$sa(u+K+iK') = dau:k\,cau.$$
$$ca(u\pm K) = \mp\,k'\,sau:dau, \quad ca(K-u) = k'\,sau:dau, \quad ca(K+u) = -ca(K-u), \quad ca(u\pm 2K) = -cau,$$
$$ca(u\pm 4K) = cau, \quad ca(u\pm iK') = \mp\,i\,dau:k\,sau, \quad ca(u\pm 2iK') = -cau, \quad ca(u\pm 2K+2iK') = cau,$$
$$ca(u\pm 4iK') = cau.$$
$$da(u\pm K) = k':dau = da(K-u), \quad da(u\pm 2K) = dau, \quad da(u+K+iK') = ik'\,sau:cau,$$
$$da(u\pm iK') = \pm\,cau:i\,sau, \quad da(iK'-u) = -da(iK'+u), \quad da(u\pm 2iK') = -dau, \quad da(u\pm 4iK') = dau.$$

Es hat mithin sau die Perioden $4K$ und $2iK'$, d. h., vermehrt oder vermindert man die Veränderliche

u in $sa\,u$ um eine Grösse von der Form $4mK+2niK'$, worin m und n beliebige ganze positive oder negative Zahlen sind, so bleibt $sa\,u$ ungeändert. Die Grössen $4K$, $2iK'$ heissen die Periodicitätsmoduln von $sa\,u$. Die Perioden (oder Periodicitätsmoduln) von $ca\,u$ sind $4K$ und $2K+2iK'$, die von $da\,u$ sind $2K$ und $4iK'$.

§ 157. Das Periodenparallelogramm. Wir untersuchen noch die Periodicitätseigenschaften der Function $sa\,u$ etwas näher. Ist u_{00} ein beliebiger Werth von u, und ist $u_{00}+4mK+2niK' = u_{mn}$, so bilden in der Ebene der complexen Zahlen u die Puncte u_{00}, u_{01}, u_{10}, u_{11} ein Parallelogramm, ein sogenanntes Periodenparallelogramm, wenn nicht $iK':K$ eine rein reelle Zahl ist, was aber bei den hier gebildeten elliptischen Functionen (und beiläufig auch sonst) nicht vorkommen kann, weil die Thetareihen in diesem Falle nicht convergiren würden. Ausser den inneren Puncten rechnen wir zum Parallelogramm noch die beiden Seiten von u_{00} bis u_{10} und von u_{00} bis zu u_{01}, jedoch ohne die Puncte u_{01} und u_{10}, welche vielmehr zu den Parallelogrammen u_{01}, u_{11}, u_{02}, u_{12} bez. u_{10}, u_{11}, u_{20}, u_{21} gerechnet werden, zu welchen Parallelogrammen auch die Seiten u_{01}, u_{11} bez. u_{10}, u_{11} gehören, während die Ecke u_{11} zu dem Parallelogramme u_{11}, u_{12}, u_{21}, u_{22} gerechnet wird, u. s. w. Wo nun u_{00} auch liegen mag, es nimmt $sa\,u$ alle Werthe die diese Function überhaupt annehmen kann, im Parallelogramm u_{00} an, wobei das Parallelogramm $u_{m,n}$, $u_{m,n+1}$, $u_{m+1,n}$, $u_{m+1,n+1}$ kurz als Parallelogramm $u_{m,n}$ bezeichnet werden mag. Es nimmt aber $sa\,u$ dort nicht blos jeden Werth einmal, sondern zweimal aber auch nur zweimal an, wie sich nachher ergeben wird.

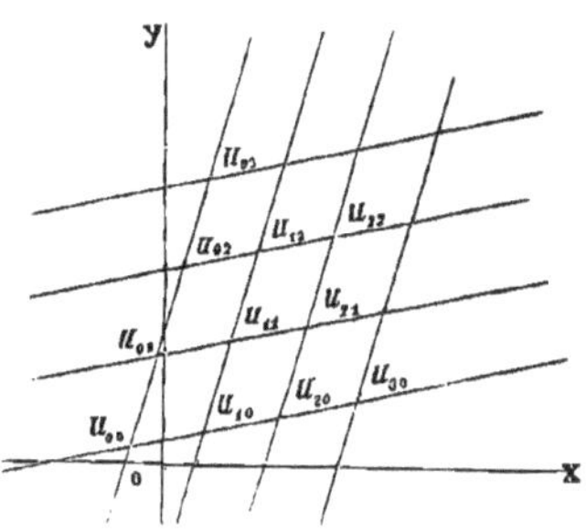

Bedecken wir die ganze Ebene u durch Parallelogramme $u_{m,n}$, wo m und n alle ganzen positiven und negativen Zahlen durchlaufen, so sind diese einander sämmtlich congruent. Bringt man die Parallelogramme $u_{m,n}$ und $u_{m',n'}$ zur Deckung, so fallen Puncte zusammen, welche Träger von Zahlen sind, die sich um $4(m'-m)K+2i(n'-n)K'$ unterscheiden. Solche Puncte der u-Ebene nennen wir „nach den Periodicitätsmodulsysteme $4K$, $2iK'$ congruente Puncte" oder wo es ohne Zweideutigkeit angeht schlechthin „congruente Puncte." In solchen congruenten Puncten hat $sa\,u$ denselben Werth, und es nimmt deshalb $sa\,u$ keinen andern Werth an, als die es im Parallelogramme u_{00} annimmt, womit der eine Theil der obigen Behauptung erwiesen ist.

Die Werthe für welche $sa\,u$ Null oder Unendlich wird, sind uns sämmtlich bekannt, weil wir wissen, wo der Zähler von $\Theta_{11}(u):\Theta_{01}(u)$ verschwindet, und wo der Nenner verschwindet. Die „Puncte Null" der Function $sa\,u$ und die „Puncte Unendlich" sind in den Werthsystemen enthalten

$$0+4mK+2niK', \quad 2K+2mK+2niK'; \quad iK'+4mK+2niK', \quad iK'+2K+2mK+2niK'.$$

Von diesen Puncten fallen offenbar in ein einzelnes Periodenparallelogramm, etwa in das Parallelogramm u_{00}, je zwei und nur je zwei, weil die übrigen Puncte je zweien dieser Puncte congruent sind, aber zwei (z. B. 0, $2K$ bez. iK', $iK'+2K$) einander nicht congruent sind.

Aber auch die Gleichung $sa\,u = a$ ist, wenn sie lösbar ist, in jedem Periodenparallelogramm zweimal und nur zweimal lösbar. Dass es zwei Lösungen giebt, wenn eine vorhanden ist, erhellt aus der Gleichung $sa\,u = sa\,2K-u$, denn u und $2K-u$ sind nicht congruent. Dass es aber nur zwei giebt, schliesst man wie folgt. Ist $sa\,u' = a$ und $sa\,u'' = a$, so ist (§ 154)

$$0 = sa\,u' - sa\,u'' = 2sa\tfrac{1}{2}(u'-u'')\,ca\tfrac{1}{2}(u'+u'')\,da\tfrac{1}{2}(u'+u''):(1-k^2\,sa^2\tfrac{1}{2}(u'+u'')\,sa^2\tfrac{1}{2}(u'-u'')).$$

Dieser Ausdruck wird aber nur Null, wenn $sa\tfrac{1}{2}(u'-u'') = 0$ oder $= \infty$ wird, oder wenn $ca\tfrac{1}{2}(u'+u'') = 0$ oder $da\tfrac{1}{2}(u'+u'') = 0$ wird. Aus den beiden ersten Gleichungen folgt, wenn $4mK+2niK'$ zur Abkürzung durch P ersetzt wird,

$$u' = u''+2P,\quad u' = u''+4K+2P,\quad u' = u''+2iK'+2P,\quad u' = u''+2iK'+4K+2P.$$

Die hieraus für u fliessenden Werthe sind einander sämmtlich congruent, so dass nur einer von ihnen in ein Periodenparallelogramm fällt. Aus den beiden letzten Gleichungen aber folgt (weil sie nur dadurch erfüllt werden, dass $\Theta_{10}(\frac{1}{2}(u'+u''))$ bez. $\Theta(\frac{1}{2}(u'+u''))$ verschwinden), dass

$$u' = -u'' \pm 2K+2P \text{ bez. } u' = -u'' \pm 2K+2iK'+2P$$

sein kann. Auch die hieraus fliessenden Werthe u' sind einander sämmtlich congruent, so dass wieder nur einer von ihnen in ein Periodenparallelogramm fällt. Sie sind aber nicht congruent den früher gefundenen Werthen u', so dass also im ganzen zwei Werthe von u, welche die Gleichung $sa\,u = sa\,u'$ befriedigen in ein Parallelogramm fallen, womit der zweite Theil der obigen Behauptung erwiesen ist.

§ 158. Es nimmt aber $sa\,u$ den beliebigen Werth a wirklich an. Wäre nämlich keine Lösung der Gleichung $sa\,u = a$ vorhanden, so wäre $\psi(u) = 1:(sa(u)-a)$ eine Function von u, welche, weil sie die Perioden von $sa(u)$ besitzt, alle ihre Werthe im Periodenparallelogramme u_{00} annimmt, und dort überall (§ 68) den Charakter einer ganzen Function besitzt, auch da wo $sa(u)$ unendlich wird, weil diese Stelle eine ausserwesentlich singuläre für diese Function ist. Dass $\psi(u)$ nicht constant ist, ist evident, und ψ könnte für keinen Werth von u unendlich gross werden. Dies ist unmöglich, was wir mittels einer von Herrn Borchardt herrührenden Methode erweisen.*) Betrachtet man nämlich den absoluten Betrag von $\psi(u)$ in einem Periodenparallelogramme, dessen Begrenzung eingeschlossen, so muss diese Function nothwendig ein Maximum haben und annehmen, weil sie endlich ist. Nach § 117 aber kann sie, wenn sie nicht constant ist, und dies ist sie nicht, nirgend ein Maximum annehmen. Sie kann also nicht überall den Charakter einer ganzen Function haben, sie hat ihn aber überall, wo $sa(u)$ von a verschieden ist, es muss also $sa(u)$ wenigstens einmal gleich a werden w. z. b. w.

Hieran liesse sich leicht eine Untersuchung der umgekehrten Function $arg\,sa\,z = u$ ($z = sa\,u$) anschliessen, was wir jedoch, um den Raum nicht zu sehr in Anspruch zu nehmen, unterlassen.

§ 159. Verlauf der Function $sa\,u$ für reelle $k < 1$. Ist k positiv reell und < 1, so ist q positiv reell und < 1. In diesem Falle ist $sa\,u$ von $u = 0$ bis $u = 2K$ positiv reell und wächst mit u zwischen 0 und K fortwährend von 0 bis 1. Die Realität ist aus dem Anblick der Θ-Reihen evident. Nähme aber $sa\,u$ zwischen 0 und K nicht fortwährend zu, so müsste die Function mindestens einen Werth im Intervall von 0 bis K, zweimal annehmen. Dies ist nicht möglich, weil die Summe der Argumente von $sa\,u$, u_1 und u_2, für welche $sa\,u_1 = sa\,u_2$ wäre, grösser als 0 und kleiner als $2K$ wäre. Wir fanden aber, dass die Summe solcher Werthe u_1+u_2 immer $= 0$ oder $= 2K$ sein muss. Es kann also nicht $sa\,u_1 = sa\,u_2$ sein, es muss $sa\,u$ zwischen 0 und K mit u von 0 bis 1 wachsen. Von da ab bis $u = 2K$ nimmt $sa\,u$ fortwährend bis zu 0 ab, weil $sa(u+K) = sa(K-u)$ ist. Zwischen 0 und $-2K$ für reelle u nimmt $sa\,u$ zwischen 0 und K mit u von 0 bis -1 ab, von da fortwährend bis $u = -2K$, wo $sa\,u$ Null ist, wieder zu, was aus der Gleichung $sa(-u) = -sa\,u$ hervorgeht. Setzen wir $sa\,u = z$, so entspricht der reellen Achse der Ebene der complexen Zahlen u von $-K$ bis $+K$ die reellle Achse der z-Ebene von -1 bis $+1$, so dass, wenn u von links nach rechts läuft, auch z fortwährend dieser Richtung ohne umzukehren folgt. — Durchläuft u die rein imaginäre Achse von 0 bis iK', so wächst (aus denselben Gründen wie für reelle u von 0 bis K) $sa\,u$ fortwährend als rein imaginäre Grösse von 0 bis ∞. Dass die Function rein imaginär, und für sehr kleine u positiv imaginär ist, lehrt der Anblick der Θ-Reihen. Wegen des fortwährenden Wachsens bleibt sie aber positiv imaginär. Der

*) Crelle's Journal B. 88 pag. 277. Hier ist die Schlussweise zulässig, während sich bei Herrn Borchardt eine Lücke im Beweise findet. Anstatt nämlich zu folgern, die Annahme, dass die Function überall den Charakter einer ganzen Function habe, ist nicht zulässig, folgert er sogleich, die Function muss einen „Punct Unendlich" haben. Nun besteht ja allerdings der Satz: Ist $f(z)$ in der Umgebung des Punctes a in jedem Puncte vom Charakter einer ganzen Function, während $f(z)$ im Puncte a selbst diesen Charakter nicht hat, so lässt sich z diesem Puncte a so näher bringen, dass $f(z)$ über alle Grenzen wächst, allein der Beweis dieses Satzes hat dieselben Schwierigkeiten zu bewältigen, als der, welcher von Herrn Borchhardt unter stiller Voraussetzung jenes bewiesen wird.

Linie von 0 bis $-iK'$, also einem Theile der negativ imaginären Achse, entspricht die negativ imaginäre Achse der z-Ebene, denn es ist $sa(-u) = -sau$. Durchläuft u die imaginäre Achse von $-iK'$ bis $+iK'$, so durchläuft z fortwährend in derselben Richtung die imaginäre Achse von $-i\infty$ bis $+i\infty$. — Durchläuft u die Werthe von K bis $K+iK'$, wobei der reelle Theil von u immer gleich K ist, so dass also eine Gerade entsteht, oder ist $u = K+iu'$, u' reell, so ist $sau = sa(iu'+K) = caiu' : daiu'$ eine gerade Function von u', und also reell. Da auf dem Wege von K bis $K+iK'$ sau (wie oben) keinen Werth zweimal annehmen kann, so wächst sau von $u = K$ bis $u = K+iK'$ von 1 bis $1:k$ fortwährend, und es entspricht der Geraden K . . $K+iK'$ in der z-Ebene die reelle Achse von 1 bis $1:k$. Ebenso der Geraden von $-K$ bis $-K+iK'$ die reelle Achse der z-Ebene von -1 bis $-1:k$, weil $sa(-K+u'i) = -sa(K+u'i)$ ist. — Durchläuft sau die Werthe von $K+iK'$ bis $-K+iK'$, indem der imaginäre Theil constant bleibt, durchläuft also u eine Gerade, so finden wir mittels der Gleichung $sa(u'+K+iK') = 1:k\,sau'$, dass sau von $1:k$ fortwährend wachsend, die reelle Achse der z-Ebene durchläuft. Dem Puncte iK' entspricht der unendlich ferne Punct der z-Ebene, von da wird sau negativ, und nimmt fortwährend zu bis die Function an der Stelle $-K+iK'$ den Werth $-1:k$ erhält. Durchläuft u das Parallelogramm $-K$, . . 0, . . K, . . $K+iK'$, . . iK', . . $iK'-K$, . . $-K$, so durchläuft z ohne seine Fortschrittsrichtung je zu ändern, die reelle Achse der z-Ebene -1, . . 0, . . 1, . . $1:k$, . . $(\infty, -\infty)$, . . $1:k$, . . -1. Die Gerade von 0 bis iK' entspricht der positiv imaginären Achse. Ist $\alpha+\beta i$ ein Punct im Innern des Parallelogramms, so ist

$$sa(\alpha+\beta i) = (sa\,\alpha\,ca\,i\beta\,da\,i\beta + sa\,\beta i\,ca\,\alpha\,da\,\alpha) : (1-k^2\,sa^2\,\alpha\,sa^2\,\beta i),$$

und der Nenner dieses Ausdruckes ist reell und grösser als 1, weil $sa\,\beta i$ rein imaginär ist. Im Parallelogramm ist β positiv, also $sa\,\beta i$ positiv imaginär, $ca\,\alpha$, $da\,\alpha$ sind positiv, weil diese Functionen gerade sind, und für $u = 0$ den Werth 1, für u gleich $\pm K$ bez. die Werthe 0, k' haben und zwischen $-K$ und $+K$ ihre Zeichen nicht wechseln. Mithin ist $sa(\alpha+\beta i)$ eine Zahl mit positiv imaginärem Theil. Jeder Zahl des betrachteten Parallelogrammes der u-Ebene entspricht ein Punct der obern Hälfte der z-Ebene, welche durch die reelle Achse begrenzt ist. Den Puncten des Parallelogramms $-K$, . . 0, . . K, . . $K-iK'$, . . $-iK'$, . . $-K-iK'$, . . $-K$ entsprechen ebenso Puncte der untern Hälfte der z-Ebene, und nur solche. Das erste Parallelogramm werde P_1, das zweite P_2, die obere Hälfte der z-Ebene H_1, die untere H_2 genannt. Es fragt sich, ob die P_1 entsprechenden Puncte die Halbebene H_1 vollständig bevölkern, also ob die P_1+P_2 entsprechenden Puncte die z-Ebene völlig ausfüllen und bedecken. Dass nicht zwei verschiedenen Puncten u_1, u_2 im Innern von P_1+P_2 dieselben Puncte von H_1+H_2 entsprechen können, ist evident, weil für solche Puncte nicht $u_1+u_2 \equiv 0$ oder $\equiv 2K$ sein kann. Nun ist aber das Parallelogramm $-2K-iK'$, $2K-iK'$, $2K+iK'$, $-2K+iK'$ für sau ein Periodenparallelogramm, und sau nimmt den Werth z darin gewiss an (§ 158). Von den Werthen u und $u\pm 2K$, wenn sie beide im Periodenparallelogramme liegen, muss aber einer nothwendig in P_1+P_2 liegen, so dass also jedem Werthe z ein Werth in P_1+P_2 entspricht. Hiernach ist es selbstverständlich, weil P_1 nur Puncten von H_1 und P_2 nur Puncten von H_2 entsprechen kann, dass die den Puncten von P_1 entsprechenden Puncte die Halbebene H_1 völlig bedecken.

Da sich die Halbebene durch reciproke Radii-Vectores leicht auf das Innere eines Kreises abbilden lässt, so kann man nun leicht zu der von Herrn H. A. Schwarz gegeben conformen Abbildung eines Rechtecks auf das Innere eines Kreises gelangen.

§ 160. Die Riemann'sche Fläche. Bilden wir das Periodenparallelogramm P, ($-2K-iK'$, $2K-iK'$, $2K+iK'$, $-2K+iK'$) durch die Function $sau = z$ ab, so erhalten wir die z-Ebene zweimal, weil, wenn wir die Seiten $-2K+iK'$ . . $2K+iK'$ und $2K+iK'$ . . $2K-iK'$ davon ausschliessen, sau jeden Werth z zweimal und nur zweimal annimmt. Die Puncte von P_1+P_2 entsprechen den Puncten der z-Ebene einmal und nur einmal, und umgekehrt. Nur den Puncten der Seiten $-K-iK'$ bis $-K+iK'$ und $K-iK'$ bis $K+iK'$ entsprechen dieselben Puncte, die Puncte der reellen Achse von -1 bis $-1:k$ bez. von 1 bis $1:k$. In der Nähe der Linie $-K$ . . $-K+iK'$ und K . . $K+iK'$ befindet man sich aber in der obern Hälfte der z-Ebene, man kann daher, um die eindeutige Beziehung auch in Bezug auf diese Puncte herzustellen, dieselben den obern Ufern der Linie $-1\,..\,-1:k$ bez. $1\,..\,1:k$ entsprechen lassen, den Linien $-K\,..\,-K-iK'$ und $K\,..\,K-iK'$ die unteren Ufer derselben Linien. Den Linien $-K-iK'\,..\,K-iK'$ und $-K+iK'\,..\,K+iK'$ verschiedene Ufer der reellen Achse der z-Ebene zuzuweisen, ist nicht nöthig, weil ja nur die erstere derselben zum Parallelogramme P zu rechnen ist. Diese z-Ebene soll erstes Blatt, und der Theil von P, der links von P_1 und P_2 liegt, mag P_3, der welcher rechts von P_1 und P_2 liegt mag P_4 heissen. Geht man von einem Puncte in P_1 über die Linie $-K\,..\,-K+iK'$ hinweg nach P_3, so setzt sich $sa\,u$ stetig fort, und zwar wird der imaginäre Theil negativ, weil $sa(-K+u) = -sa(K+u)$ ist, und man erkennt so leicht, dass der obern über der reellen Achse liegenden Hälfte von P_3 die Viertelebene entspricht, welche Zahlen mit negativ reellen und negativ imaginären Theilen enthält. Legen wir diese Viertelebene unter das erste vorhin besprochene Blatt, so hängt sie mit diesem längs der Linie von -1 bis $-1:k$ zusammen. Der untern Hälfte von P_3 entspricht die Viertelebene, welche Zahlen mit negativ reellen und positiv imaginären Bestandtheilen enthält. Sie hängt mit dem ersten Blatte ebenfalls längs -1 bis $-1:k$ zusammen, aber während sich die vorige Viertelebene ans obere Ufer dieser Linie anfügt, schliesst sich diese an das untere Ufer an. In gleicher Weise entspricht die obere Hälfte von P_4 der Viertelebene, welche Zahlen mit positiv reellen und negativ imaginären Bestandtheilen enthält, die untere Hälfte von P_4 der Viertelebene, welche Zahlen mit positiv reellen und positiv imaginären Bestandtheilen enthält. Sie schliessen sich bez. ans obere und untere Ufer der Linie $1\,..\,1:k$ an. Diese vier Viertelebenen zusammen bilden so ein zweites Blatt einer Riemann'schen Fläche, welcher die Puncte des Parallelogramms P eindeutig entsprechen. Diese Fläche besteht also aus zwei Blättern. Die Verzweigungspuncte sind ± 1, $\pm 1:k$. Die Durchsetzungslinien sind von 1 nach $1:k$ und -1 nach $-1:k$ geradlinig gezogen. Jedem Puncte dieser Fläche T entspricht ein einziger Punct von P, weil unter den zwei Puncten u, die demselben z entsprechen, die Wahl durch das Blatt bestimmt ist, in dem z liegt. Den verschiedenen Ufern des oberen und unteren Blattes der reellen Achse von $..\,1:k\,..\,\infty\,..\,-1:k$ entsprechen verschiedene Seiten von P, den Ufern der imaginären Achse im untern Blatte ebenfalls. Setzt man u als Function von z über diese Ufer hinweg stetig fort, so gelangt man zu anderen Periodenparallelogrammen. Wir wollen jedoch diese in die genauere Theorie der elliptischen Functionen gehörenden Betrachungen hier nicht weiter fortsetzen.

Eine algebraische Function die wie die eben beschriebene Fläche verzweigt ist, ist die zweiwerthige Function $s = \sqrt{(1-z^2)(1-k^2z^2)}$.

Noch einige functionentheoretische Sätze.

§ 161. Hat eine Function $f(z)$ längs einer Linie s, d. h. in jedem Puncte derselben, den Charakter einer ganzen Function, so giebt es ein überall zweifach ausgedehntes Gebiet, in dessen Innerm die Linie s liegt, in welchem $f(z)$ überall denselben Charakter hat. — Die Puncte der Linie seien durch einen Parameter, z. B. durch die Länge der Linie s von einem festen Puncte auf ihr bestimmt. So giebt es für jeden Punct z' derselben (für jeden Werth von s, welcher einem Puncte der Linie angehört) einen bestimmten Radius ϱ', in welchem die Entwickelung von $f(z)$ nach Potenzen von $z = z-z'$ convergirt. Es ist zu beweisen, dass der Radius ϱ' nicht unter jede noch so kleine vorgegebene Zahl σ herabsinken kann, wenn z' sich einem gewissen Puncte z_0 auf s, s' sich dem Werthe s_0 nähert. Im Puncte z_1, $s = s_1$, ist ein Convergenzradius der Entwickelung von $f(z)$ nach $z-z_1$ vorhanden, er sei ϱ_1, der zugehörige Kreis schneide, nach der Seite der wachsenden s hin, s im Puncte z_2, $s = s_2$, so giebt es dort einen Convergenzradius für die Entwickelung nach Potenzen von $z-z_2$ von der Grösse ϱ_2, der zugehörige Kreis schneide s im Puncte z_3, $s = s_3$, so giebt es dort einen Convergenzkreis ϱ_3 u. s. w. Nun können die Puncte $z_1, z_2, \ldots, z_n, \ldots$ mit einem bestimmten Werthe von

n auf das Ende von s fallen, oder wenn s geschlossen ist, auf den Anfangspunct z_1 zurückführen, so giebt es unter den Grössen $\varrho_1, \varrho_2, \ldots, \varrho_n$ (die in endlicher Zahl vorhanden sind) eine kleinste und diese ist von Null verschieden. Es bilden dann die Theile der zu $\varrho_1, \varrho_2, \ldots, \varrho_n$ gehörenden Kreislinien, welche nicht im Innern eines dieser Kreise liegen, einen Rand, der überall um ein bestimmtes endliches Stück von s absteht, und in dessen Innerm $f(z)$ überall den Charakter einer ganzen Function hat, weil jeder Punct des Innern dieses Gebietes im Innern eines Convergenzkreises liegt, und also auch in ihnen eine Potenzentwickelung vorhanden ist. Nun könnten aber die Grössen $\varrho_1, \varrho_2, \ldots, \varrho_n, \ldots$ kleiner und kleiner werden, und es könnte sich die zugehörige Folge $z_1, z_2, \ldots, z_n, \ldots$ einem Grenzpuntce z_0, die Parameter $s_1, s_2, \ldots, s_n, \ldots$ einem Grenzwerthe s_0 unaufhörlich nähern, ohne ihn zu erreichen. Wir weisen nach, dass dies nicht möglich ist. Im Puncte z_0 existirt nach der Voraussetzung eine Entwickelung nach Potenzen von $z - z_0$, ihr Radius sei ϱ_0 und ϱ_0 ist eine bestimmte von Null verschiedene Zahl. Der zugehörige Kreis treffe, nach der Seite der abnehmenden s hin, s im Puncte z^0 und s habe dort den Werth s^0. So liegt, weil sich die Zahlen $s_1, s_2, \ldots, s_n, \ldots$ der Zahl s_0 beliebig nähern, eine bestimmte unter den Zahlen s_n etwa s_m so nahe an s_0, dass die Strecke $(s_0, s_m) < \frac{1}{2}(s_0, s^0)$ ist. Der zu dieser Zahl gehörende Convergenzkreis ist aber, weil der Punct im Innern des Kreises ϱ_0 liegt, mindestens so gross, dass er diesen Kreis berührt, also sein Radius $> \frac{1}{2}(s_0, s^0)$, während er, wenn die Zahlen $s_1, s_2, \ldots, s_n, \ldots$ die Zahl s_0 nie erreichten, kleiner als diese Grösse sein müsste. Diese Möglichkeit ist daher ausgeschlossen. Dieser Satz wird hier für den Fall zur Anwendung kommen, dass s eine Kreislinie ist. Hat $f(z)$ auf dem Rande eines Kreises R in jedem Puncte den Charakter einer ganzen Function, so giebt es ein ringförmiges, durch zwei dem Kreise R concentrische Kreise begrenztes Gebiet, in dessen Innerm R liegt, und $f(z)$ überall den Charakter einer ganzen Function hat.

§ 162. Ein Mittelwerth complexer Functionen. Ist $f(z)$ eine Potenzreihe $\Sigma a_n z^n$, gleichviel ob gewöhnliche oder auf- und absteigende, und convergirt dieselbe für $abs\, z = R$ absolut, so ist der Grenzwerth des Ausdruckes

$$M_{r,n} f(z) : z^\mu = \frac{1}{n} \Sigma_{(\nu)} f(r\, e^{\nu\vartheta i}) : r^\mu\, e^{\mu\nu\vartheta i} = a_\mu,$$

wenn n über alle Grenzen wächst, in welchem Falle wir M_r für $M_{r,\infty}$ schreiben, wenn ν alle ganzen Zahlen $0, 1, \ldots, n-1$ durchläuft, und $\vartheta = 2\pi : n$ ist. Der Beweis ist im § 146 enthalten, und es ist $M_r f(z)$ eine Art Mittelwerth zwischen den complexen Werthen der Function $f(z)$ auf dem Rande des Kreises r. Liegen die Kreise $r, r', r'', \ldots$ im Convergenzbezirke der Reihe, so ist $M_r f(z) : z^\mu = M_{r'} f(z) : z^\mu = \ldots$, wobei $r, r', r'', \ldots$ concentrisch sind.

§ 163. Erweiterung des Mittelwerthes. Es sei $f(z) = \Sigma a_n z^n$ zunächst eine gemeine (aufsteigende) Potenzreihe, welche für $abs\, z = r'$ convergirt, und es möge die Function $f(z)$ am Rande von r' überall den Charakter einer ganzen Function haben, d. h. also in allen Puncten des Randes gäbe es Potenzentwickelungen, welche in dem Theile ihres Geltungsbereiches, in welchem zugleich die Hauptentwickelung $f(z) = \Sigma a_n z^n$ convergirt, denselben Werth wie diese haben. Dann giebt es nach § 161 einen Kreis $r' + \varrho''$ um den Punct 0, in welchem, einschliesslich des Randes, $f(z)$ überall den Charakter einer ganzen Function hat. Ich behaupte es ist $M_{r'+\varrho'} f(z) : z^\mu = M_{r'} f(z) : z^\mu$, wenn $\varrho' < \varrho''$ ist. Wir ziehen einen Kreis r um Null, so dass $r' - r$ eine sehr kleine positive Zahl etwa $1 : q$ ist. In jedem Puncte z desselben giebt es eine Entwickelung (§ 65), welche jedenfalls in einem Kreise convergirt, der den Kreis berührt, in welchem die Entwickelung des Punctes auf r' convergirt, welcher dem betrachteten auf r am nächsten liegt. Dieser Kreis schneidet daher, wenn q gross genug, $r' - r$ klein genug genommen wird, den Kreis $r' + \varrho'$. Die Differenz $r' + \varrho' - r$ sei ϱ, so dass der Kreis $r' + \varrho'$ auch mit $r + \varrho$ bezeichnet werden kann. Ferner seien ζ und $\zeta + h$ einander nächste Puncte auf r und $r + \varrho$, so ist identisch

$$f(\zeta+h) = f(\zeta) + f'(\zeta)\, h + f''(\zeta) \frac{h^2}{fac\, 2} + f'''(\zeta) \frac{h^3}{fac\, 3} + \ldots + f^{(n)}(\zeta) \frac{h^n}{fac\, n} + \ldots,$$

worin $f'(\zeta), f''(\zeta), \ldots$ die im § 61 definirten Ableitungen, also absolut convergente Potenzreihen sind. Nun ist ($\nu = 0, 1, 2, \ldots, n-1$, $\vartheta = 2\pi : n$)

$$M_{r+\varrho,n} f(z) = \frac{1}{n} \Sigma_{(\nu)} \left(f(r e^{\nu\vartheta i}) + \varrho f'(r e^{\nu\vartheta i}) e^{\nu\vartheta i} + \varrho^2 f''(r e^{\nu\vartheta i}) e^{2\nu\vartheta i} : fac\,2 + \,.\,.\right)$$
$$= M_{r,n} f(z) + \frac{\varrho}{r} M_{r,n}\, z f'(z) + \frac{\varrho^2}{r^2} M_{r,n}\, z^2 f''(z) : fac\,2 + \ldots$$

Geht man mit n zur Grenze ∞ über, so findet man, weil $f'(z)$, $f''(z)$, .. ganze absolut convergente Potenzreihen sind, $M_{r,n}\, z^\mu f^{(\mu)}(z) = 0$ und also

$$M_{r+\varrho} f(z) = M_r f(z) = a_0.$$

Ebenso ist $M_{r+\varrho} f(z) : z^\mu = M_r f(z) : z^\mu = a_\mu$. Setzen wir nämlich

$$f(z) : z^\mu = a_0 z^{-\mu} + a_1 z^{-\mu+1} + \,.\,.\, + a_{\mu-1} z^{-1} + a_\mu + a_{\mu+1} z + a_{\mu+2} z^2 + \,.\,.$$
$$= a_0 z^{-\mu} + a_1 z^{-\mu+1} + \,.\,.\, + a_{\mu-1} z^{-1} + \varphi(z),$$

so genügt in Bezug auf Convergenz und Charakter als einer ganzen Function $\varphi(z)$ denselben Bedingungen. Da nun $M_r(a_0 z^{-\mu} + a_1 z^{-\mu+1} + .. + a_{\mu-1} z) = 0$ ist, was auch r sein mag, so ist $M_{r+\varrho} f(z) : z^\mu = M_{r+\varrho} \varphi(z) = M_r \varphi(z) = a_\mu$ w. z. b. w. Dieser Satz bleibt auch bestehen, wenn $f(z)$ eine auf- und absteigende Potenzreihe ist. Nennen wir nämlich den aufsteigenden Theil $\varphi(z)$, den absteigenden $\psi(z)$, so convergirt der letztere, wenn er für $abs\, z = r$ convergirt, um so mehr für $abs\, z = r + \varrho$ und es ist $M_{r+\varrho} \psi(z) : z^\mu = M_r \psi(z) : z^\mu$, was auch μ sein mag, für den aufsteigenden Theil tritt aber der voraufgehende Beweis ein, so dass der Satz also auch für $\varphi + \psi = f$ in Geltung bleibt.

§ 164. Erweiterung des Convergenzgebietes. Der eben entwickelte Mittelwerthsatz giebt uns ein Mittel in die Hand, die Coefficienten der Entwickelung $f(z) = \Sigma a_n z^n$ aus den Werthen der Function auf einem Kreise abzuschätzen. Ist $f(z)$ auf dem Kreise $r' + \varrho'$, wo ϱ' wie vorhin bestimmt ist, überall endlich, so ist

$$(r' + \varrho')^\mu M_{r'+\varrho', n} f(z) : z^\mu = \frac{1}{n} \Sigma_\nu f(\overline{r+\varrho}\, e^{\nu\vartheta i})\, e^{-\mu\nu\vartheta i}$$

dem absoluten Betrage nach nicht grösser, als die obere Grenze des absoluten Betrages von $f(z)$ auf dem Kreise $r' + \varrho'$, mithin ist diese Grösse, wie gross auch n sein mag, oder es ist $(\lim n = \infty)$, $a_\mu (r' + \varrho')^\mu$ eine endliche Grösse für jedes noch so grosse μ. Folglich muss, wie aus Vergleichung mit der geometrischen Reihe folgt, $\Sigma a_\mu z^\mu$ jedenfalls so lange convergiren, (der absteigende Theil, wenn ein solcher vorhanden, convergirt auf dem Kreise $r' + \varrho'$ um so besser, wenn er für $z = r'$ convergirt), als $abs\, z < r' + \varrho'$ ist, also muss die Reihe namentlich absolut convergent auf dem Kreise r' sein.

Das Convergenzgebiet lässt sich unter gewissen Voraussetzungen noch mehr erweitern. — Ist $f(z)$ im Innern eines Kreises überall vom Charakter einer ganzen Function, so convergirt die Entwickelung dieser Function im Mittelpuncte des Kreises (den wir als den Nullpunct der z-Ebene annehmen) in diesem Kreise. Da nämlich der Voraussetzung nach für $f(z)$ eine Entwickelung $\Sigma a_n z^n$ vorhanden ist, welche in einem bestimmten Kreise r' convergirt, so hat $f(z)$ auf dem Rande dieses Kreises, wenn $r' < R$ und R der Kreis ist, in welchem f den Charakter einer ganzen Function hat, überall den Charakter einer ganzen Function und es convergirt deshalb $\Sigma a_n z^n$ auch noch in einem Kreise $r' + \varrho'$. Am Rande desselben hat, wenn $r' + \varrho' < R$ ist, $f(z)$ wieder überall den Charakter einer ganzen Function, und die Convergenz erweitert sich deshalb nothwendig auf einen Kreis $r' + \varrho' + \varrho''$, dann auf $r' + \varrho' + \varrho'' + \varrho'''$, u. s. f. Wird nun $r' + \varrho' + \varrho'' + \,.\,.\, + \varrho^{(n)} + \,.\,.$ schliesslich gleich R, (hat der Ausdruck die Grenze R), so convergirt demnach $\Sigma a_n z^n$ in R, was zu beweisen war. Es käme aber in Frage, ob $r' + \varrho' + \varrho'' + \,.\,.\, + \varrho^{(n)} + \,.\,.$ einem Grenzwerthe $r < R$ sich nähern könnte, ohne ihn zu erreichen. Dies kann nicht eintreten. Denn angenommen $r' + \varrho' + \varrho'' + \,.\,.$ nähere sich r unaufhörlich, ohne diese Grösse zu erreichen, so würde die Reihe $\Sigma a_n z^n$ bis in jeder beliebigen Nähe des Randes von r noch convergiren, findet dies aber statt, so lässt sich das Convergenzgebiet wieder um eine bestimmte von Null verschiedene Grösse ϱ erweitern, wenn $f(z)$ längs des Randes von r überall den Charakter einer ganzen Function hat, r kann also, wenn $r < R$

ist, nicht die Grenze der Convergenz bilden. — Dieser Satz bildet gewissermassen die Umkehrung des im § 65 ausgesprochenen Satzes.

§ 165. Mit Hilfe der eben erhaltenen Resultate lassen einige früher ausgesprochene Sätze eine allgemeinere Fassung zu. Eine Function $f(z)$, die in der ganzen z-Ebene (ausgenommen $z = \infty$) den Charakter einer ganzen Function hat, ist eine ganze transcendente Function. Denn sie lässt sich nach dem vorigen Paragraphen in eine überall convergente Potenzreihe entwickeln.

Satz von Cauchy. Eine Function $f(z)$ die überall den Charakter einer ganzen Function hat, ausgenommen etwa im Puncte ∞, wo sie aber endlich bleibt, (d. h. $f\left(\frac{1}{\zeta}\right)$ ist für $\zeta = 0$ endlich wenn auch vielleicht nicht nach Potenzen von ζ entwickelbar) ist eine Constante. — Sie ist nämlich eine ganze transcendente Function, und eine solche ist, wenn sie nicht Werthe annimmt, die jede noch so grosse Zahl dem absoluten Betrage nach übersteigen, nach § 109 pag. 81 eine Constante.

Bemerkung. Einige Mathematiker scheinen Anstoss an der Fassung dieses Satzes zu nehmen, indem sie behaupten e^z werde nirgend, auch nicht für $z = \infty$ unendlich gross, weil diese Function dort unbestimmt sei. Sieht man aber zu, was es heisst, eine Function wird an einer Stelle a unendlich, so kann dies doch (genau zu sein) nicht bedeuten, $f(a) = \infty$, denn ∞ ist keine Zahl, sondern es heisst, bei Annäherung der Zahl z an a wächst $f(a)$ über alle Grenzen. Bei manchen Functionen (mit der ausserwesentlich singulären Stelle a) geschieht dies bei jeder Art der Annäherung, bei anderen nur bei gewissen Arten. Wenn aber für die Werthe einer Function keine obere Grenze angegeben werden kann, so darf man nicht sagen, sie sei endlich. — Aus dem Cauchy'schen Satze folgt leicht, dass eine doppelt periodische Function nothwendig irgendwo unendlich werden muss.

www.ingramcontent.com/pod-product-compliance
Lightning Source LLC
Chambersburg PA
CBHW021818190326
41518CB00007B/640

* 9 7 8 3 7 4 3 6 5 7 2 4 3 *